Martin Wolfram

Netzbetriebsverfahren zur Koordinierung von Phasenschiebertransformatoren und HGÜ-Verbindungen im Verbundnetz

Ilmenauer Beiträge zur elektrischen Energiesystem-, Geräte- und Anlagentechnik (IBEGA)

Herausgegeben von
Univ.-Prof. Dr.-Ing. Dirk Westermann
(Fachgebiet Elektrische Energieversorgung) und
Univ.-Prof. Dr.-Ing. Frank Berger
(Fachgebiet Elektrische Geräte und Anlagen)
an der Technischen Universität Ilmenau.

Band 23

Martin Wolfram

Netzbetriebsverfahren zur Koordinierung von Phasenschiebertransformatoren und HGÜ-Verbindungen im Verbundnetz

Universitätsverlag Ilmenau
2019

Impressum

Bibliografische Information der Deutschen Nationalbibliothek
Die Deutsche Nationalbibliothek verzeichnet diese Publikation in der Deutschen Nationalbibliografie; detaillierte bibliografische Angaben sind im Internet über http://dnb.d-nb.de abrufbar.

Diese Arbeit hat der Fakultät für Elektrotechnik und Informationstechnik der Technischen Universität Ilmenau als Dissertation vorgelegen.

Tag der Einreichung:	06. April 2018
1. Gutachter:	Univ.-Prof. Dr.-Ing. Dirk Westermann (Technische Universität Ilmenau)
2. Gutachter:	Prof. Dr.-Ing. Krzysztof Rudion (Universität Stuttgart)
3. Gutachter:	Prof. Dr.-Ing. Jens Haubrock (Fachhochschule Bielefeld)
Tag der Verteidigung:	11. Oktober 2018

Technische Universität Ilmenau/Universitätsbibliothek
Universitätsverlag Ilmenau
Postfach 10 05 65
98684 Ilmenau
http://www.tu-ilmenau.de/universitaetsverlag

ISSN 2194-2838 (Druckausgabe)
ISBN 978-3-86360-192-8 (Druckausgabe)
URN urn:nbn:de:gbv:ilm1-2018000382

Danksagung

Verfasst habe ich diese Dissertation zwar allein – doch an ihrem guten Gelingen waren viele mir nahestehende Menschen beteiligt, denen ich meinen größten Dank schulde.

An erster Stelle möchte ich diesbezüglich meinen Doktorvater Univ.-Prof. Dr.-Ing. Dirk Westermann vom Fachgebiet Elektrische Energieversorgung der Technischen Universität nennen und mich bei ihm bedanken. Bereits in meinem Masterstudium konnte er mir die elektrische Energieversorgung verständlich erklären und wichtige Grundsteine für die erfolgreiche Anfertigung dieser Dissertation setzen. Während meiner Anstellung als Wissenschaftlicher Mitarbeiter und vor allem während der Anfertigung dieser Promotion hatte er für mich stets ein offenes Ohr und stand mir jederzeit mit Rat und Tat zur Seite. Tatkräftige Unterstützung habe ich ebenfalls von meinen Kollegen vom Fachgebiet Elektrische Energieversorgung der Technischen Universität Ilmenau erhalten. Herzlichen Dank insbesondere für die offene Ehrlichkeit, die sehr gute Kollegialität sowie die erfolgreiche Zusammenarbeit.

Herrn Univ.-Prof. Dr.-Ing. Krzysztof Rudion von der Universität Stuttgart sowie Herrn Prof. Dr.-Ing. Jens Haubrock von der Fachhochschule Bielefeld danke ich für die freundliche Zusage, dieser Dissertation als Gutachter zur Verfügung zu stehen sowie für die Anfertigung ihrer Gutachten.

Zuletzt geht mein Dank an meine Familie, an meine Freunde und natürlich an meine Frau. Ihr alle musstet in den letzten Jahren damit klarkommen, dass ich mir nicht mehr so viel Zeit für euch genommen habe und öfters schlecht gelaunt, genervt oder gestresst war. Trotzdem habt ihr mich immer unterstützt, motiviert und jede Menge Verständnis gezeigt. Diesen Beistand habe ich nie als selbstverständlich angesehen und eure Hilfe sowie euer Rückhalt bedeuten mir alles. Das war schon immer so und beschränkt sich nicht nur auf diese Dissertation.

Kurzfassung

Die im Jahre 1998 angestoßene Liberalisierung des europäischen Energiemarktes sowie der verstärkte Ausbau der volatilen erneuerbaren Energien führen dazu, dass die elektrische Energie vermehrt in räumlicher Distanz zu den Verbraucherorten erzeugt wird. Der dadurch entstehende Transport von elektrischer Leistung über immer größer werdende Entfernungen führt zu einem erhöhten Bedarf an Transportkapazitäten auf einzelnen Leitungen in der Übertragungsnetzebene. Diesbezüglich reagieren die Übertragungsnetzbetreiber (ÜNB) auf entstehende Überlastungen einzelner AC-Leitungen sowohl mit dem Ausbau des AC-Netzes als auch mit der vermehrten Integration von Power Flow Controlling Devices (PFCDs), wie Phasenschiebertransformatoren (PSTs) und Hochspannungsgleichstromübertragungen (HGÜ), die eine definierte Beeinflussung der AC-Wirkleistungsflüsse ermöglichen. Gleichzeitig verändert der Einsatz der PFCDs auch die Wirkleistungsflüsse auf weiter entfernten AC-Leitungen in anderen Regelzonen.

Zur Vermeidung von negativen Wechselwirkungen zwischen PFCDs in räumlicher Nähe widmet sich die vorliegende Arbeit der Fragestellung, wie sich geeignete Arbeitspunkte von PSTs und HGÜs, basierend auf Voltage Source Converter (VSC), zur Wahrung der Netzsicherheit bestimmen lassen. Dazu wird ein einheitliches Netzbetriebsverfahren entworfen, dass unterschiedliche Methoden zur Koordinierung der PFCDs verwendet, um so auf die verschiedenen zeitlichen Gegebenheiten während der Netzbetriebsplanung und der Netzbetriebsführung einzugehen. Dementsprechend unterteilt sich das Netzbetriebsverfahren in die vorausschauende Planung von PST- und HGÜ-VSC-Netzbetrieb im Day-Ahead- und Intraday-Zeitbereich sowie in Methoden zur Anpassung der PST- und HGÜ-VSC-Sollwerte bei unplanmäßigen Wirkleistungsflussänderungen im Onlinebetrieb. In der Netzbetriebsplanung wird dabei die Optimierung der Arbeitspunkte von einer zentralen Instanz koordiniert durchgeführt, um die PFCD-Wechselwirkungen in allen einbezogenen Regelzonen berücksichtigen zu können. Im Onlinebetrieb sind dieser kommunikationsintensive Datenaustausch und Optimierungsaufwand aufgrund der geforderten kurzen Reaktionszeit auf Störungen nicht möglich. Entsprechend wird bei diesen Methoden auf lokal verfügbare Daten zurückgegriffen.

Die Validierung der entworfenen Methoden zur Optimierung der PST- und HGÜ-VSC-Sollwerte erfolgt mithilfe numerischer Fallstudien. Ein dafür entworfenes Testnetz ermöglicht eine Abbildung verschiedener Leitungsbelastungssituationen sowie unterschiedlicher Störungen. In den durchgeführten Untersuchungen wird gezeigt, dass die vorgestellten Methoden ein geeignetes Netzbetriebsverfahren für den optimalen Einsatz von PSTs und HGÜ-VSCs darstellen. Einschränkungen ergeben sich bei größeren Störungen, in denen die technischen PFCD-Anpassungsmöglichkeiten nicht ausreichend sind. In diesem Fall sind geeignete weitere Maßnahmen einzuleiten.

Abstract

The liberalisation of the European energy market, which started in 1998 along with the increasing expansion of the renewable energies lead to the fact that electrical energy is produced more often at a distance from the locations of electrical loads. Due to this, the transport of electrical power over longer distances results in a higher demand of transportation capacities in the transmission grid. The transmission grid operators (TSO) respond to the increasing overloading of several AC lines with the expansion of the AC grid as well as with increasing integration of power flow controlling devices (PFCD), like phase shifting transformer (PST) and high-voltage direct current (HVDC) transmission systems. Both PFCDs enable a defined manipulation of AC power flows, whereby the influence to power flows is wide-ranging and can have an impact at far away AC lines in other control areas.

To avoid negative interactions between the rising number of PFCDs, this thesis designs methods for the calculation of suitable set points for PSTs and HVDCs, based on voltage source converters (VSC), which helps to ensure the grid stability. For this purpose, a grid operation procedure is designed, which uses different methods to determine and coordinate PFCD set points. According to the division in grid operation planning and grid operation management, the designed methods can be subdivided into two time ranges. The first one involves the predictive planning of PST and HVDC set points during day-ahead and intraday planning process. The second time range includes methods for the calculation of PST and HVDC set points in case of power flow changes during the online grid operation. The grid operation procedure proposes a central instance for optimisation and coordination of the predictive set points, which helps to consider all PFCD interactions between the included control areas. During the online grid operation, this communication-intensive data exchange and optimisation effort is not possible, due to a short reaction time after disturbances. In this case, the designed methods use only data, which are locally available.

The verification of the designed methods for PST and HVDC set point optimisation happens via numeric case studies in the simulation environment MATLAB. A designed reference grid enables the reproduction of several line loading situations as well as different disturbances. The executed investigations show that the designed methods form a suitable grid operation procedure for the optimal use of PSTs und HVDCs. Limitations are only visible during major disturbances, in which the adaptability of the PFCDs is not sufficient. In this case the TSOs have to initiate further measures to guarantee the grid stability.

Inhaltsverzeichnis

1 Einleitung

1.1 Trends im Bereich der elektrischen Energieversorgung

Die im Jahre 1998 angestoßene Liberalisierung des europäischen Energiemarktes [1], [2] sowie der verstärkte Ausbau der volatilen erneuerbaren Energien führen dazu, dass die elektrische Energie vermehrt in räumlicher Distanz zu den Verbraucherorten erzeugt wird [3]. Der dadurch entstehende Transport von elektrischer Energie über große Entfernungen führt zu einem erhöhten Bedarf an Transportkapazitäten in der Übertragungsnetzebene. Ein notwendiger Netzausbau zur Deckung dieses steigenden Transportbedarfs ist aufgrund seiner langen Genehmigungsfristen von über zehn Jahren sowie des verstärkten Widerstands von betroffenen Bürgern kurzfristig nicht umsetzbar [4]. Dementsprechend müssen Übertragungsnetzbetreiber (ÜNB) zur Vermeidung von Leitungsüberlastungen vermehrt die Einspeisung aus erneuerbaren Energien im Rahmen des Einspeisemanagements drosseln und die Anlagenbetreiber für die Drosselung entschädigen. Da die Kosten für das Einspeisemanagement und weitere Systemdienstleistungen beinahe jährlich steigen [5], planen ÜNBs verstärkt den Einsatz von Phasenschiebertransformatoren (PST) [6], [7]. Diese dienen als Brückentechnologie, bis der Bau von Hochspannungsgleichstromübertragungen (HGÜ) abgeschlossen ist [8]. Beide Technologien lassen sich den Power Flow Controlling Devices (PFCD) zuordnen und ermöglichen die Steuerung sowohl der AC-Wirk- als auch Blindleistungsflüsse und somit eine andere Ausnutzung der Übertragungskapazitäten. Insbesondere der Bau von HGÜ-Verbindungen kann darüber hinaus neue Transportkapazitäten im Gigawatt-Bereich schaffen [8].

Zurzeit werden PSTs zur Beeinflussung der AC-Wirkleistungsflüsse von europäischen ÜNBs vor allem an den Grenzkuppelstellen zu benachbarten Regelzonen verwendet (siehe Abb. 1.1). Zu nennen sind beispielhaft die installierten PSTs an den Interkonnektoren zwischen den Benelux-Ländern und angrenzenden Staaten, zwischen Frankreich und Spanien, Italien und Slowenien, Frankreich und Italien sowie in Österreich [9], [10], [11]. Es ist zu erwarten, dass die Anzahl an PSTs in Zukunft weiter steigen wird. So sind PSTs innerhalb und an den Außengrenzen von Deutschland derzeit im Bau bzw. in Planung [6], [12]. Weiterhin sind PSTs in Frankreich, Spanien, Luxemburg und Slowenien in Planung [13], [14].

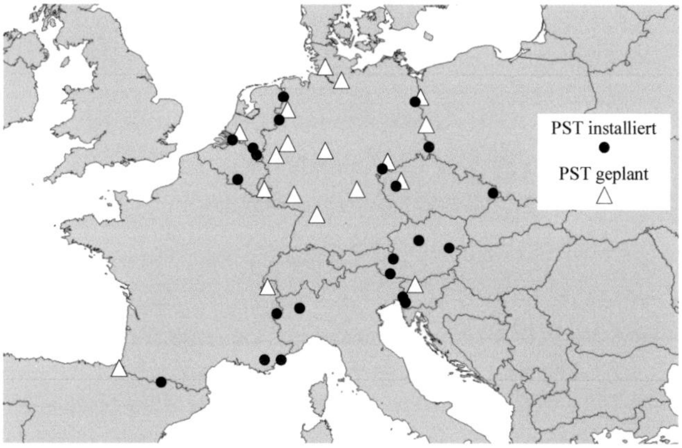

Abb. 1.1: Installierte und geplante PSTs in der europäischen Übertragungsnetzebene

Die angesprochene HGÜ-Technologie wird heute in Europa insbesondere zur Anbindung von Offshore-Windparks sowie zur Kopplung von asynchronen AC-Übertragungsnetzen (See- und Landverbindungen) genutzt. Weiterhin kommt sie aufgrund geringer Übertragungsverluste bei der Energieübertragung über weite Distanzen zum Einsatz. Neuartig in Europa ist dagegen die Schaffung neuer Übertragungsnetzkapazitäten mithilfe von HGÜ-Verbindungen eingebettet in einem synchronen AC-Verbundnetz. Dies wurde in Europa zuerst im INELFE-Projekt zwischen Frankreich und Spanien realisiert, wo nun neben vier parallel verlaufenden AC-Leitungen eine DC-Leitung in Betrieb ist [15]. Darüber hinaus sind in Deutschland bis 2025 die drei HGÜ-Verbindungen „Ultranet“, „Suedlink“ und „SuedOstLink“ geplant, die in Europa zum ersten Mal neue DC-Übertragungskapazitäten innerhalb eines stark vermaschten AC-Netzes schaffen [8], [16]. Ein weiteres Beispiel stellt die für 2019 geplante HGÜ-Verbindung ALEGrO zwischen Deutschland und Belgien dar [17]. Neben diesen genannten Beispielen zeigt Abb. 1.2 eine Übersicht mit weiteren geplanten HGÜ-Projekten in Europa (dargestellt durch die lilafarbenen Linien).

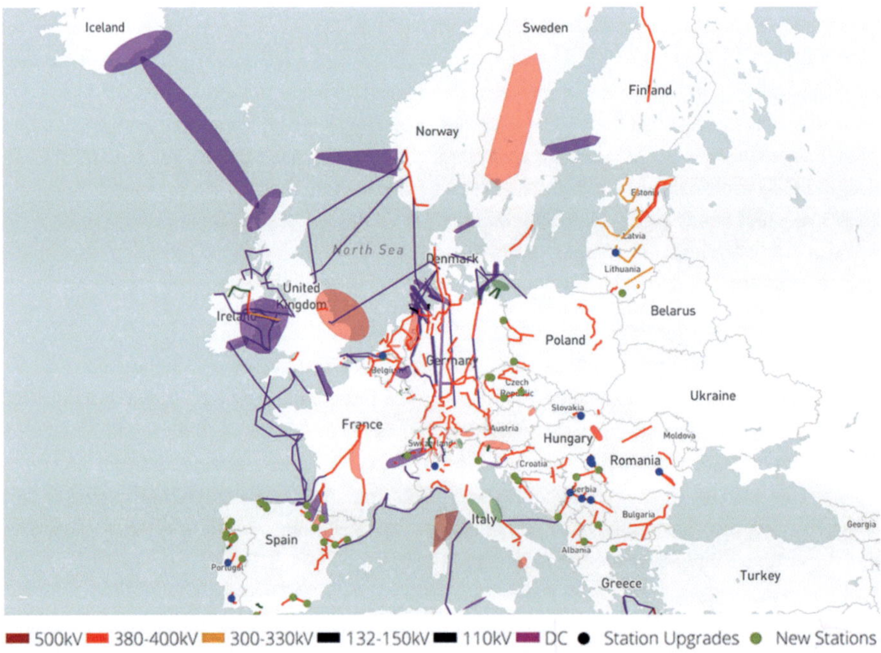

Abb. 1.2: Geplante HGÜ-Verbindungen in Europa [7]

Die Anpassung der Sollwerte erfolgt bei den meisten installierten PSTs sowie der im europäischen AC-Netz eingebetteten HGÜ-Verbindung im Moment nur in Extremsituationen bzw. gemäß eines festen Zeitplans [15]. Das heißt, dass die Einstellungen, beispielsweise bei den PSTs, unter anderem manuell von der Leitstelle geändert werden, wenn dies nach Ansicht und Erfahrung des Leitstellenpersonals notwendig erscheint [3]. Eine automatische und effiziente Änderung der PST-Stufungen bzw. der HGÜ-Sollwerte, die sich an den optimal erreichbaren Netzzuständen orientiert, erfolgt nach derzeitigem Wissensstand nicht. Ebenso werden bei diesen „intuitiven“ Einstellungen keine negativen Beeinflussungen berücksichtigt, die zwischen mehreren PFCDs auftreten können. Dementsprechend ist eine koordinierte Abstimmung mit anderen ÜNBs notwendig.

1.2 Forschungsfragen

Ziel der Arbeit ist es, ein Netzbetriebsverfahren für PSTs und HGÜ-VSCs zu entwerfen, welches die regelzonenübergreifende, koordinierte Optimierung der Betriebsmittel über mehrere Zeitbereiche wahrnimmt und zu einer Wahrung der Netzsicherheit beiträgt. Gleichzeitig soll das Netzbetriebsverfahren auch auf alle erdenklichen netzbetrieblichen Störungen, wie zum Beispiel Leitungsausfälle oder Verlust der (n-1)-Sicherheit, reagieren können.

Die vorliegende Arbeit widmet sich diesbezüglich der Fragestellung:

Forschungsfrage 1

„Führt der koordinierte Einsatz von PSTs und HGÜ-VSCs zu einem Beitrag zur Wahrung der Netzsicherheit?“

Diesbezüglich besteht zuvor die Notwendigkeit, ein Netzbetriebsverfahren zu entwerfen, das die optimalen Arbeitspunkte der beiden PFCDs bestimmt, wobei die bestmögliche Minimierung mehrdimensionaler Zielfunktionen und die Berücksichtigung von Nebenbedingungen zu erreichen sind. Somit wendet sich diese Arbeit weiterhin der folgenden Forschungsfrage zu:

Forschungsfrage 2

„Wie lassen sich geeignete Arbeitspunkte von PSTs und HGÜ-VSCs zur Wahrung der Netzsicherheit bestimmen?“

Je nach Zeitbereich kann im Netzbetrieb in lang-, mittel- und kurzfristige Ziele differenziert werden. So zielt zum Beispiel die Prognoserechnung unter Verwendung von prognostizierten Last- und Einspeisedaten lang- und mittelfristig auf die Identifikation von Netzengpässen und (n-1)-Sicherheitsverletzungen sowie deren frühzeitiger Beseitigung ab. Weiterhin können bei einem ausreichenden Zeithorizont neben technischen auch wirtschaftliche Ziele berücksichtigt werden, wogegen im Onlinebetrieb die Sicherstellung der Systemsicherheit im kurzfristigen Zeitbereich an oberster Stelle steht. Dementsprechend erfolgt ebenfalls eine Fokussierung auf die Frage:

Forschungsfrage 3

„Welche Verfahren sind für die verschiedenen Zeitbereiche des Netzbetriebs zur Bestimmung der optimalen Arbeitspunkte von PSTs und HGÜ-VSCs geeignet?“

Eine Koordinierung der PFCD-Arbeitspunkte kann von verschiedenen im Systembetrieb aktiven Akteuren bzw. Instanzen für unterschiedliche räumliche Bereiche ausgeführt werden. Zurzeit obliegt jedem ÜNB die Schaltungshoheit über seine Betriebsmittel, wobei einzelne Koordinierungsaufgaben in Europa von sogenannten Regional Security Coordination Initiatives (RSCI) übernommen werden. Die vorliegende Arbeit widmet sich daher auch der folgenden Fragestellung:

Forschungsfrage 4

„Welche Eigenschaften sollte eine Instanz zur Koordinierung der PFCDs aus technischer Sicht besitzen?“

Wie in Abb. 1.3 zusammenfassend visualisiert, ist es das Ziel dieser Arbeit, Optimierungs- und Anpassungsmethoden zu entwickeln, die neue Sollwerte für PSTs und HGÜ-VSCs regelzonenübergreifend bestimmen. Ausgangsbasis für diese Berechnungen sind prognostizierte und gemessene Wirkleistungsflüsse. Treten Abweichungen zwischen diesen beiden Größen auf, soll in Abhängigkeit von der Abweichungsursache die Einstellung berechneter PST- und HGÜ-VSC-Sollwerte erfolgen. Zu berücksichtigende Ursachen für ungeplante Wirkleistungsflussänderungen sind unter anderem Leitungsausfälle, Prognosefehler in der Einspeisung aus Windkraft- und Photovoltaikanlagen, ungeplante Lastveränderungen sowie Kraftwerksausfälle.

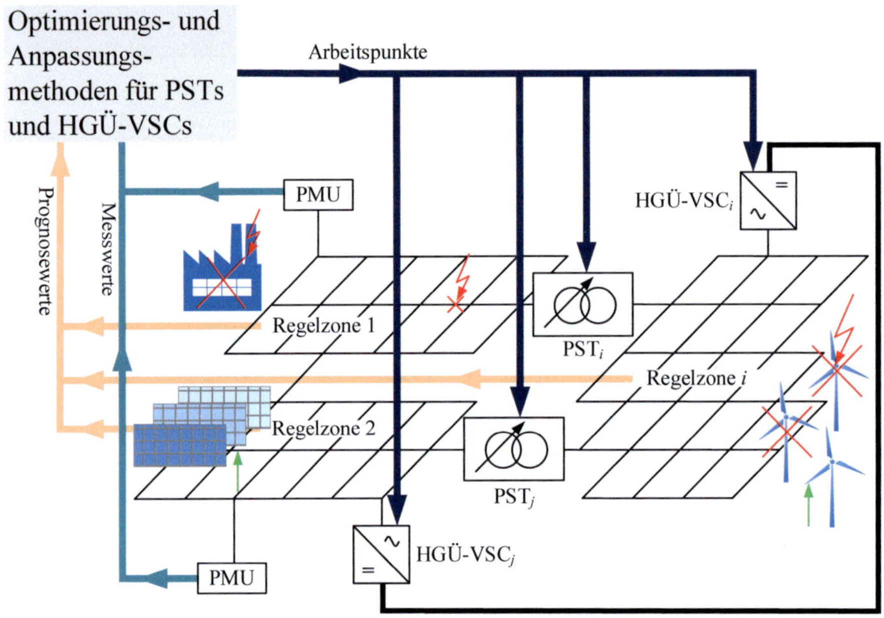

Abb. 1.3: Zielbild des entworfenen Netzbetriebsverfahrens

1.3 Aufbau der Arbeit

Zur Beantwortung der Forschungsfragen untergliedert sich die Arbeit in fünf Kapitel. Nach der Einleitung und der Beschreibung der zu lösenden Problemstellung in Kapitel 1 erfolgt im anschließenden Kapitel 2 die Erläuterung des aktuellen Stands der Wissenschaft und Technik bezogen auf den Netzbetrieb von Übertragungsnetzen. Dabei wird zuerst auf den aktuellen Aufbau des Netzbetriebs, inklusive der beteiligten Akteure, der auftretenden Netzbetriebszustände und der Maßnahmen zur Wahrung der Netzsicherheit, eingegangen. Weiterhin werden die Wirkungsweise wirkleistungsflussbeeinflussender Betriebsmittel, mit Schwerpunkt auf PSTs und HGÜ-VSCs, sowie die aktuell ausgeübten Betriebsweisen von PSTs und HGÜ-VSCs vorgestellt. Anschließend erfolgt die schematische Darstellung des PFCD-Einflusses auf die AC-Wirkleistungsflüsse sowie möglicher Wechselwirkungen. Zum Abschluss von Kapitel 2 wird eine Abgrenzung zu bestehenden Arbeiten auf dem Gebiet des optimierten Netzbetriebs von PFCDs vorgenommen.

Aufbauend auf der Analyse der veröffentlichten wissenschaftlichen Arbeiten erfolgt in Kapitel 3 die Vorstellung des im Rahmen dieser Arbeit entworfenen Netzbetriebsverfahrens zur optimalen Bestimmung von PST- und HGÜ-VSC-Arbeitspunkten sowie deren Umsetzung im Netzbetrieb. Zur Beantwortung der Forschungsfragen berücksichtigt das Verfahren zuallererst zuvor definierte Anforderungen, die sich sowohl aus etablierten Standards, aus verankerten technischen sowie gesetzlichen Richtlinien als auch aus der erforderlichen Einbindung der PFCDs in den Netzbetrieb ergeben. Zur Berücksichtigung unterschiedlicher Anforderungen für verschiedene Zeitbereiche im Netzbetrieb besteht das entworfene Netzbetriebsverfahren für die Bestimmung optimaler Arbeitspunkte von PSTs und HGÜ-VSCs (Forschungsfrage 2) aus den zwei folgenden Hauptbestandteilen:

1. die vorausschauende Planung von PST- und HGÜ-VSC-Netzbetrieb im Day-Ahead- und Intraday-Zeitbereich
2. Methoden zur Anpassung der PST- und HGÜ-VSC-Sollwerte bei unplanmäßigen Wirkleistungsflussänderungen im Onlinebetrieb

Dabei erfolgt zuerst der Methodenentwurf zur vorausschauenden Bestimmung optimaler Arbeitspunkte für den Day-Ahead- und Intraday-Zeithorizont. Dieser Zeithorizont beinhaltet zukünftige Netzsituationen von mehreren bis zu 24 Stunden im Voraus. Die anschließend entworfenen Verfahren zur Berechnung angepasster Sollwerte bei unplanmäßigen Wirkleistungsflussänderungen im Onlinebetrieb ermöglichen die Reaktion auf erkannte Veränderungen im Onlinebetrieb. Dies beinhaltet neben der Erläuterung geeigneter Optimierungsmethoden und Zielfunktionen (Forschungsfrage 3) auch die begründete Festlegung der ausführenden Instanzen für die Bereiche Optimierung und Koordinierung (Forschungsfrage 4). Dazu wird weiterhin auf die notwendigen Eingangsdaten sowie die Integration des Verfahrens in ein Leitsystem eingegangen. Abschließend werden die einzelnen Verfahrensbestandteile zu einem Netzbetriebsansatz zusammengeführt und die zeitliche Staffelung der einzelnen Bestandteile wird erläutert.

In Kapitel 4 wird das entworfene Netzbetriebsverfahren an verschiedenen Betriebsfällen getestet und der Beitrag zur Wahrung der Netzsicherheit validiert (Forschungsfrage 1). Diese Fallbeispiele beruhen auf der Simulation verschiedener Szenarien innerhalb eines Testnetzes, die verschiedene Einspeise-, Last- und Störszenarien abbilden. Abgeschlossen wird das Kapitel von einem Abgleich der erarbeiteten Anforderungen und Zielsetzungen mit den erreichten Ergebnissen.

In Kapitel 5 erfolgt eine Zusammenfassung des entworfenen Netzbetriebsverfahrens. Weiterhin wird ein Ausblick zu möglichen weiterführenden Forschungsaktivitäten gegeben.

2 Stand der Wissenschaft und Technik

Der nachfolgende Abschnitt stellt den aktuellen Stand von Wissenschaft und Technik im Bereich des Netzbetriebs im Übertragungsnetz vor, soweit dieser für den Inhalt der vorliegenden Arbeit relevant ist. Dabei erfolgt eine Vorstellung sowohl der ÜNBs als auch der aktiven Netzsicherheitskooperationen sowie von deren jeweiligen Aufgaben beim Netzbetrieb. Weiterhin werden die verschiedenen Zeitbereiche im Netzbetrieb, die unterschiedlichen Netzbetriebszustände und die vielfältigen Maßnahmen zur Wahrung der Netzsicherheit in das Gesamtsystem Verbundnetz (siehe Abb. 2.1) eingeordnet.

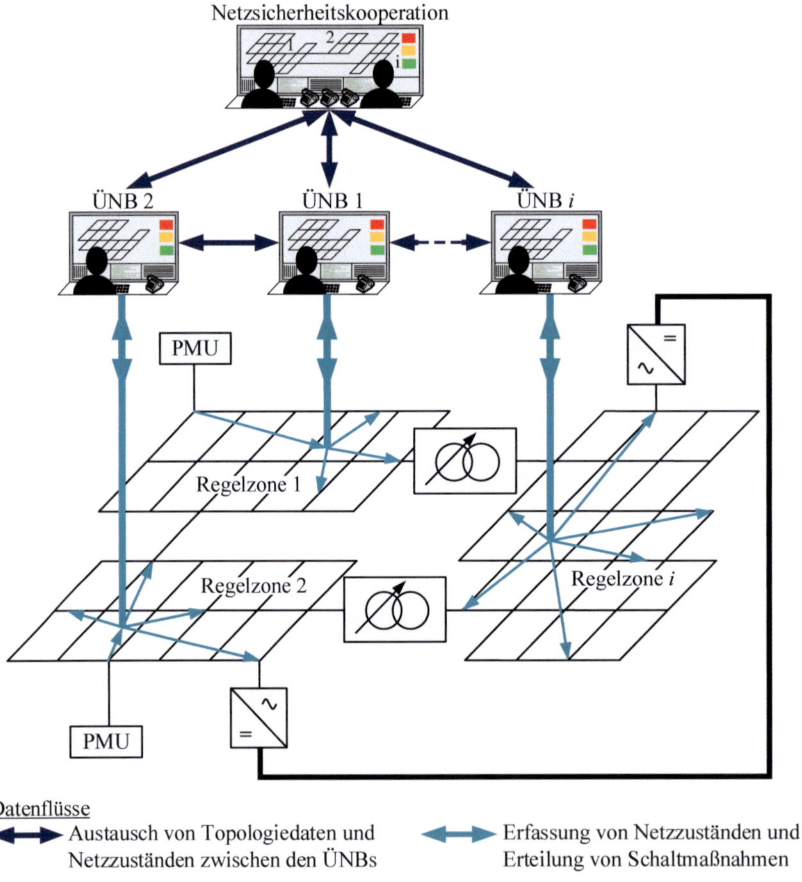

Abb. 2.1: Schematische Darstellung der Datenflüsse zwischen ÜNB und Netzsicherheitskooperation in einem aus *i* Regelzonen bestehenden Verbundnetz

Anschließend erfolgt die Vorstellung der Betriebsmittel PST und HGÜ-VSC sowie deren Wirkungsweise. Dies beinhaltet neben der Darstellung des Einflusses der beiden Betriebsmittel auf die Wirkleistungsflüsse im AC-Netz auch die Erläuterung der aktuellen Betriebsweisen in den verschiedenen europäischen Regelzonen. Zum Entwurf eines Gesamtverfahrens zur optimalen Arbeitspunktbestimmung für PSTs und HGÜ-VSCs werden zu diesem Thema vergleichbare Arbeiten vorgestellt, analysiert und der Forschungsbedarf in dieser Arbeit wird begründet.

2.1 Netzbetrieb

Die Ausübung eines sicheren und effizienten Netzbetriebs unterteilt sich in die drei Phasen:

- Netzbetriebsplanung inklusive Netzausbau und Netzinstandhaltung
- Netzbetriebsführung im laufenden Prozess
- Reporting eingeleiteter Maßnahmen

Dabei beinhaltet die Netzbetriebsplanung (auch Systembetriebsplanung genannt) die frühzeitige Planung von Netzausbau- oder Instandhaltungsmaßnahmen mehrere Jahre bzw. Monate im Voraus, so dass alle Betriebsmittel lang-, mittel- und kurzfristig im geplanten Maße einsetzbar sind. Weiterhin erfolgt die Planung des Netzbetriebs nach dem (n-1)-Kriterium bis zu einem Tag im Voraus (Day-Ahead bzw. D-1) [18], [19].

Die anschließende Netzbetriebsführung (auch Systemführung genannt) umfasst die Gesamtheit aller operativen Aufgaben eines Netzbetreibers im Rahmen der Überwachung und Steuerung eines Netzes durch eine Netzleitstelle im laufenden Prozess (Intraday- und Onlinebetrieb), inklusive des koordinierten Einsatzes der in seiner Regelzone stehenden Kraftwerke sowie der engen Abstimmung mit benachbarten Netzbetreibern [19], [20]. Der Onlinebetrieb (Real-Time Operation) beinhaltet insbesondere das Monitoring der aktuellen Netzsituation sowie die Durchführung von Maßnahmen zur Wahrung der Netzsicherheit [21], [22].

Die Reportingphase ist der Netzbetriebsplanung und -führung zeitlich nachgelagert und enthält die Erstellung und Analyse von Netzbetriebsstatistiken, von eingeleiteten Maßnahmen und aufgetretenen Störungen.

Gleichermaßen lassen sich die drei Netzbetriebsphasen zeitlich in drei Bereiche einteilen, wie nachfolgend in Abb. 2.2 visualisiert ist.

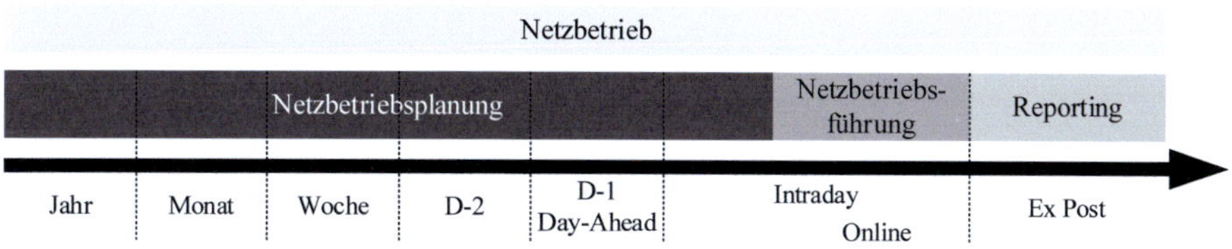

Abb. 2.2: Zeitbereiche des Netzbetriebs, in Anlehnung an [18]

2.1.1 Netzebenen und Netzbetreiber

Elektrische Stromversorgungsnetze haben die Aufgabe, die in den Kraftwerken erzeugte elektrische Energie zu den Verbrauchern zu transportieren. Zu unterscheiden ist, dass der Transport je nach räumlicher Distanz zwischen Start- und Endpunkt über verschiedenen Spannungsebenen stattfindet. Insgesamt wird das Netz in Deutschland in sieben Netzebenen gegliedert, wobei diese sich in vier Spannungs- und drei Umspannungsebenen unterteilen. Die Spannungsebenen sind:

- Höchstspannung
- Hochspannung
- Mittelspannung
- Niederspannung

Der Betrieb und die Aufgabenerfüllung in den einzelnen Netzebenen unterliegen der Hoheit verschiedener Netzbetreiber. So wird der Netzbetrieb in der Höchstspannungsebene (220 kV bis 380 kV) von den ÜNBs übernommen. Hauptaufgaben sind die Aufnahme, Übertragung und Abgabe großer Leistungen über weite Entfernungen sowie der Austausch von Leistung mit benachbarten Übertragungsnetzen. Der Netzbetrieb der Spannungsebenen im 0,4- bis 110-kV-Bereich (Nieder-, Mittel-, Hochspannung) wird von den Verteilernetzbetreibern (VNB) wahrgenommen. Die Hochspannungsebene (110 kV) dient insbesondere der Aufnahme mittlerer Leistungen, der überregionalen Verteilung sowie der Versorgung von Großverbrauchern. In der Mittelspannungsebene (6 kV bis 30 kV) sind überwiegend mittelgroße Erzeugungsanlagen angeschlossen, deren eingespeiste Leistung regional an Verbraucher verteilt wird. Haushalte, Kleinverbraucher und kleine Erzeugungseinheiten sind vor allem in der Niederspannungsebene (0,4 kV) angeschlossen.

Die einzelnen Aufgaben der ÜNBs sind in der Richtlinie 2009/72/EG Art. 12 und Art. 25 definiert [23]. So sind sie dafür verantwortlich, den sicheren und zuverlässigen Netzbetrieb unter wirtschaftlichen Bedingungen sowie unter Beachtung des Umweltschutzes zu planen, zu warten und zu betreiben. Sie sind für die Systemstabilität in ihrem jeweiligen Netzbereich zuständig und stellen die Erfüllung der Systemdienstleistungen sicher [23]. Dies sind unbedingt erforderliche Leistungen für die Funktionstüchtigkeit des Energiesystems, wie Frequenzhaltung, Spannungshaltung und Versorgungswiederaufbau nach einer Störung [19], [24]. Weiterhin obliegen den ÜNBs die Akquise und der Abruf von Regelleistung [19].

Im Rahmen seiner Systemverantwortung und Systemführung obliegt dem ÜNB auch die Bewertung des Systemzustandes, wobei das elektrische Netz über alle Spannungsebenen als System zu verstehen ist. Um alle notwendigen Informationen dafür zu erlangen, sind die angeschlossenen VNBs, Erzeuger und Lieferanten von Energie verpflichtet, die benötigten Informationen zur Verfügung zu stellen [19].

2.1.2 Netzsicherheitskooperationen

Aufgrund des synchronen Verbundnetzes ist der Netzbetrieb innerhalb einer Regelzone ohne Beachtung der benachbarten Regelzonen nicht möglich. Jede Anpassungs- und Schaltmaßnahme kann einen Einfluss auf die Netzsituation in den benachbarten Regelzonen hervorrufen – sowohl in negativer als auch in positiver Weise. Auch der steigende Anteil an erneuerbaren Energien und dezentralen Erzeugungseinheiten sowie der zunehmende regelzonenübergreifende Energietransport erhöhen die Unsicherheit in der operativen Planungsphase, so dass der Kommunikations- und Abstimmungsaufwand zwischen benachbarten ÜNBs zunimmt. Im Operation Handbook sind dazu in der Policy 4 [25] entsprechende Planungsgrundsätze genannt, die von allen im European Network of Transmission System Operators for Electricity (ENTSO-E) beteiligten ÜNBs anzuwenden sind.

Zur Verbesserung der Kommunikation und für einen vereinfachten Datenaustausch existieren darüber hinaus seit einigen Jahren unabhängige Kooperationsinitiativen zwischen den ÜNBs. Diese Regional Security Coordination Initiatives (RSCI) bzw. Regional Security Coordinators (RSC) übernehmen eine koordinierende Rolle und dienen hauptsächlich der Erstellung gemeinsamer Datenmodelle für Netzsicherheitsanalysen, dem Austausch der Daten und Ergebnisse sowie der Bestimmung des Netzzustandes für verschiedene Zeitbereiche. Die Hoheit über die Betriebsmittel bleibt dabei bei den ÜNBs. Die fünf Hauptaufgaben der RSCIs sind zusammenfassend:

- Erstellen gemeinsamer Netzmodelle
- Bereitstellen kurz- und mittelfristiger Prognosedaten
- Bestimmung der verfügbaren Transportkapazitäten auf den Interkonnektoren
- Ermittlung und Koordinierung geplanter Nichtverfügbarkeiten von Betriebsmitteln
- Durchführung der (n-1)-Sicherheitsanalyse und Empfehlung geeigneter Maßnahmen zur Verbesserung der Netzsicherheit [26]

Die Transmission System Operator Security Cooperation (TSC) ist eine der in Europa aktiven RSCIs. TSC wurde im Dezember 2008 gegründet und an ihr sind derzeit 13 europäische ÜNBs aus Deutschland, Österreich, Tschechien, Slowenien, Dänemark, Kroatien, Ungarn, Polen, der Schweiz und den Niederlanden beteiligt [27]. Die beteiligten ÜNBs stellen TSC über entsprechend eingerichtete IT-Infrastruktur (Common Tool for Data Exchange and Security Assessments – CTDS) in zyklischer Weise ihre Netzmodelle mit aktualisierten Prognosedaten (in stündlicher Auflösung) zur Verfügung. Diese Netzdaten werden von TSC in einem gemeinsamen Netzmodell miteinander verknüpft und für Sicherheitsanalysen und Kapazitätsberechnungen verwendet. Der tägliche Austausch der Berechnungsergebnisse ermöglicht den ÜNBs frühzeitig auf mögliche Netzengpässe und Überlastsituationen reagieren zu können. Diesbezüglich finden tägliche Videokonferenzen mit den beteiligten ÜNBs statt. Weiterhin werden stündlich die Onlinedaten erfasst, um ex-post eine Analyse der Netzsituation durchzuführen. Dies dient insbesondere der Verbesserung des Prognoseprozesses [18].

Ebenfalls ab Dezember 2008 haben sich weitere ÜNBs aus West- und Südwest-Europa in der RSCI Coordination of Electricity System Operators (Coreso) zusammengeschlossen. Dieser Initiative gehören zurzeit ÜNBs aus Frankreich, Belgien, Großbritannien, Deutschland, Italien, Portugal und Spanien an. Coreso dient den beteiligten ÜNBs als Koordinierungsplattform sowie zum bilateralen Daten- und Informationsaustausch. Neben dem Vereinen der Netzmodelle erfolgt die Kapazitätsberechnung mithilfe der übermittelten Prognosedaten für verschiedene Zeitbereiche. Weiterhin werden (n-1)-Berechnungen durchgeführt und die Ergebnisse den beteiligten ÜNBs zur Verfügung gestellt. Ebenso erfolgen ein Monitoring des Onlinebetriebs sowie die Übermittlung relevanter Daten zur aktuellen Netzsituation an die ÜNBs. Dazu gehören auch eine Analyse stattgefundener Netzstörungen sowie die Schulung von Leitstellenpersonal [28].

Die erste RSCI in Südost-Europa entstand im April 2015. ÜNBs aus Serbien, Montenegro und Bosnien-Herzegowina gründeten das Security Coordination Centre (SCC) mit dem Ziel, notwendige Servicedienstleistungen für die beteiligten ÜNBs zu entwerfen und bereitzustellen. Dazu gehören zurzeit die Validierung und Verbesserung von Netzmodellen, das Vereinen der Netzmodelle sowie die Durchführung der (n-1)-Sicherheitsanalyse für verschiedene Zeitbereiche [29].

Die beteiligten ÜNBs der ÜNB-Vereinigung Nordic (Norwegen, Schweden, Finnland, Dänemark) eröffneten ebenso Ende 2017 eine RSCI Niederlassung in Kopenhagen. Diese führt die Kapazitätsberechnungen, Ausfallplanungen und (n-1)-Sicherheitsanalysen auf Basis gemeinsamer Netzmodelle durch [30].

Die RSCIs ermöglichen somit eine abgestimmte Koordinierung zwischen den ÜNBs [31]. Aufgrund dessen verfolgt auch ENTSO-E das Ziel, eine Beteiligung an RSCIs für verbundene ÜNBs verpflichtend einzuführen und die von den RSCIs übernommenen Koordinierungsfunktionen weiterzuentwickeln [26]. In der ENTSO-E-Versammlung am 10.12.2015 unterzeichneten die europäischen ÜNBs ein multilaterales Abkommen (Multilateral Agreement – MLA) für eine RSCI-basierte ÜNB-Kooperation [28], [32].

Darüber hinaus plant die Europäische Kommission, nationale Zuständigkeiten beim Netzbetrieb in Zukunft an sogenannte Regional Operational Centres (ROCs – regionale Betriebszentren) zu übertragen [33]. Ziel ist es, Nationalgrenzen so gut wie möglich aufzuheben und die Interkonnektoren als normale Leitungen zu betreiben [34]. Jeweils ein ROC wäre dann für den grenzüberschreitenden Netzbetrieb in mehreren EU-Mitgliedsstaaten zuständig.

Nachfolgend ist in Tab. 2.1 gegenübergestellt, inwiefern die ÜNBs, VNBs, RSCs/RSCIs und ROCs Zuständigkeiten bei den vorgestellten Phasen des Netzbetriebs besitzen, bzw. diese ihnen angedacht sind. Dabei planen, führen und dokumentieren aktuell die ÜNBs und VNBs den Netzbetrieb für ihren jeweiligen Netzbereich. In der Planung und im Reporting werden sie von den RSCs/RSCIs unterstützt, indem diese Initiativen die Netzbetriebsplanung koordiniert über mehrere Regelzonen vornehmen. Kommt es zur Etablierung von ROCs, würden diese darüber hinaus aktiv die Netzbetriebsführung koordiniert für mehrere Regelzonen übertragen bekommen.

Tab. 2.1: Gegenüberstellung der zugeteilten Netzbetriebsphasen verschiedener Netzakteure

Netzbetriebsphasen	ÜNB	VNB	RSC/RSCI	ROC
Netzbetriebsplanung	x	x	x	x
Netzbetriebsführung	x	x		x
Reporting	x	x	x	x

2.1.3 Netzbetriebsplanung und -führung

Die vorgenommene Einteilung des Netzbetriebs in Netzbetriebsplanung und Netzbetriebsführung kann bei dem gewählten Schwerpunkt auf den vorbereitenden und operativen Netzbetrieb weiterhin in folgende Teilaspekte gegliedert werden:

- Week Ahead Planning Process (WAPP)
- Day 2 Ahead Congestion Forecast (D2CF)
- Day-Ahead Congestion Forecast (DACF)
- Intraday Congestion Forecast (IDCF)
- Onlinebetrieb

Alle diese Teilaspekte des Netzbetriebs führt jeder ÜNB in Europa durch, wenn er Mitglied in einem RSCI, wie zum Beispiel TSC oder Coreso, ist. Der zeitliche Ablauf der Teilaspekte des Netzbetriebs ist in Abb. 2.3 dargestellt und orientiert sich an dem Vorgehen in [21] und [35].

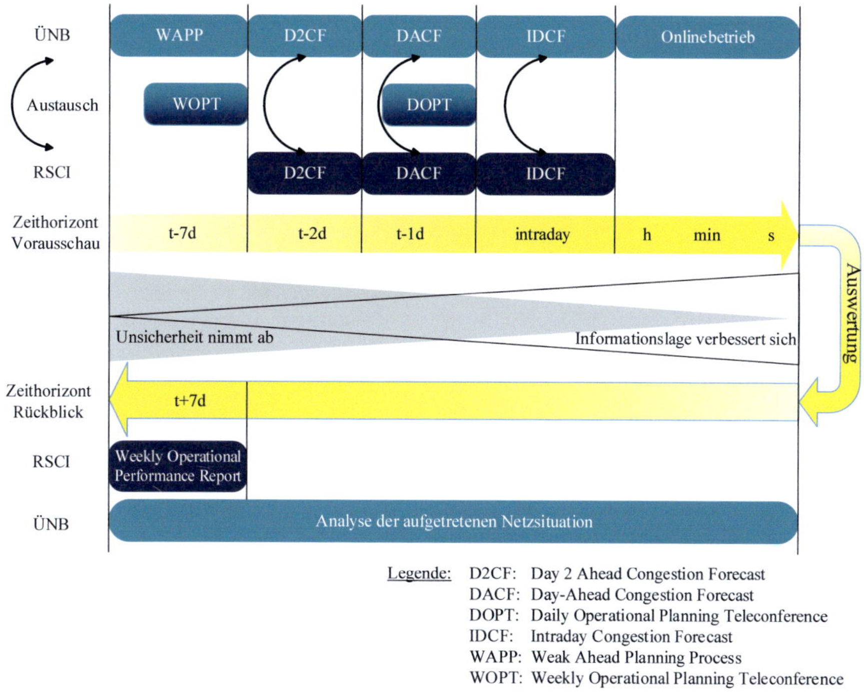

Abb. 2.3: Koordinierungsvorgänge zwischen ÜNB und RSCI in den Prozessen Netzbetriebsplanung und -führung

Wie bei den Aufgaben der ÜNBs und RSCIs beschrieben, werden im heutigen Netzbetrieb (bestehend aus Netzbetriebsplanung und Netzbetriebsführung) Prognosedaten für verschiedene Zeithorizonte (von Week-Ahead, über Day-Ahead bis Intraday) verwendet, um zukünftige Wirkleistungsflüsse und somit die Leitungsbelastungen im Rahmen der (n-1)-Sicherheitsanalyse abschätzen zu können. Dabei berücksichtigen die ÜNBs Prognosedaten für Wind- und Solareinspeisung, prognostizierte Lastdaten und übermittelte Kraftwerkseinsatzpläne. Weiterhin werden mögliche Topologie-Änderungen des Netzes miteinbezogen, die zum Beispiel aufgrund von Wartungsmaßnahmen geplant sind. Mit verkürzter Nähe zum betrachteten Zeitpunkt verbessert sich die Informationslage von ÜNB sowie RSCI, während die Unsicherheit bezüglich der erwarteten Netzsituation abnimmt [36].

Wie in Abb. 2.3 veranschaulicht, beginnt die Netzbetriebsplanung mindestens eine Woche im Voraus, wobei zur Bestimmung der zukünftigen Netzbelastungen die prognostizierten Leistungsflussberechnungen zyklisch im Wochenrhythmus (Week Ahead Planning Process – WAPP) durchgeführt wird. Dabei ist zwischen Beobachtungsbereich (Observability Area) und Verantwortlichkeitsbereich (Responsibility Area) des ÜNB zu unterscheiden. Der Verantwortlichkeitsbereich beinhaltet alle Bestandteile des Übertragungsnetzes, inklusive der Interkonnektoren, für die der ÜNB zuständig ist [37]. Da aber auch der Netzbetrieb der benachbarten ÜNBs Einfluss auf das Übertragungsnetz der anderen ÜNBs haben kann, ist es notwendig, in die Berechnung der Wirkleistungsflüsse einen in [37] definierten Bereich der Nachbarregelzonen zu berücksichtigen. Somit gehören zum Beobachtungsbereich das eigene Übertragungsnetz, Teile vom Verteilernetz sowie angrenzende Netzbereiche benachbarter Übertragungsnetze (siehe Abb. 2.4) [37].

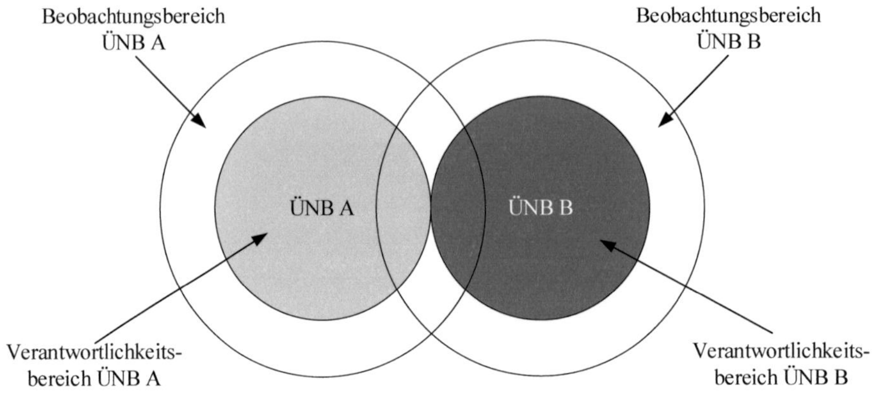

Abb. 2.4: Verantwortlichkeits- und Beobachtungsbereich zweier ÜNBs, in Anlehnung an [37]

Im Falle des Auftretens bzw. der Identifikation von Überlastsituationen oder Betriebsmittelgrenzverletzungen im Rahmen der WAPP-Simulationen können die ÜNBs anschließend notwendige Maßnahmen, wie die Bereitstellung von Redispatch-Kapazitäten oder die Aktivierung von Reservekraftwerken, rechtzeitig mit der erforderlichen Vorlaufzeit sicherstellen. Im Rahmen dieses Planungsprozesses tauschen sich die ÜNBs bilateral in einer wöchentlich stattfindenden Videokonferenz (Weekly Operational Planning Teleconference – WOPT) aus [26], [35].

Da die verwendeten Prognosedaten mit einem Zeithorizont von einer Woche noch mit einer großen Ungenauigkeit versehen sind, wird von den ÜNBs zyklisch zwei Tage vor dem betrachteten Zeitpunkt erneut eine Prognoserechnung der zu erwartenden Wirkleistungsflüsse durchgeführt (Two Day Ahead Congestion Forecast – D2CF) [38]. Hier werden wiederum geschätzte Einspeise-, Last- und Topologie-Daten verwendet. Dabei senden die ÜNBs ihre Daten auch an eine RSCI, bei der die Daten der beteiligten ÜNBs miteinander vereint und für gemeinsame (n-1)-Sicherheitsanalysen sowie Kapazitätsberechnungen verwendet werden [39].

Einen Tag vor dem betrachteten Zeitpunkt erfolgt der Day Ahead Congestion Forecast (DACF) bzw. der *D-1* Prozess, in dem von den ÜNBs wiederum aktuellere Prognosedaten (24 Datensätze in stündlicher Auflösung für den Folgetag) bis spätestens 18 Uhr des Vortages den anderen ÜNBs sowie RSCIs bereitgestellt werden [25], [40]. Mithilfe dieser aktualisierten Vorschau (inklusive bereits veranlasster Maßnahmen) ist es möglich, weitere kritische Situationen zu erkennen und entsprechende Maßnahmen einzuleiten. Diese Berechnung wird parallel ebenfalls bei der zuständigen RSCI vorgenommen. Zum Austausch der Ergebnisse und zwecks Einleitung geeigneter Maßnahmen zur Wahrung der Netzsicherheit erfolgt jeden Tag ab 21 Uhr eine Videokonferenz (Daily Operational Planning Teleconference – DOPT) mit den beteiligten ÜNBs [35].

Innerhalb des betrachteten Tages wird ebenso zyklisch im stündlichen Takt (24-Datensätze) eine Engpassberechnung durchgeführt. Dieser Intraday Congestion Forecast (IDCF) ermöglicht den ÜNBs ein letztes Mal, im Voraus mögliche kritische Situation zu erkennen und entsprechende Maßnahmen zur Beseitigung einzuleiten. Diese Berechnungen werden sowohl beim ÜNB als auch beim RSCI durchgeführt und miteinander ausgetauscht. Auftretende Anpassungen der Kraftwerkseinsatzpläne, der Netztopologie, der PST- oder HGÜ-VSC-Sollwerte sind den anderen ÜNBs und RSCIs unverzüglich mitzuteilen [21], [25], [35].

Im Onlinebetrieb erfolgen das Monitoring der aktuellen Netzsituation und die Durchführung der im DACF- und IDCF-Prozess geplanten Maßnahmen [35]. Kommt es zu einer Verletzung von Netzsicherheitskriterien, können die ÜNBs auf die in Abschnitt 2.1.5 vorgestellten Maßnahmen zur Wahrung der Netzsicherheit zurückgreifen.

Rückwirkend erfolgt eine Analyse des tatsächlichen Netzzustandes im Vergleich zum geplanten. Dies dient der Klärung aufgetretener Auffälligkeiten sowie der Verbesserung des Prognoseprozesses. Alle aufgetretenen Störungen in der Netzbetriebsführung werden darüber hinaus vom RSCI in einem Weekly Operational Performance Report zusammengefasst [35].

2.1.4 Netzbetriebszustände

Insgesamt wird der Netzbetrieb in fünf Zustände unterteilt, die ausgehend von den aktuellen Zustandsgrößen den Zustand des Energieversorgungssystems beschreiben. Die Zustandsvariablen sind zum einen mit der komplexe Knotenspannung in die lokale Zustandsgröße und zum anderen mit der Netzfrequenz in die globale Zustandsgröße zu unterteilen [37]. Gemäß [22] sind folgende fünf Netzbetriebszustände definiert:

- Normalzustand
- Alarmzustand
- Notzustand
- Ausfall
- Netzwiederaufbau

Im Normalzustand befinden sich die Spannungen, die Leistungsflüsse sowie die Netzfrequenz innerhalb der definierten Toleranzbereiche. Dies gilt durch die Einhaltung des (n-1)-Kriteriums auch bei dem Ausfall eines Betriebsmittels.

Im Alarmzustand sind die Spannungen und Leistungsflüsse noch immer innerhalb der zulässigen Grenzwerte, allerdings würde mindestens ein Betriebsmittelausfall von der Ausfallliste zur Verletzung dieser Grenzwerte führen. Somit ist das Netz nicht mehr (n-1)-sicher. Weiterhin gilt ebenfalls als Kriterium für den Alarmzustand, wenn die Regelleistungsreserven unzureichend vorhanden sind oder die Frequenz den in [41] definierten Toleranzbereich verlässt.

Der Notzustand tritt ein, wenn mindestens ein Grenzwert in der Netzbetriebsführung verletzt ist bzw. sich die Netzfrequenz weiter vom Nennwert entfernt hat. Weiterhin gilt der Notzustand, wenn vom ÜNB mindestens eine Maßnahme aus seinem „System Defence Plan“ aktiviert wurde [42] oder ein kompletter Verlust aller Anlagen für Monitoring, Steuerung und Kommunikation für länger als 30 Minuten stattfindet [22].

Von einem Ausfall wird gesprochen, wenn mehr als 50 % der Last im ÜNB-Verantwortungsbereich nicht versorgt wird bzw. die Spannung für mindestens drei Minuten im gesamten Verantwortungsbereich auf 0 V sinkt. In diesem Fall tritt der fünfte Zustand ein, in dem mit dem Netzwiederaufbau begonnen wird, um die Frequenz, die Spannung und alle weiteren Netzvariablen wieder in die gewünschten Bereiche zu überführen.

Tab. 2.2 gibt zu den jeweiligen Netzzuständen die entsprechende Netzsituation und das Vorhandensein von Gegenmaßnahmen (engl. Remedial Actions) an. Ziel ist es, das Netz immer im Normalzustand zu betreiben bzw. das Netz schnellstmöglich in den Normalzustand zurückzuführen.

Tab. 2.2: Netzbetriebszustände nach [22], [37]

Netzbetriebszustand	Einhaltung n-Kriterium	Einhaltung (n-1)-Kriterium	Gegenmaßnahmen vorhanden
Normalzustand (Normal State)	Ja	Ja	Ja
Alarmzustand (Alert State)	Ja	Nein	Ja
Notzustand (Emergency State)	Nein	Nein	Ja
Ausfall (Blackout State)	Nein	Nein	Ja
Netzwiederaufbau (Restoration)	Nein	Nein	Ja

2.1.5 Maßnahmen zur Wahrung der Netzsicherheit

Zur Wahrung der Netzsicherheit und der Haltung bzw. Rückführung des Netzes in den Netzbetriebszustand „Normal" stehen den ÜNBs verschiedene Maßnahmen zur Verfügung. Diese sogenannten Remedial Actions lassen sich in netzbezogene, marktbezogene und Notfallmaßnahmen unterteilen [43].

Zu den netzbezogenen Maßnahmen zählen insbesondere Netzschaltungen, die die Topologie des Netzes und somit die Leistungsflüsse ändern. Weiterhin sind lokale Spannungsänderungen und Blindleistungsanpassungen geeignete Maßnahmen zur Erhaltung der Netzsicherheit, ebenso wie die Ausnutzung betrieblicher Toleranzen.

Ist die Wirkung der netzbezogenen Maßnahmen nicht ausreichend, um die Versorgungssicherheit zu gewährleisten, können die ÜNBs marktbezogene Maßnahmen einsetzen. Diese mit Marktteilnehmern vertraglich vereinbarten Maßnahmen werden von den ÜNBs finanziell vergütet. Zu nennen sind hierbei der Einsatz von Regelenergie, die Verbrauchsanpassung bei ab- und zuschaltbaren Lasten, die Aktivierung von Netz- und Kapazitätsreserven sowie das Management von Engpässen [43]. Zum letztgenannten Punkt zählen insbesondere der nationale sowie internationale Redispatch und das Counter Trading von Energiemengen aus mindestens zwei Preisgebieten.

Sind die netz- und marktbezogenen Maßnahmen zur Wiederherstellung der Netzsicherheit weiterhin nicht ausreichend, können die ÜNBs auf Notfallmaßnahmen zurückgreifen [43]. Dies berechtigt die ÜNBs dazu, sämtliche Anpassungen an Stromeinspeisungen, Stromtransiten und Stromabnahmen durchzuführen bzw. die Anpassung zu verlangen. Somit können vom ÜNB die Übergabeleistung der Kraftwerke und zum VNB sowie die Einspeisung von erneuerbaren Energien angepasst werden.

2.2 Betriebsmittel mit wirkleistungsflussbeeinflussender Wirkung

Das Ziel des Netzbetriebs besteht darin, die erzeugte Energie sicher und zuverlässig zu den Verbrauchern zu transportieren. Die dabei auftretenden AC-Wirkleistungsflüsse lassen sich mithilfe einer Vielzahl an Betriebsmitteln ändern, die unter dem Oberbegriff PFCD zusammengefasst werden. PFCDs lassen sich in verschiedene Kategorien einteilen. Diese unterscheiden sich in der Art der Schaltung, in der Reaktionszeit, in der Einbauweise zur Leitung und in der Art der Einflussnahme auf den Leistungsfluss.

Der Wirkleistungsfluss über eine Leitung zwischen zwei Netzknoten lässt sich vereinfacht durch die Gleichung (2.1) bestimmen [44].

$$p_{12} = \frac{u_1 \cdot u_2}{x_{12}} \cdot \sin\left(\delta_1 - \delta_2\right) = \frac{u_1 \cdot u_2}{\omega L_{12}} \cdot \sin\left(\delta_1 - \delta_2\right) \qquad (2.1)$$

In Verbindung mit dem in Abb. 2.5 dargestellten π-Ersatzschaltbild resultiert, dass die Höhe des Wirkleistungsflusses p_{12} zwischen zwei Knoten (1,2) von den Knotenspannungen am Anfang u_1 und am Ende u_2 der Leitung, von den Knotenspannungswinkeln δ_1 und δ_2 sowie von der Leitungsreaktanz x_{12} der Induktivität L (jωL = jx) abhängig ist. Die Suszeptanz b der Kapazität C (jωC = jb) und die Konduktanz g können bei kurzen Leitungen (Freileitung bis 250 km) vernachlässigt werden [45]. Bei primärer Betrachtung des Höchstspannungsnetzes gilt weiterhin, dass der ohmsche Widerstand r_{12} deutlich kleiner als die Reaktanz x_{12} ist, so dass $r/x \rightarrow 0$ gilt.

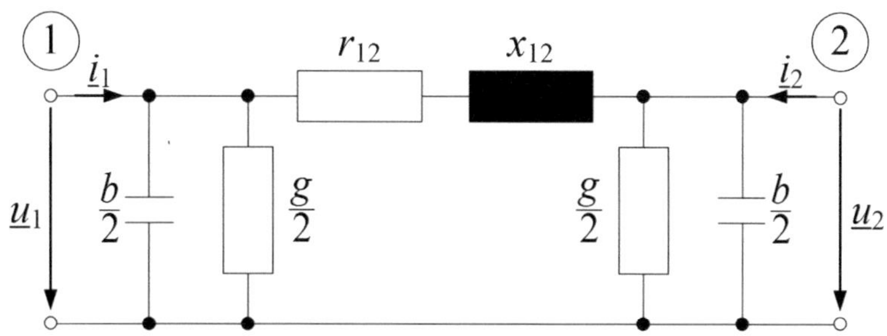

Abb. 2.5: Differential-Ersatzschaltbild einer elektrischen Leitung, in Anlehnung an [45]

Je nachdem, welche Stellgrößen (x, u, δ) in Gleichung (2.1) verändert werden, hat dies einen unterschiedlichen Einfluss auf den Wirkleistungstransport. So verursacht eine Knotenspannungsänderung eine stärkere Änderung des Blindleistungsflusses als eine Änderung des Wirkleistungsflusses. Zu beachten ist, dass die Knotenspannungen im Energieversorgungssystem nur innerhalb erlaubter Toleranzen veränderbar sind (± 10 % von der Nennspannung) [46].

Die Reaktanz x_{12} einer Leitung ist konstant und hat somit immer denselben Einfluss auf den Wirk- und Blindleistungsfluss. Mithilfe von Kompensationsanlagen kann die Reaktanz der Leitung verringert und somit der Wirk- und Blindleistungsfluss verändert werden [47].

Weiterhin ist die Höhe der Leistungsflüsse von der Knotenspannungswinkeldifferenz abhängig, wobei eine Änderung insbesondere auf den Wirkleistungsfluss einen erhöhten Einfluss hat.

PFCDs können unabhängig von der Stellgröße als Serienelement in Reihe zur Leitung oder als Shunt-Element eingebaut werden. Bei den Schaltungsarten wird in mechanische Schaltungen sowie in selbst- und fremdgeführte Umrichter mit Thyristoren und Transistoren differenziert [47]. Die größten Unterschiede zwischen diesen Schaltarten liegen in der Schaltgeschwindigkeit und den möglichen Stellbereichen.

Bei mechanisch geschalteten Betriebsmitteln liegt die Schaltgeschwindigkeit meist zwischen Sekunden und Minuten. Dazugehörige Betriebsmittel, wie zum Beispiel Laststufenschalter, werden schon seit Jahrzehnten eingesetzt und weisen eine hohe Robustheit und geringe Verluste auf [48]. Nachteilig ist die diskrete Stufungsschrittweite. Zu nennen sind hier mechanisch geschaltete Induktivitäten und Kapazitäten sowie PSTs.

Von Thyristoren angesteuerte Betriebsmittel können deutlich schneller schalten und besitzen eine hohe Stromtragfähigkeit sowie Sperrspannung. Nachteilig ist, dass sie nach dem Einschalten nicht aktiv ausgeschaltet werden können. Der Sperrzustand wird erst im Strom-Nulldurchgang des Leitungsstromes hergestellt [49]. Anwendung finden die Thyristoren im Static Var Compensator (SVC), Thyristor Controlled Reactor (TCR), Thyristor Controlled Series Compensator (TCSC), Thyristor Switched Series Compensator (TSSC), Thyristor Controlled Phase Shifting Transformer (TCPST) sowie im Line Commutated Converter (LCC) bei HGÜ-Verbindungen [50], [51], [52], [53].

Transistorgesteuerte Anlagen verwenden zum Beispiel Insulated Gate Bipolar Transistoren (IGBTs), die unabhängig von der Leitungsspannung ein- und ausgeschaltet werden können. Somit ermöglichen sie mithilfe der Multilevel-Pulsweitenmodulation (PWM) eine geregelte Spannungsversorgung der Betriebsmittel. Verwendet werden sie unter anderem beim Static Synchronous Compensator (STATCOM), Static Synchronous Series Compensator (SSSC), Unified Power Flow Controller (UFPC) und Voltage Source Converter (VSC) bei HGÜ-Verbindungen [50], [51], [52], [53]. In Abb. 2.6 sind die bekanntesten und am häufigsten verwendeten PFCDs den genannten Kategorisierungen zugeordnet.

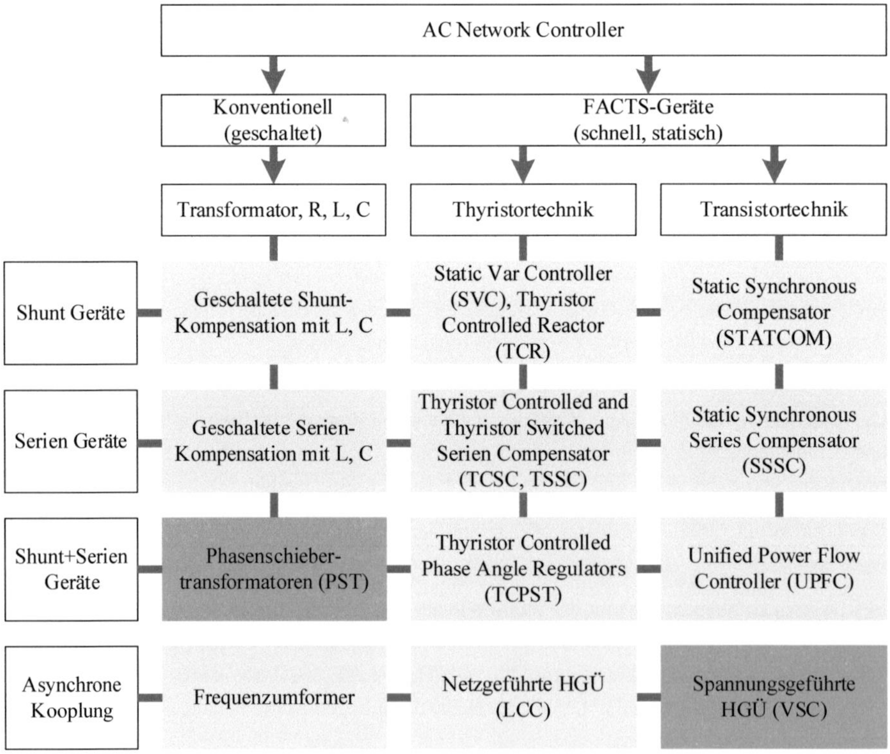

Abb. 2.6: PFCDs und FACTS-Elemente, in Anlehnung an [48], [54]

Aufgrund der Vielzahl an Betriebsmitteln wird auf eine detaillierte Funktionsbeschreibung verzichtet. Dies erfolgt nur für die im Fokus stehenden PSTs und VSC-Umrichter, da diese Betriebsmittel gemäß dem Netzentwicklungsplan [8] in naher Zukunft vor allem in die Übertragungsnetze integriert werden (in Abb. 2.6 dunkelgrau eingefärbt).

2.2.1 Phasenschiebertransformatoren

PSTs wirken vor allem auf den Wirkleistungsfluss, indem sie einen zusätzlichen Spannungswinkel α zwischen zwei Netzknoten hinzufügen. Dies geschieht durch die Einkopplung einer rechtwinkligen Zusatzspannung bei einem R/X-Verhältnis nahe Null, die den Spannungsvektor der Leitung in Amplitude und Phase verändern kann. Somit ändert sich die Gleichung (2.1) zu Gleichung (2.2).

$$p_{ij} = \frac{u_i \cdot u_j}{x_{ij}} \cdot \sin\left(\delta_i - \delta_j + \alpha\right) \tag{2.2}$$

Die Einkopplung der PST-Zusatzspannung erfolgt, wie in Abb. 2.7 a) zu sehen, in den meisten Fällen mithilfe eines Erregertransformators (Excitation Transformer) mit Laststufenschalter (On-Load-Tap-Changer – OLTC) und eines Serientransformators (Booster Transformer) [55].

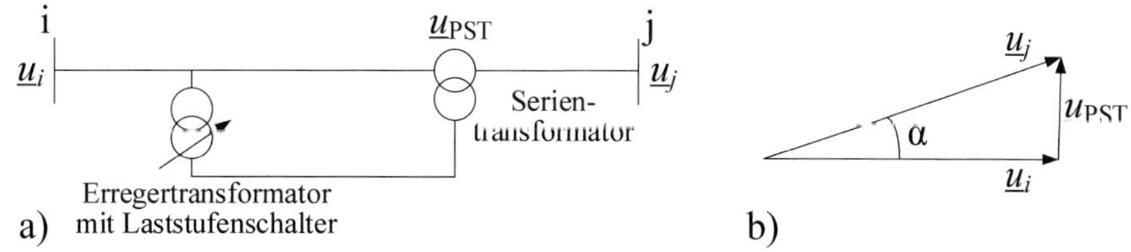

Abb. 2.7: a) Schematische Darstellung eines PSTs, b) Zeigerdiagramm eines PSTs

Während der Erregertransformator aus der Leitung *ij* eine Spannung abgreift und auf der Sekundärseite auf ein niedrigeres Spannungsniveau transformiert, erfolgt durch einen geregelten Laststufenschalter die Einstellung der Zusatzspannung. Dabei hat die Höhe der Zusatzspannung einen direkten Einfluss auf die Höhe des Zusatzwinkels α [55], [56]. Anschließend wird bei einem querregelnden PST die Zusatzspannung $\underline{u}_{PST}$ um 90° phasenverschoben über den Serientransformator zurück in die Leitung eingekoppelt, so dass sich das in Abb. 2.7 b) gezeigte Zeigerdiagramm ergibt. Ein möglicher PST-Aufbau der gezeigten schematischen Darstellung im Drehstromsystem ist in Abb. 2.8 abgebildet.

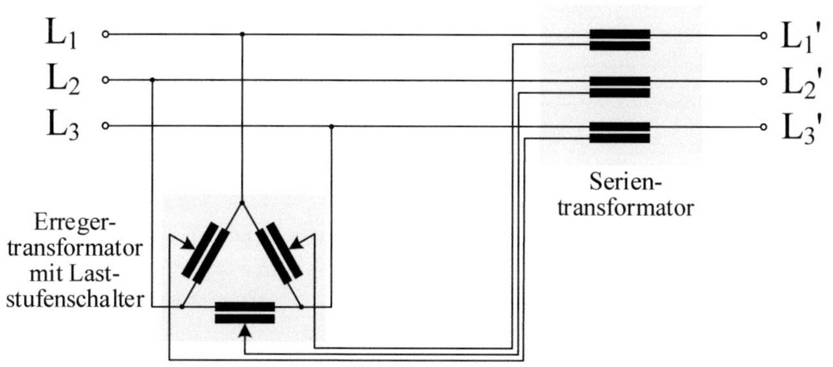

Abb. 2.8: Möglicher Aufbau eines PSTs, in Anlehnung an [55], [57]

Die Höhe der eingekoppelten Zusatzspannung wird mithilfe eines Laststufenschalters eingestellt, der eine stufige Änderung des Transformatorübersetzungsverhältnisses unter Last ermöglicht. Mögliche Schaltprinzipien zur Änderung der angeschlossenen Anzapfung sind in [58] und [59] erläutert. Die Dauer eines Schaltvorgangs wird in [60] für die dort genannten Stufenschalter mit 5,4 Sekunden pro Stufenschaltung angegeben.

Ausgehend von dem gezeigten Beispiel in Abb. 2.8 existieren darüber hinaus weitere Bauformen, die eine Klassifizierung von PSTs in direkte, indirekte, symmetrische und unsymmetrische PSTs ermöglichen. Direkte PSTs bestehen aus einem Dreiphasentransformator, während indirekte PSTs auf den zwei gezeigten separaten Transformatoren basieren. Vergleichend zur Eingangsspannung erzeugen unsymmetrische PSTs eine Ausgangsspannung mit verändertem Phasenwinkel und veränderter Spannungsamplitude, während symmetrische PSTs den Phasenwinkel bei gleichbleibender Spannungsamplitude anpassen. Insgesamt bieten indirekte PSTs ein einfacheres modulares Design, verbunden mit höheren Kosten, gegenüber direkten PSTs. Weiterhin sind unsymmetrische PSTs in der Konstruktion einfacher als symmetrische PSTs [47], [61].

2.2.2 Hochspannungsgleichstromübertragung

Ausgehend von den zwei HGÜ-Technologien – der netzgeführten HGÜ (LCC – Line Commutated Converter) und der selbstgeführten HGÜ (VSC – Voltage Source Converter) – wird in dieser Arbeit der Schwerpunkt auf die VSC-Technologie gelegt. Auch wenn ab einer bestimmten Leitungslänge mithilfe beider Technologien die Gleichstromübertragung geringere Übertragungsverluste aufgrund nicht eintretender dielektrischer Verluste und fehlenden Skin-Effekts verursacht als bei gleichem Leistungstransport über AC-Leitungen, weist die VSC-Technologie einige Vorteile auf [62]. So benötigt die LCC HGÜ, basierend auf Thyristorschaltelementen, eine aus dem AC-System vorgegebene Netzfrequenz, um die Thyristoren vom eingeschalteten Zustand wieder in den ausgeschalteten Zustand versetzen zu können. Somit sind LCC HGÜ-Verbindungen nur mit einer von außen vorgegebenen Frequenz schwarzstartfähig, während VSC HGÜs auf diese verzichten können. Hier ermöglicht die Verwendung von Transistorschaltern, die ein- und ausgeschaltet werden können, eine wunschgemäße Einstellung der DC-Spannung, so dass der Anteil harmonischer Oberschwingungen und somit die Anzahl der Filterkreise deutlich reduziert werden können. Weiterhin sind eine DC-Leistungsflussumkehr ohne DC-Spannungsumkehr sowie die Bereitstellung von Blindleistung unabhängig von der Wirkleistung möglich [63], [64].

Aufgrund der genannten Vorteile wird im Netzentwicklungsplan ebenso die Etablierung von VSC-basierten HGÜ-Systemen in Deutschland geplant [62]. Die Gleich- und Wechselrichter an den Kopfstationen der geplanten HGÜ-Verbindungen wandeln die eingehende Spannung von AC zu DC oder von DC zu AC um. Die Umwandlung erfolgt mithilfe der bereits erwähnten IGBTs, mit deren Hilfe sich durch häufiges Ein- und Ausschalten die gewünschte Spannungsform modellieren lässt. Die Steuerung der IGBTs erfolgt durch PWM und wird mit steigender Anzahl an verwendeten IGBTs komplexer. Gleichzeitig wird aber auch der entstehende Oberwellengehalt reduziert. Häufig eingesetzte Schaltungen sind vor allem Zweipunktumrichter (Two Level Converter), Dreipunktumrichter (Three Level Converter) und Modulare Multilevel Spannungsumrichter (MMC VSC – Modular Multilevel Converter VSC) [65]. Insbesondere eine MMC VSC benötigt teils mehrere hunderte in Reihe geschaltete IGBTs, wie in Abb. 2.9 durch die Submodule (SM) schematisch angedeutet wird [63].

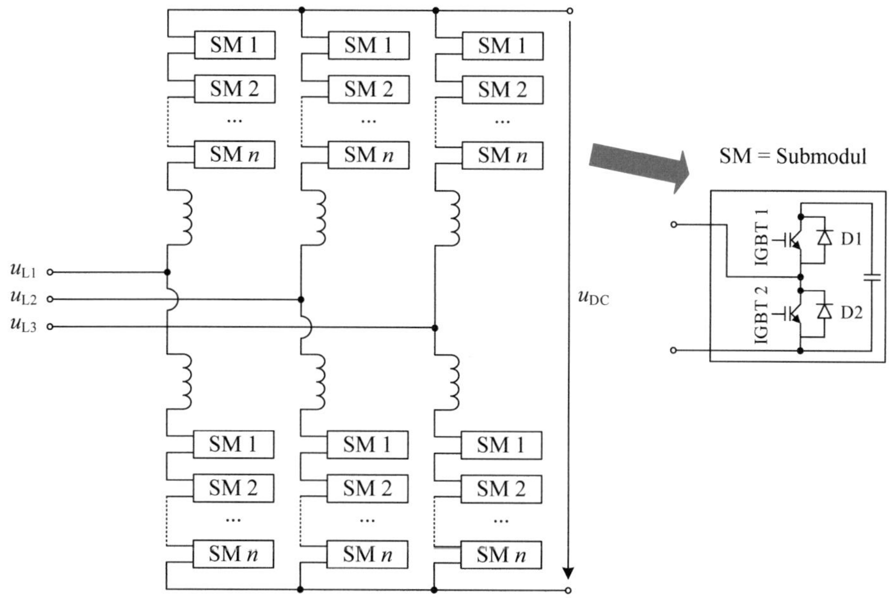

Abb. 2.9: Schematischer Aufbau eines MMC VSCs [63]

Diese effektive Steuerung der DC-Wirkleistungsflüsse über die HGÜ-Verbindungen hat gleichzeitig auch einen Einfluss auf die AC-Wirkleistungsflüsse im an den Umrichterknoten angrenzenden AC-Netz. So führt beispielsweise eine vermehrte Wirkleistungseinspeisung aus der DC-Verbindung in das AC-Netz zu erhöhten Wirkleistungsflüssen in den naheliegenden AC-Leitungen.

2.3 Leistungsflussarten und Einfluss der PFCDs auf den Wirkleistungsfluss

Neben der Einteilung in Wirk- und Blindleistungsflüsse können Leistungsflüsse weiterhin eingeteilt werden in [66]:

- geplante Leistungsflüsse (Scheduled Flows)
- physikalische Leistungsflüsse (Physical Flows)
- ungeplante Leistungsflüsse (Unscheduled Flows)
- Kreisflüsse (Loop Flows)
- Transit-Leistungsflüsse (Transit Flows)

Geplante Leistungsflüsse sind die berechneten Leistungsflüsse für einen zukünftigen Zeitpunkt, die aufgrund von Markttätigkeiten und prognostizierten Einspeise- und Lastdaten zu erwarten sind. Dies ist in Abb. 2.10 a) durch den schwarzen Pfeil dargestellt. Die physikalischen Leistungsflüsse stellen dann die tatsächlichen und messbaren Leistungsflüsse im Energienetz dar (siehe Abb. 2.10 b)). Dabei kommt es im Onlinebetrieb oft zu Abweichungen zwischen den geplanten und physikalischen Leistungsflüssen. Diese Abweichungen stellen die ungeplanten Leistungsflüsse dar und sind in Abb. 2.10 c) dargestellt. Loop Flows werden dagegen ungeplante Leistungsflüsse in externen Regelzonen genannt, die durch geplante Leistungsflüsse innerhalb einer

Regelzone entstehen. Dementsprechend sind die in Abb. 2.10 d) veranschaulichten Leistungsflüsse durch B1 und B2 Loop Flows, die aufgrund des geplanten Leistungsflusses in A hervorgerufen werden. Die letztgenannten Transit-Leistungsflüsse sind ungeplante Leistungsflüsse durch zwei oder mehrere Regelzonen (RZ), die aufgrund geplanter Leistungsflüsse zwischen zwei benachbarten RZ auftreten. Dies ist in Abb. 2.10 e) visualisiert, wo Transit-Leistungsflüsse durch B1, aufgrund der geplanten Leistungsflüsse zwischen A und B2, stattfinden [66].

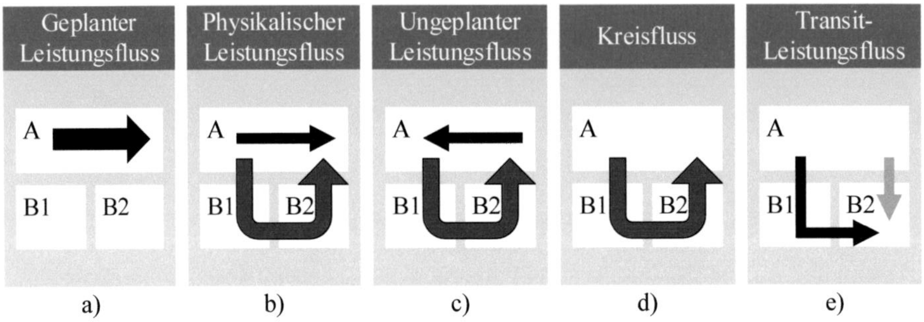

Abb. 2.10: Leistungsflussarten, in Anlehnung an [66], [67]

Darüber hinaus werden in [67] Closed Loop Flows (zirkulierende Kreisflüsse) genannt, die sich durch im Kreis fließende physikalische Leistungsflüsse charakterisieren lassen. Diese Leistungsflüsse treten nur bei der Integration von Serienspannungsquellen, wie zum Beispiel PSTs, auf. Die Pfade der zirkulierenden Leistungsflüsse sind unabhängig von der Regelzonenzugehörigkeit der Netzknoten und können auch regelzonenübergreifend auftreten. Weiterhin existieren bei Closed Loop Flows innerhalb der zirkulierenden Kreisflüsse keine Netzknoten, die nur Quelle oder Senke sind (siehe Abb. 2.11). Vielmehr sind an die beteiligten Netzknoten Leitungen mit sowohl hinein- als auch hinausfließender Wirkleistung angeschlossen.

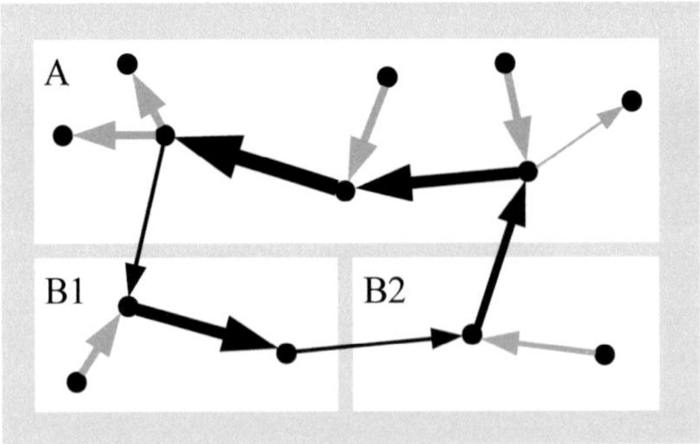

Abb. 2.11: Closed Loop Flows – zirkulierende Kreisflüsse

Der sich überlagernde Einfluss von PSTs und HGÜ-Verbindungen auf die genannten Leistungsflussarten kann weiträumig und sowohl positiv als auch negativ sein, da diese PFCDs den Wirkleistungsfluss in benachbarten Netzen verändern und meist mehrere Regelzonen miteinander verbinden. Erfolgt keine Koordinierung der PFCDs zwischen verschiedenen ÜNBs, kann es zur ineffizienten Nutzung des Netzes kommen. Beispielhaft sind in Abb. 2.12 verschiedene Probleme abgebildet, die beim Einsatz von PFCDs auftreten können.

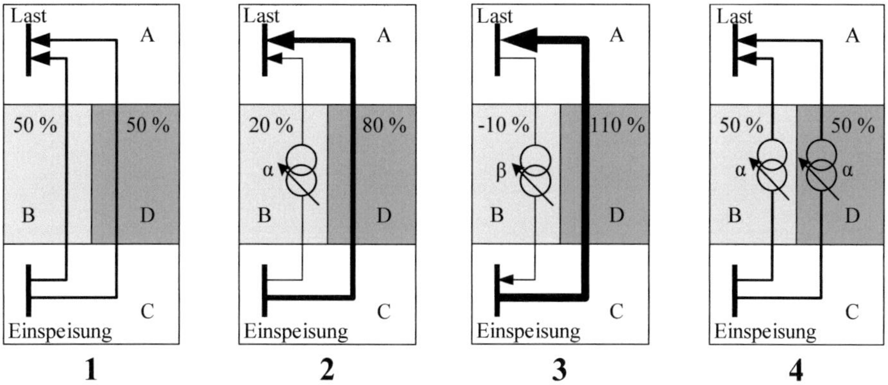

Abb. 2.12: Beispiel Koordinierungsprobleme PFCDs, in Anlehnung an [48]

Fall 1 zeigt ein Netz bestehend aus vier RZ mit der Einspeisung in C und der Last in A. Die zwei gleichmäßig ausgelasteten Leitungen von C zu A führen durch B und D.

Im Fall 2 wird in B ein PST integriert und 30 % des Leistungsflusses aus B wird in D verlagert. Dieser Fall ist vorteilhaft für den ÜNB B, weil die Leitung in seiner RZ weniger belastet ist. In D steigt dagegen die Leitungsauslastung und Überlastungen können auftreten.

Fall 3 zeigt ein Beispiel, in dem der ÜNB C sein Netz optimiert, ohne die benachbarten RZ zu berücksichtigen. In diesem Fall wird der PST so eingestellt, dass Leistung von A zurück zu C transportiert wird. Dieser unerwünschte zirkulierende Kreisfluss fließt über die Leitung durch D und belastet diese unnötigerweise zusätzlich.

Um dem entgegenzuwirken, könnte der ÜNB D in Fall 4 ebenfalls ein PST in seiner RZ installieren und beide Leitungen wären wieder zu 50 % gleichmäßig ausgelastet. Diese Situation führt allerdings zu zwei unrentablen Investitionen, zu höheren Netzverlusten und einer geringeren Systemsicherheit [48], weshalb solch eine Kombination in der Realität nicht umgesetzt werden sollte. Auftreten kann dieser Fall aber, wenn zum Beispiel mehrere Leitungen ausfallen und sich dadurch zwei PSTs in einer Masche befinden.

2.4 Aktuelle Betriebsweisen von PSTs und HGÜs

Aktuell werden die im europäischen Verbundnetz integrierten PSTs (siehe Abb. 1.1) nach verschiedenen Betriebsverfahren betrieben. Diese Verfahren reichen von dezentral über regional bis zu bilateral koordinierten Betriebsweisen. Am häufigsten sind die folgenden Betriebsverfahren:

- PST-Neutralposition
- kreisflussbasierter Betrieb
- Gewährleistung der (n-1)-Sicherheit, Wiederherstellung nach Störung
- Umverteilung der grenzüberschreitenden Wirkleistungsflüsse
- Optimierung/Gewährleistung der Transportkapazitäten

Beim PST-Betriebsverfahren „PST-Neutralposition" wird der Laststufenschalter des PSTs in der neutralen Stufenstellerposition belassen, so dass der natürliche physikalische Wirkleistungsfluss vorherrscht. Eine Anpassung der Stufenstellerposition erfolgt nur bei der Verletzung von oberen oder unteren Wirkleistungsflussgrenzen.

Der kreisflussbasierte Betrieb wird bei den PSTs in der belgischen und niederländischen Regelzone verwendet, die sehr von Transitflüssen betroffen sind. Ausgehend von der PST-Neutralstellung erfolgt eine Anpassung der PSTs, wenn die geplanten Leistungsflüsse und eine zusätzliche Kreisfluss-Marge von 1.000 bis 1.200 MW überschritten werden [68].

Die Gewährleistung der (n-1)-Sicherheit als PST-Betriebsverfahren soll sicherstellen, dass die eingestellte PST-Stufenstellerposition und die daraus resultierenden Wirkleistungsflüsse bei einem Ausfall eines Betriebsmittels zu keiner Überlastung anderer Betriebsmittel (insbesondere der Interkonnektoren) führen. Im Falle einer Störung werden die PST-Stufenstellungen entsprechend angepasst, um die (n-1)-Sicherheit erneut zu gewährleisten.

Bei der Umverteilung der Leistungsflüsse erfolgt eine Einstellung der PST-Stufenstellerposition, so dass die Wirkleistungsflüsse gleichmäßiger zwischen stärker belasteten und weniger belasteten Leitungen verteilt werden.

Das PST-Betriebsverfahren „Optimierung/Gewährleistung der Transportkapazitäten“ hat zum Ziel, die physikalischen Wirkleitungsflüsse den kommerziell vermarkteten Wirkleistungsflüssen anzugleichen.

Ebenso sind auch mehrere Betriebsführungsverfahren an einem PSTs umsetzbar (siehe Tab. 2.3). Diese sind dann je nach Priorität von P1 (hoch) bis P3 (gering) gewichtet, wobei auch zwei Betriebsführungsverfahren gleich priorisiert sein können [68].

Tab. 2.3: Angewandte PST-Betriebsführungsverfahren in Europa, in Anlehnung an [68]

Betriebsführungsverfahren Land	UW	PST-Neutralposition	Kreisfluss-basierter Betrieb	Gewährleistung der (n-1)-Sicherheit, Wiederherstellung nach Störung	Umverteilung der Leistungsflüsse	Optimierung/Gewährleistung der Transportkapazitäten
F-I	La Praz			P1	P2	P1
I-F	Rondissone			P1	P2	P1
I-F	Camporosso			P2	P1	P3
I-CH	Tirano			P2		P1
I-SL	Padriciano			P1	P2	
SL-I	Divaca			P1	P2	P1
AT-I	Lienz	P1		P2		
DE-NL	Gronau			P1		P2
NL-DE	Meeden/ Diele			P1		P2
BE-NL	Zandvliet/ VanEyck		P2			
I	Foggia			P2	P1	
AT	Ternitz, Ernsthofen, Tauern	P1				
F-ES	Pragnères			P1		P2
PT	Falagueira, Pedralva			P1		P2

Die HGÜ-Technologie wird in Europa zurzeit hauptsächlich zur Kopplung asynchroner Netze (zum Beispiel Großbritannien mit Kontinentaleuropa) sowie zur Anbindung von Offshore-Windparks (zum Beispiel in Nord- und Ostsee) eingesetzt. Bei Offshore-Windpark-Anbindungen ergibt sich die Höhe des Wirkleistungstransportes gemäß dem Master-Slave-Prinzip, ausgehend von der Einspeiseleistung der Windkraftanlagen. Bei den HGÜ-Kopplungen erfolgt der Wirkleistungstransport gemäß den verauktionierten Übertragungskapazitäten.

Bezugnehmend auf die HGÜ-Technologie, die in einem vermaschten, synchronen AC-Netz eingebettet ist, trifft dies in Europa auf das realisierte Projekt INELFE (INterconexión ELéctrica Francia-España) zu. Bei diesem Projekt wurde eine DC-Verbindung zwischen Spanien und Frankreich parallel zu vier AC-Interkonnektoren installiert und 2015 in Betrieb genommen [69]. Die verwendeten Betriebsverfahren weisen die folgenden Schwerpunkte auf:

- Übertragung von Wirkleistung
- Bereitstellung von Blindleistung im AC-Netz und Spannungsstützung
- Verbesserung der Netzdynamik

Da die Höhe der zu übertragenden Wirkleistungen bei der HGÜ-Technologie frei eingestellt werden kann, existieren mehrere Möglichkeiten, die Netzbetriebsweise „Wirkleistungsübertragung“ vorzunehmen. Dies kann zum Beispiel ein festgelegter Sollwert zur Wirkleistungsübertragung sein. Weiterhin ist es möglich, das Verhalten einer AC-Leitung zu emulieren, wobei die zwischen beiden Ländern ausgetauschte Wirkleistung gemäß einem Faktor zwischen der HGÜ und den parallel verlaufenden AC-Leitungen aufgeteilt wird. Dieser Faktor wird im Rahmen einer Optimierung zur Minimierung der Übertragungsverluste ermittelt. Weiterhin ist es möglich, die HGÜ-Sollwerte anzupassen, wenn eine der parallel verlaufenden AC-Verbindungen ausfällt bzw. eine Störung im AC-Netz nahe der HGÜ-VSCs stattfindet [15].

Durch die unabhängige Bereitstellung von induktiver oder kapazitiver Blindleistung an den HGÜ-VSCs ist es möglich, im AC-Netz vorhandene kapazitive oder induktive Blindleistung zu kompensieren und somit eine Verringerung der Netzbelastung zu erreichen. Dies wiederum steigert die Höhe des möglichen Wirkleistungstransportes im AC-Netz bei gleichbleibendem Betriebsmitteleinsatz. Weiterhin kann durch das Bereitstellen von Blindleistung die lokale Spannung im Kurzschlussfall gestützt und ein Abfall unterhalb der Spannungstoleranzen vermieden werden [70].

Die HGÜ-VSC-Netzbetriebsweise zur Verbesserung der Netzdynamik enthält Maßnahmen zum Dämpfen von Power Oscillations, Sollwertanpassungen im Falle großer Störungen sowie Maßnahmen zur Stützung der Netzfrequenz [15].

Praktische Beispiele zum Betrieb von in stark vermaschten AC-Netzen eingebetteten HGÜ-Verbindungen, wie sie in Deutschland geplant sind, existieren in Europa nicht.

2.5 Analyse bestehender Ansätze

Bezüglich der Optimierung von Wirkleistungsflüssen mithilfe von PSTs und HGÜ-VSCs wurden in der Vergangenheit bereits einige Forschungsarbeiten durchgeführt und deren Ergebnisse veröffentlicht. Nachfolgend werden einige dieser Arbeiten erläutert.

Arbeiten zu PSTs

In [48] werden von van Hertem verschiedene PFCDs vorgestellt sowie deren Einsatzgebiete und die Notwendigkeit einer Koordinierung erläutert. Weiterhin erfolgt die Vorstellung verschiedener PST-Betriebsstrategien. Eine Optimierung von PSTs in den Beneluxstaaten wird anhand einer Verlustminimierung sowie der Maximierung der Total Transfer Capacity (TTC) zwischen diesen Staaten vorgenommen. Die mehrdimensionale Optimierung wird mithilfe der MATLAB Optimization Toolbox und der Funktion *fmincon* (beinhaltet die Lösungsmethode Nonlinear Programming zum Lösen nicht-linearer Optimierungsprobleme) durchgeführt. In der Arbeit erfolgt weiterhin eine ausführliche Betrachtung der DC-Leistungsflussberechnung. Ob dieses Verfahren für die Optimierung verwendet wurde, ist nicht erwähnt. Zumindest die Optimierung der Übertragungsverluste muss mit der AC-Leistungsflussberechnung (Newton-Raphson-Verfahren) durchgeführt worden sein.

Die Arbeit [44] von Verboomen beschäftigt sich ebenfalls mit der Optimierung von Übertragungsnetzen mithilfe von PSTs. Zur Maximierung der TTC als alleiniger Zielfunktion werden als Optimierungsalgorithmus die Monte-Carlo-Simulation, die Partikelschwarmoptimierung, die Methode der kleinsten Quadrate sowie die Power Transfer Distribution Factors (PTDF) verwendet. Alle diese Optimierungen werden mit der vereinfachten DC-Leistungsflussberechnung sowie als Vorausberechnung (Day-Ahead) durchgeführt. Auch eine DC-Leistungsflussberechnung zur Einschränkung des Lösungsraumes für eine anschließende AC-Leistungsflussberechnung wird verwendet.

Im Rahmen des Projektes „REALISEGRID" [11] aus dem von der EU geförderten „Seventh Framework Programme" werden von Häger, Schwippe und Görner aktuelle Koordinierungsmethoden von PFCDs (im Speziellen: PSTs) beleuchtet [44], [57], [71]. Weiterhin wird eine Koordinierungsmethode für PSTs basierend auf einem Multi-Agentensystem vorgestellt. Dabei werden alle Betriebsmittel mit aktiven und passiven Agenten versehen, die als autonome intelligente Systeme auf der Betriebsmittelebene Informationen versenden und empfangen können. Diese Informationen werden von Agent zu Agent verschickt, ergänzt um die eigenen Statusinformationen. Auf Grundlage der ankommenden Informationen entscheiden die PFCDs dann eigenständig, ob Anpassungsmaßnahmen vorzunehmen sind [11]. Somit ist nach einem Fehlereintritt eine dezentrale, schnelle und korrektive Anpassung der PFCDs mithilfe von Sensitivitätsfaktoren möglich, ohne ein Wissen über den globalen Systemzustand zu haben. Nachteilig daran ist, dass jedes Betriebsmittel mit Agenten und der entsprechenden Messtechnik (zum Beispiel PMUs) auszustatten ist.

Die Arbeit [57] von Hug-Glanzmann präsentiert eine Koordinierungsmethode von FACTS-Elementen mit dem Ziel, die Erhaltung der (n-1)-Sicherheit zu gewährleisten. Unter anderem wird ein OPF-Problem für PSTs mit einer mehrdimensionalen Zielfunktion (Spannungshaltung, Vermeidung von Leitungsüberlastung, Minimierung der Übertragungsverluste) formuliert. Mithilfe von Sensitivitätsanalysen werden die Einflussbereiche der FACTS-Elemente bestimmt, um das OPF-Problem einzugrenzen. Dazu wird auch eine Strominjektionsmethode entworfen, um bei der Bestimmung der (n-1)-Sicherheit und der Simulation der entsprechenden Leitungsausfälle eine auf den Einflussbereich eingegrenzte Leistungsflussberechnung durchführen zu können. Werden mehrere PFCDs optimiert, erfolgt mithilfe der Dekomposition eine Aufteilung des OPF-Problems auf Teilprobleme [57].

In [71] wird von Marinakis, Glavic, und van Cutsem eine Methode zur Minimierung ungeplanter Wirkleistungsflüsse mithilfe von PSTs entworfen. Ziel ist es, die Übertragungsverluste sowie die PST-Winkeländerung nach Fehlereintritt zu minimieren. Zur Verringerung des Problems wird es auf Teilprobleme dekomponiert. Anschließend erfolgt die Berechnung von pre- und post-Störungs-PST-Arbeitspunkten, bei Anwendung der vereinfachten DC-Leistungsflussberechnung.

Arbeiten zu PST und HGÜ

Das Projekt „Twenties – Transmitting Wind" untersucht die Maximierung und bessere Integration von Windeinspeisung mithilfe des koordinierten Netzbetriebs von PSTs und HGÜ-Umrichtern. Dazu werden die Daten aus dem DACF-Prozess zur Vorausberechnung der PFCD-Sollwerte herangezogen, um eine präventive (n-1)-Sicherheit herzustellen [72]. Der von Guha Thakurta eingesetzte DC-OPF verwendet einen risikobasierten und deterministischen Algorithmus zur Berücksichtigung von Unsicherheiten [73]. Das probabilistische Vorgehen wird gewählt, da aufgrund der steigenden Anzahl an erneuerbare Energie Anlagen eine deterministische Berechnung in Zukunft nicht mehr als ausreichend angesehen wird.

In [74] werden von Castaing korrektive Maßnahmen zur Arbeitspunktanpassung von PSTs und HGÜ-VSCs vorgestellt, die eine Reaktion auf sich ändernde Wirkleistungsflüsse darstellen. Ziel ist es, vor allem durch korrektive Maßnahmen die Sicherheitsmarge zur maximalen Leitungsbelastung zu erhöhen. Ebenso werden sowohl die Maximierung von Transferkapazitäten als auch die Minimierung von Redispatch-Maßnahmen im Rahmen von Simulationen erfolgreich validiert. Die Lösung der Optimierungen wird mit dem Mixed Integer Linear Programming vorgenommen, wobei die Leistungsflussberechnung auf den Vereinfachungen der DC-Leistungsflussberechnung beruht.

Arbeiten zu HGÜ

Die Winkelgradientenmethode von Marten aus [75] ist ein lokales Onlineverfahren zur korrektiven Anpassung der HGÜ-VSC-Arbeitspunkte bei Identifikation von ungeplanten AC-Wirkleistungsflussänderungen. Dazu werden alle VSC-Knoten zur Knotenspannungswinkelmessung mit Phasor Measurement Units (PMU) ausgestattet. Mithilfe der vereinfachten Wirkleistungsflussberechnung (siehe Gleichung (2.1)) kann über die Spannungswinkeldifferenz von zwei VSC-Knoten der AC-Wirkleistungsfluss zwischen den beiden Knoten berechnet werden. Wird eine Abweichung zwischen der Soll- und der Ist-Spannungswinkeldifferenz festgestellt, deutet dies auf ungeplante Wirkleistungsflüsse im AC-Netz hin. Diese werden entsprechend eines Aufteilungsfaktors auf das DC- und AC-Netz aufgeteilt, so dass das AC-Netz entlastet wird. Darüber hinaus schlägt Marten in [76] die Minimierung von Übertragungsverlusten und Nebenbedingungsverletzungen mithilfe der Differential Evolution im Rahmen der Netzbetriebsplanung vor.

Die Arbeit [77] von Renner befasst sich mit der Interaktion zwischen DC- und AC-Netzen, wobei neue Betriebsverfahren zur Erhöhung der Netzsicherheitsmargen entworfen werden, die insbesondere die DC-Netze an der Erbringung von Systemdienstleistungen beteiligen. Dies bezieht sich weiterhin auf die korrektive Anpassung von HGÜ-VSCs nach dem Auftreten von Störungen im elektrischen Netz.

Nachfolgende Tab. 2.4 stellt die einzelnen Eigenschaften der vorgestellten Veröffentlichungen zur Optimierung von PST- und HGÜ-VSC-Arbeitspunkten dar.

Tab. 2.4: Vergleich bekannter Methoden zur Optimierung von PST- und HGÜ-Arbeitspunkten

Autor/Studie		Verboomen [48]	Van Hertem [44]	Realisegrid, Häger [11]	Hug-Glanzmann [57]	Marinakis [71]	Twenties, Guha Thakurta [73]	Castaing [74]	Marten [75], [76]	Renner [77]
Zeithorizont		Day-Ahead / Intraday	Day-Ahead / Intraday	Online	Day-Ahead / Intraday	Online	Day-Ahead / Intraday	Online	Online	Online
Power Flow Methode		DC, AC	DC	DC	AC	DC	DC	DC	DC	
mehrdimensionale Zielfunktion		x	x		x	x		x		x
Ziel		Maximierung TTC, Verlustminimierung	Maximierung TTC, Verlustminimierung	Leitungsbelastung minimieren	Minimierung Knotenspannungsabweichung, Minimierung Leitungsüberlastung, Verlustminimierung	Verlustminimierung, Minimierung PST-Winkeländerung	Einspeisung Windenergie erhöhen	Maximierung der Sicherheitsmarge, der Transferkapazität	Verteilung ungeplanter Wirkleistungsflüsse auf das AC- und DC-Netz, Verlustminimierung	Bereitstellung von Systemdienstleistungen
Koordination von…	PST	x	x	x	x	x	x	x		
	HGÜ						x	x	x	x
Optimierungsmethode		Monte Carlo Simulation, Partikelschwarmoptimierung	MATLAB fmincon	Multi-Agenten-System, Sensitivitätsanalyse	MATLAB fmincon, TOMLAB knitro	Corrective SCOPF		Mixed Integer Linear Programming	Soll-Ist-Vergleich, Differential Evolution	
Koordinationsbereich	lokal			x	x			x	x	x
	zentral	x	x				x	x		x
Sicherstellung der (n-1)-Sicherheit		präventiv	präventiv	korrektiv	präventiv	korrektiv	präventiv	korrektiv	Korrektiv, präventiv	korrektiv

Die vorangestellte Auflistung zeigt, dass bereits eine Vielzahl von Lösungsansätzen zur Bestimmung der optimalen PST- und HGÜ-VSC-Arbeitspunkte existiert. Dabei sind einige Methoden zur Zielerreichung besser geeignet als andere. So wird unter anderem in den Arbeiten [11], [44], [71], [73], [74] aus Vereinfachungsgründen und zur Minimierung der Rechenzeit die lineare DC-Leistungsflussberechnung verwendet. Sich daraus ergebende Ungenauigkeiten in den Leistungsflüssen können durch die Verwendung der AC-Leistungsflussberechnung, wie bei [48] und [57], vermieden werden.

Weiterhin beschäftigt sich eine Vielzahl der Veröffentlichungen mit der Optimierung der PFCD-Arbeitspunkte für einen einzelnen Zeitbereich des Netzbetriebs und beinhaltet somit entweder eine präventive oder korrektive Arbeitspunktbestimmung. Die präventive Optimierung in [44], [48], [57], [73] wird vorwiegend in der Netzbetriebsplanung zur Vorausberechnung von optimalen Arbeitspunkten verwendet, um frühzeitig auf prognostizierte Netzengpässe reagieren zu können bzw. die Auswirkungen von eventuellen Störungen zu mindern und die (n-1)-Sicherheit zu gewährleisten. Dagegen werden die in [11], [71], [74], [75], [77] vorgestellten korrektiven Arbeitspunktänderungen in der Netzbetriebsführung erst nach Eintritt einer Störung vorgenommen.

Die zur Bestimmung der präventiven und korrektiven Sollwerte verwendeten Optimierungsalgorithmen unterscheiden sich von Publikation zu Publikation und sind an die betreffenden Zeitbereiche des Netzbetriebs angepasst. So werden in den Arbeiten [11], [74], [75], die sich mit der korrektiven Optimierung beschäftigen, vor allem schnell konvergierende Algorithmen oder schnell zu lösende Gleichungssysteme bzw. Sensitivitätsfaktoren verwendet. Eine Ausnahme bildet hierbei die Arbeit [71], die korrektive Arbeitspunkte vorausberechnet und einen SCOPF verwendet. Ebenso werden in den Arbeiten [44], [48], [57], [76] heuristische Optimierungsalgorithmen zur präventiven Arbeitspunktbestimmung verwendet. Die eingesetzten Methoden sind unter anderem Partikelschwarmoptimierung, Differential Evolution und Monte-Carlo-Simulation.

Die eingesetzten Zielfunktionen setzen sich in [11], [73], [75] aus einem Ziel und in den weiteren Arbeiten aus mehreren Zielen (mehrdimensionale Zielfunktion) zusammen. Sehr häufig wird auf die Minimierung der Übertragungsverluste sowie die Minimierung von Leitungsbelastungen bzw. -überlastungen abgezielt. Weitere verfolgte Ziele sind unter anderem die TTC-Maximierung, die Maximierung von Sicherheitsmargen sowie die Minimierung von Arbeitspunktanpassungen. Gemein ist den meisten Methoden, dass für die Optimierung die Kenntnis über alle Netzparameter und Leistungsflusssituationen notwendig ist. Ausnahmen bilden hierbei die Onlineverfahren aus den Arbeiten [11] und [75].

2.6 Zusammenfassung

Der Netzbetrieb besteht aus den zwei Phasen Netzbetriebsplanung und Netzbetriebsführung, wobei der erste Bestandteil für einen sicheren Netzbetrieb vor allem die detaillierte Planung und Vorhersage auftretender Netzzustände und die frühzeitige Beseitigung von Netzengpässen umfasst. Die zweite Phase beinhaltet anschließend die Umsetzung der Planung sowie die Reaktion auf Veränderungen im Netzbetrieb, wie zum Beispiel Leitungsausfälle. Diesbezüglich besitzen die Netzbetreiber eine Vielzahl an geeigneten Maßnahmen, um die Wahrung der Netzsicherheit sicherzustellen. Dazu gehören ebenso die enge Abstimmung mit den Netzbetreibern benachbarter Regelzonen sowie die Zusammenarbeit mit Netzsicherheitskooperationen, die den ÜNBs einen verbesserten Austausch von Informationen bezüglich der Netzzustände ermöglichen.

Dieser Austausch von Informationen sowie gemeinsame Netzsicherheitsberechnungen werden in Zukunft weiterhin erforderlich sein und wahrscheinlich zunehmen, da vermehrt PFCDs, wie PSTs und HGÜ-VSCs, im Übertragungsnetz zum Einsatz kommen. Diese Betriebsmittel erhöhen die Freiheitsgrade der Netzbetreiber und somit die Möglichkeiten, auf Engpässe reagieren zu können, da sich mit ihnen gezielt Wirkleistungsflüsse auf den Leitungen anpassen lassen. PSTs kommen zurzeit vor allem an Interkonnektoren zum Einsatz und dienen der Wirkleistungsflusssteuerung zwischen benachbarten Regelzonen sowie der Einhaltung der (n-1)-Sicherheit auf diesen Interkonnektoren. Mithilfe von HGÜ-VSC-Verbindungen ist die Schaffung neuer Transportkapazitäten verbunden, die aktuell vor allem zur Anbindung von Offshore-Windparks installiert werden. Zukünftig ist in Europa weiterhin die Einbindung von HGÜ-VSC-Verbindungen in stark vermaschte AC-Netze geplant. Da die PFCDs aber die Wirkleistungsflüsse über Regelzonen hinweg verändern, können gleichzeitig auch negative Auswirkungen auf die Wirkleistungsflüsse in anderen Netzgebieten auftreten. Unter anderem die Begrenzung dieser negativen Wechselwirkungen erfordert eine koordinierte Betriebsführung der PFCDs.

In verschiedenen Arbeiten und Studien werden dazu unterschiedliche OPF-Verfahren zur bestmöglichen Bestimmung von PST- und HGÜ-VSC-Arbeitspunkten untersucht und analysiert. Diese Arbeiten unterscheiden sich in:

- den angewandten Optimierungsalgorithmen (Sensitivitäten, lineare, nichtlineare, heuristische Algorithmen)
- den definierten Zielfunktionen (ein-, mehrdimensional)
- den betrachteten Zeitbereichen (Day-Ahead, Intraday, Online)
- den optimierten PFCDs (PST, HGÜ-VSC)
- den benutzten Power Flow Methoden (DC-, AC-Leistungsflussberechnung)
- der untersuchten Koordinierungsmethode (lokal, zentral koordiniert)

Dabei existiert keine Arbeit, die ein einheitliches Verfahren zur Optimierung von PSTs und HGÜ-VSCs über die Zeitbereiche des Netzbetriebs (Day-Ahead, Intraday, Online) darstellt. Vielmehr stellen die untersuchten Arbeiten zumeist nur Lösungsansätze für einen Zeitbereich vor, so dass in den Verfahren entweder präventive oder korrektive PFCD-Anpassungsmaßnahmen bestimmt werden. Diesbezüglich wird die präventive Optimierung vorwiegend in der Netzbetriebsplanung zur Vorausberechnung von optimalen Arbeitspunkten verwendet, um frühzeitig auf prognostizierte Netzengpässe reagieren zu können bzw. die Auswirkungen von eventuellen Störungen zu verringern. Dagegen werden die korrektiven Arbeitspunktänderungen in der Netzbetriebsführung erst nach Eintritt einer Störung vorgenommen. Weiterhin unterscheiden sich bestehende Netzbetriebsverfahren in den definierten Zielfunktionen. Neben der Minimierung von Übertragungsverlusten erfolgt ebenfalls in einigen Veröffentlichungen die Optimierung von Leitungsbelastungen. Trotz unterschiedlicher Netzcharakteristiken in den Regelzonen erfolgt keine Verwendung regional angepasster Zielfunktionen.

3 Netzbetriebsverfahren mit PSTs und HGÜ-VSCs

Die in der Einleitung gezeigten zukünftigen Herausforderungen in der Netzbetriebsführung und -planung erfordern ein gesamtheitliches Betriebsverfahren für die wirkleistungsflussbeeinflussenden Betriebsmittel PST und HGÜ-VSC. Dabei sind an dieses Verfahren verschiedene Anforderungen zu stellen, die nachfolgend erarbeitet und erläutert werden. Anschließend erfolgen eine Vorstellung des entworfenen Verfahrens sowie eine detaillierte Darstellung der einzelnen Verfahrensbestandteile.

3.1 Anforderungsanalyse

Dieser Abschnitt dient der Definition von Anforderungen an das zu entwerfende Netzbetriebsverfahren. Die Anforderungen ergeben sich unter anderem aus den in Abschnitt 2.1 erläuterten etablierten Standards für den Netzbetrieb, aus verankerten technischen sowie gesetzlichen Richtlinien als auch aus der erforderlichen Einbindung der PFCDs in den Netzbetrieb. Eine Unterteilung der zu erfüllenden Anforderungen ist vor allem in zeitliche, örtlich koordinierende und verfahrensspezifische Anforderungen sinnvoll. Die verfahrensspezifischen Anforderungen beinhalten alle notwendigen Erfordernisse an die Optimierung der PFCD-Arbeitspunkte (Zielfunktionen, Nebenbedingungen, Optimierungsalgorithmen) sowie im Bereich Netzleittechnik die Erfassung von Messwerten und die Weitergabe von Daten (siehe Abb. 3.1).

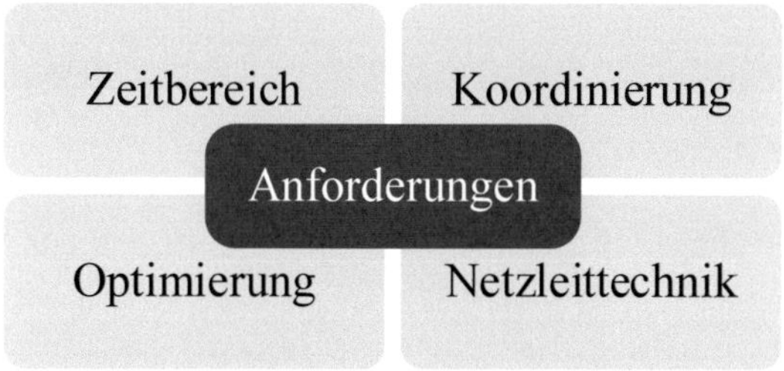

Abb. 3.1: Gliederung der erarbeiteten Anforderungen an das Netzbetriebsverfahren

Insgesamt lassen sich die Anforderungen auch als zu erreichende Ziele des neuen Netzbetriebsverfahrens verstehen, wobei das oberste Ziel die Aufrechterhaltung der Systemsicherheit sowie die unterbrechungsfreie und dauerhafte Versorgung der Verbraucher mit elektrischer Energie ist [78]. Weiterhin soll das Verfahren die effiziente Nutzung des Übertragungsnetzes durch eine Einsatzkoordinierung von PSTs und HGÜ-VSCs ermöglichen. Die dafür durchgeführte Bestimmung der Arbeitspunkte soll sowohl präventiv im Voraus als auch korrektiv im Falle einer Störung erfolgen. Dies bedeutet, dass optimierte Sollwerte für PSTs und HGÜ-VSCs für die verschiedenen Zeitpunkte des Netzbetriebs (Day-Ahead, Intraday, Online) zu ermitteln sind. Dementsprechend sind, je nach Zielzeitpunkt der Arbeitspunktanpassungsmaßnahme, Optimierungsverfahren einzusetzen, die eine konkrete Lösung innerhalb eines festgelegten Zeitintervalls berechnen. Die zu verwendenden Zielfunktionen unterscheiden sich je nach Planungszeitpunkt und Dringlichkeit der Arbeitspunktanpassung. Die stete Einhaltung von technischen Grenzwerten ist ebenso zu berücksichtigen, um deren Verletzung zu verhindern.

Zur Vermeidung von negativen Wechselwirkungen zwischen den zu optimierenden PFCDs sind weiterhin Anpassungsmaßnahmen koordiniert auszuführen. Dabei soll ein zuverlässiges Verfahren entstehen, welches auch bei einem Ausfall der Netzleittechnik einen sicheren Netzbetrieb ermöglicht bzw. die Netzsicherheit gewährleistet.

Weiterhin ist das Betriebsverfahren dermaßen zu konzipieren, dass es als modulare Ergänzung für eine Integration in bestehende leittechnische Strukturen sowie bestehende Höhere Entscheidungs- und Optimierungsfunktionen (HEOs) geeignet ist.

Sowohl die Umsetzung der vorausberechneten Sollwertvorgaben als auch die Aktivierung korrektiver Arbeitspunktanpassungen nach einer Störung sollen die Wahrung der Netzsicherheit gewährleisten. Im Rahmen dieser Arbeit wird eine ungeplante Änderung der Wirkleistungsflüsse als Störung verstanden. Diese ungeplanten Wirkleistungsflussänderungen ergeben sich aus der Abweichung zwischen den geplanten, prognostizierten und realen, physikalischen Wirkleistungsflüssen. Ursachen für diese Abweichungen können unter anderem Betriebsmittelausfälle sowie Prognosefehler sein. Eine genaue Erläuterung erfolgt im späteren Verlauf in Abschnitt 3.4.1.

Weiterhin ist die Einstellung der Betriebsmittelsollwerte selbst als Störung des stationären Zustandes anzusehen. Definitionsgemäß ist das elektrische Energiesystem für eine gegebene Störung – hier die Änderung der Betriebsmittelsollwerte – im stationären Betrieb stabil, wenn es nach einer endlichen Zeit in eine statisch stabile Lage zurückkehrt [49]. Im Rahmen des Netzbetriebsverfahrens ist zu gewährleisten, dass die Arbeitspunktanpassung zu einem stabilen Netzzustand führt.

Nachfolgend sind die allgemeinen Anforderungen zusammenfassend aufgelistet:

- Nutzung der Stellmöglichkeiten im Übertragungsnetz
- Bereitstellung von Sollwerten für PST und HGÜ-VSC für die Zeitbereiche Day-Ahead, Intraday und Online
- Bereitstellung von Sollwerten für PST und HGÜ-VSC nach einer Störung
- Bestimmung der Sollwerte innerhalb festgelegter Zeitintervalle
- modulare Ergänzung zu bestehenden HEOs
- zuverlässige Funktionsweise bei Ausfall der Netzleittechnik
- Überführen des Netzes in einen zulässigen Betriebszustand mithilfe der Arbeitspunktanpassungen

3.1.1 Anforderungen bzgl. der verschiedenen Netzbetriebszeitbereiche

Neben den zuvor genannten allgemeinen Anforderungen ergeben sich, je nach betrachtetem Zeitbereich, spezielle Anforderungen an das Netzbetriebsverfahren. Wie in Abschnitt 2.1.3 gezeigt, unterteilt sich der Netzbetrieb in Planung und Führung im Onlinebetrieb.

Die Prognosedaten für Einspeisung und Last im DACF-Planungsprozess haben momentan eine zeitliche Auflösung von 15 bis 60 Minuten [25], da in diesem Intervall Datensätze bereitgestellt werden (siehe Abb. 3.2). Aufgrund der Zeitspanne von teilweise mehr als 24 Stunden bis zur tatsächlichen Einstellung der Sollwerte ist eine Berechnungsdauer von mehreren Stunden zulässig. Diese große Zeitspanne ermöglicht die regelzonenübergreifende Zusammenführung verschiedener zur Optimierung notwendiger Daten von unterschiedlichsten Quellen und einer Vielzahl an

ÜNBs. Neben der Wahrung der Netzsicherheit ist es weiterhin möglich, weitere Zielfunktionen, wie zum Beispiel die Minimierung von Leitungsbelastungen, in das OPF-Verfahren zu integrieren.

Für den IDCF-Prozess ergeben sich ähnliche Anforderungen, mit dem Unterschied, dass sich die Intervalle der Inputdaten auf 5 bis 15 Minuten mit einer Vorlaufzeit von mindestens einer Stunde verkürzen (siehe Abb. 3.2). Dementsprechend darf die OPF-Berechnung eine Maximaldauer von einer Stunde nicht überschreiten.

Im Onlinebetrieb erfolgen das Monitoring der aktuellen Netzsituation mithilfe von gemessenen und geschätzten Netzparametern und die Durchführung der im DACF- und IDCF-Prozess geplanten Maßnahmen. Wird eine Abweichung vom Sollzustand bzw. eine Verletzung von Netzrestriktionen festgestellt, ist eine Reaktion auf die ermittelten Zustände innerhalb von Sekunden vorzunehmen. Aufgrund dessen soll im Rahmen des Verfahrens im Onlinebetrieb auf einen regelzonenübergreifenden, zeit- und kommunikationsintensiven Optimierungsansatz verzichtet und auf lokale Anpassungsmaßnahmen zurückgegriffen werden. Diese lokalen Anpassungsmaßnahmen berücksichtigen somit in der Optimierung nur wenige benachbarte Leitungen, die aber auch in verschiedenen RZ liegen können.

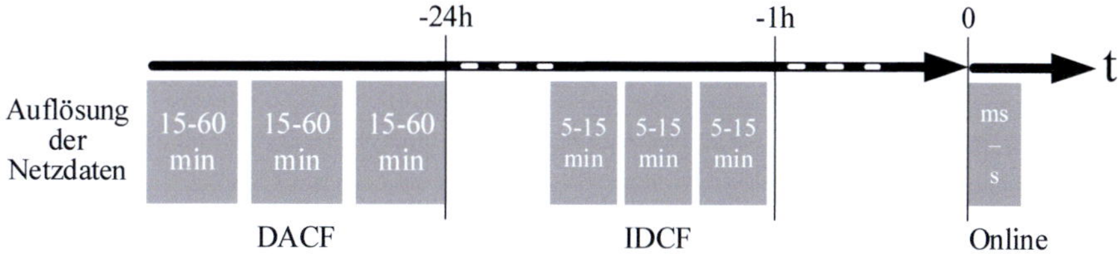

Abb. 3.2: Auflösung der Netzdaten für die verschiedenen Zeitbereiche im Netzbetrieb

Es ist zu beachten, dass es bei den Methoden sowie deren Zielen für die verschiedenen Zeitbereiche zu keinen Zielkonflikten kommt. Die Verfahrensanforderungen für die genannten Zeitbereiche sind in Tab. 3.1 übersichtlich dargestellt.

Tab. 3.1: Verfahrensanforderungen für verschiedene Zeitbereiche

Zeitbereich	DACF	IDCF	Online
Optimierungsintervall	15 bis 60 min	5 bis 15 min	permanent bei Bedarf
Maximale Dauer der Optimierung	mehrere Stunden	eine Stunde	wenige Sekunden
Hauptoptimierungsziel	Wahrung der Netzsicherheit		
Weitere Ziele	vorgesehen	vorgesehen	keine
Betrachtungsumfang	Berücksichtigung aller Leitungen in mehreren RZ	Berücksichtigung aller Leitungen in mehreren RZ	Berücksichtigung einer geringen Anzahl an lokalen Leitungen

Zusammenfassend sollen die Methoden den folgenden Vorgaben genügen:

- Bestimmung vorausberechneter PST- und HGÜ-VSC-Sollwerte mit regelzonenübergreifenden und mehrdimensionalen Zielfunktionen
- Berechnung korrigierter PST- und HGÜ-VSC-Sollwerte mit lokalen Zielfunktionen während des Onlinebetriebs
- Wahrung der Netzsicherheit mithilfe der berechneten und durchgeführten Anpassungsmaßnahmen
- Vermeidung von Zielkonflikten

3.1.2 Anforderungen bzgl. der Zielfunktionen, Nebenbedingungen und Optimierungsverfahren

Aus den vorgenannten Anforderungen ergeben sich ebenfalls spezielle Anforderungen an die Optimierungsalgorithmen. So muss die Optimierung verschieden kombinierter Teilziele zu einer mehrdimensionalen Zielfunktion möglich und von dem gewählten Verfahren zu lösen sein. Mehrdimensionale Zielfunktionen besitzen den Vorteil, dass verschiedene Gruppen von Betriebsmitteln mit unterschiedlichen Zielstellungen in der Optimierung Berücksichtigung finden. So kann vermieden werden, dass das Beheben einer kritischen Situation in einem Netzgebiet eine kritische Situation in einem anderen Netzgebiet erzeugt bzw. verschärft. Eine nicht zu vernachlässigende Rolle spielt die Gewichtung der einzelnen Teilziele, die entsprechend zielgerichtet vorzunehmen ist.

Das entworfene Verfahren soll weiterhin marktorientierte, technikorientierte sowie die Kombination von markt- und technikorientierten Zielfunktionen berücksichtigen können. Bei dem marktorientierten Ansatz wird eine Zielfunktion nach wirtschaftlichen und marktorientierten Gesichtspunkten abgeleitet. Als Kriterium kann beispielsweise die Sicherstellung von vermarkteten Transportkapazitäten gewählt werden. Anzumerken ist, dass die Marktteilnehmer in Europa nicht direkt grenzüberschreitende Transportkapazitäten erwerben können. Im Rahmen von Market Coupling geben sie ihre Gebote für Strom an den jeweiligen Spotenergiebörsen ab und diese nutzen anschließend von den ÜNBs gemeldete freie Transportkapazitäten zur Minimierung von Preisunterschieden zwischen verschiedenen Marktgebieten [79], [80].

Bei dem technikorientierten Ansatz stehen dagegen bei der Betriebsführung der zu optimierenden Betriebsmittel rein technische Gesichtspunkte im Fokus. Zu nennen sind zum Beispiel die Minimierung der Gesamtverluste oder die Wahrung der Netzsicherheit. Als weitere mögliche Zielsetzung kombiniert der gemischte Ansatz bei der Optimierung der PST- und HGÜ-VSC-Sollwerte sowohl technische als auch marktbasierte Ziele. Ein Beispiel ist das Auktionieren von Transportkapazitäten über die HGÜ-Verbindungen bis zu einem gewissen Grenzwert, der unterhalb der maximalen Transportkapazität liegt. Der Bereich bis zur maximalen Transportkapazität dient dann als Puffer zur Optimierung des technischen Netzzustandes [81]. Im Rahmen der Arbeit werden schwerpunktmäßig technikorientierte Zielsetzungen bei der Optimierung der Betriebsmittelsollwerte berücksichtigt.

Entsprechend dem Vorhaben, Sollwerte für PFCDs zu bestimmen, sind auch die Begrenzungen der Betriebsmittel zu berücksichtigen. Dies schließt systembedingte, technische und marktwirtschaftliche Restriktionen ein, die ein Betriebsmittel aufgrund seiner Eigenschaften oder aufgrund von Vorgaben nicht überschreiten darf bzw. erreichen kann.

Zu den technischen Begrenzungen zählen unter anderem Spannungs-, Strom-, Wirkleistungs- und Blindleistungsgrenzwerte. Weiterhin sind thermische und mechanische Grenzwerte, die Durchschlagsfestigkeit der Isolierstoffe [82] sowie das Energiegleichgewicht zu beachten. Das Energiegleichgewicht beschreibt sowohl im AC- als auch im DC-Netz die Übereinstimmung von Erzeugung und Verbrauch.

Zu den regulatorischen/energiewirtschaftlichen Begrenzungen zählen zum Beispiel die Vorhaltung von vermarkteten Transportkapazitäten oder das zur Vermarktung vorhandene Redispatch-Potenzial von Kraftwerken.

Die im Verfahren zu berücksichtigenden Nebenbedingungen sind in Tab. 3.2 definiert.

Tab. 3.2: Nebenbedingungen bei der Bestimmung der Betriebsmittel-Sollwerte

Zu berücksichtigende Nebenbedingungen	Nebenbedingungen
Generator-Wirkleistungslimit, zum Beispiel bei Redispatch-Maßnahmen	$P_{Gi}^{min} \leq P_{Gi} \leq P_{Gi}^{max}$
Generator-Blindleistungslimit	$Q_{Gi}^{min} \leq Q_{Gi} \leq Q_{Gi}^{max}$
Limit Spannungsamplitude AC/DC	$U_i^{min} \leq U_i \leq U_i^{max}$
	$0{,}95\text{p.u.} \leq U_i \leq 1{,}05\text{p.u.}$
	$U_{\text{Soll AC}} = 380\,\text{kV}$
	$U_{\text{Soll DC}} = \pm 500\,\text{kV}$
Auslastung der AC/DC-Leitungen	$S_{Li} \leq S_{Li}^{max}$
	$I_{Li} \leq I_{Li}^{max}$
AC-Energiegleichgewicht	$P_{\text{AC in}} = P_{\text{AC out}} + P_{\text{AC Verluste}}$
DC-Energiegleichgewicht	$P_{\text{DC in}} = P_{\text{DC out}} + P_{\text{DC Verluste}}$
PST-Phasenverschiebungslimit	$\alpha_i^{min} \leq \alpha_i \leq \alpha_i^{max}$
Umrichter-Wirkleistungslimit	$P_{Ui}^{min} \leq P_{Ui} \leq P_{Ui}^{max}$
Umrichter-Blindleistungslimit	$Q_{Ui}^{min} \leq Q_{Ui} \leq Q_{Ui}^{max}$

Weiterhin ist von den zu verwendenden Algorithmen ein gutes Konvergenzverhalten bei beliebigen Startwerten der PFCD-Stellvariablen gefordert. Dies beinhaltet ebenso die Anforderung, ein globales Optimum in vorgegebener Zeit zu bestimmen und indes die Berechnung lokaler Minima als Optimum zu vermeiden. Es ist eine Methode zu verwenden, mit der neben einer kontinuierlichen auch eine diskrete Optimierung durchführbar ist. Dies soll die kontinuierlichen Stellmöglichkeiten von HGÜ-VSCs sowie die diskreten Stellpotenziale der PSTs mit Laststufenschaltern in der Optimierung berücksichtigen.

Zusammenfassend werden an das OPF-Verfahren folgende Anforderungen gestellt:

- Berücksichtigung mehrdimensionaler Zielfunktionen
- zielgerichtete Gewichtung der Teilziele
- Berücksichtigung nichtlinearer Nebenbedingungen
- Bestimmung eines globalen Optimums
- gutes Konvergenzverhalten bei beliebigen Startwerten
- Optimierung diskreter und kontinuierlicher Stellvariablen

3.1.3 Anforderungen bzgl. der Koordinierung der Betriebsmittel-Sollwerte

Je nach Betrachtungshorizont kann bei der Berücksichtigung der Zielstellungen im Optimierungsprozess neben der gesamtheitlichen Koordinierungsstrategie auch in lokale, regionale und überregionale Ansätze unterschieden werden. So werden bei der lokalen Strategie die PFCDs einzig zur Erreichung lokaler Optima herangezogen. Dies beinhaltet zum Beispiel die Regelung des Wirkleistungsflusses über eine Leitung oder die Beseitigung lokaler Engpässe (siehe Abb. 3.3 a). Auch Marktmechanismen können dazu führen, dass die Einspeisung lokal aufgrund langfristiger Verträge fest definiert ist, was die Anpassungspotenziale der PFCDs in einem koordinierten Optimierungsprozess einschränkt bzw. verhindert. Insgesamt hat eine lokale Strategie den Nachteil, dass Informationen über die Netzzustände in den benachbarten Netzbereichen nicht miteinbezogen werden und somit der Einfluss von deren PFCDs unter Umständen nicht hinreichend beachtet wird.

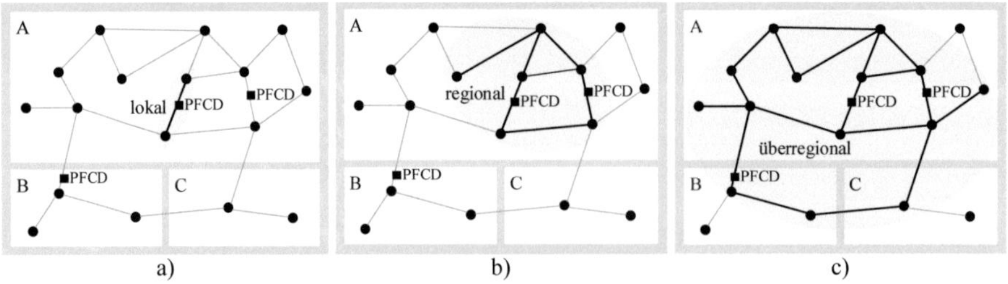

Abb. 3.3: Unterscheidung in a) lokale, b) regionale und c) überregionale Koordinierungsstrategien

Bei einer regionalen Betriebsmittelkoordinierung ist es möglich alle in einem regional abgegrenzten Netzgebiet vorhandenen PFCDs mit in die Optimierung einzubeziehen (siehe Abb. 3.3 b). Die Berücksichtigung von Wechselwirkungen zwischen sich gegenseitig beeinflussenden PFCDs kann bei der Anwendung einer überregionalen Koordinierungsstrategie auf weitere PFCDs und ein größeres Netzgebiet, bestehend aus mehreren RZ, ausgeweitet werden (siehe Abb. 3.3 c).

Aufgrund der Verteilung der wirkleistungsflussbeeinflussenden Betriebsmittel über eine Vielzahl an Regelzonen sowie der weitreichenden Wirkung auf die Wirkleistungsflüsse über Ländergrenzen hinweg ist eine Koordinierungsmethode erforderlich, die die Belange verschiedener Akteure im Netzbetrieb (ÜNBs, RSCIs etc.) berücksichtigt. Dementsprechend soll bei dem zu entwerfenden Netzbetriebsverfahren ein gesamtheitlicher Optimierungsansatz Anwendung finden, in dem alle vorhandenen PFCDs koordiniert und negative Wechselwirkungen zwischen den integrierten PFCDs minimiert werden. Dies verhindert, dass Informationen über die Netzzustände in den benachbarten RZ nicht miteinbezogen werden und somit der Einfluss von deren PFCDs unter Umständen nicht hinreichend beachtet wird. Einher geht dies mit einem erhöhten Informations- und Datenaustausch sowie einem erhöhten Koordinierungsbedarf zwischen den berücksichtigten ÜNBs. Diesbezüglich erfordert dieser Ansatz eine enge und abgestimmte Zusammenarbeit zwischen den ÜNBs sowie einen Konsens über die zu berücksichtigenden Zielstellungen beim Einsatz der PFCDs.

Beispielhaft wird dieser Aufwand bereits von den in Abschnitt 2.1.2 vorgestellten Netzsicherheits-Initiativen Coreso und TSC zur Bewältigung regelzonenübergreifender Aufgaben betrieben. Dementsprechend soll auch hier die Koordinierung der PFCD-Arbeitspunkte im Rahmen des entworfenen Verfahrens gesamtheitlich von einer zentralen Instanz und nicht selbstständig von den ÜNBs vorgenommen werden. Dies impliziert, dass eine Weiterleitung aller notwendigen Informationen von den ÜNBs an die zentrale Instanz zur Wahrnehmung der PFCD-Koordinierung vorauszusetzen ist. Kann oder will einer der beteiligten ÜNBs die geforderten Informationen über sein Netz nicht den anderen ÜNBs oder RSCIs zur Verfügung stellen, müssen entsprechende Maßnahmen existieren, um eine PFCD-Koordinierung der anderen ÜNBs zu gewährleisten. Die Bestimmung der optimalen Arbeitspunkte ist anschließend bei der zentralen Instanz mit geeigneten Optimierungsverfahren durchzuführen.

Da im Rahmen des entworfenen Netzbetriebsverfahrens die Schaltungshoheit der PFCDs bei den ÜNBs bleiben soll, sind die berechneten optimalen Betriebsmittelsollwerte als Empfehlung von der zentralen Instanz an die jeweiligen ÜNBs weiterzuleiten. Kann oder will einer der beteiligten ÜNBs die optimierten Arbeitspunkte nicht umsetzen, sind ebenfalls Maßnahmen zur Optimierung der Wirkleistungsflüsse in den anderen RZ zu hinterlegen.

Dies beinhaltet auch Ausnahmen von einer zentralen Bestimmung neuer PFCD-Arbeitspunkte, wenn aufgrund von ungeplanten Wirkleistungsflussänderungen kurzfristig neue Anpassungsmaßnahmen nötig sind. In diesem Fall sind Methoden zur lokalen Anpassung der Arbeitspunkte zu entwerfen.

Zusammenfassend ergeben sich folgende Anforderungen bezüglich der Koordinierungsstrategie:

- zentrale und gesamtheitliche Optimierung der Arbeitspunkte
- Weitergabe aller notwendigen Daten von den ÜNBs an die zentrale Instanz
- Weitergabe der Arbeitspunkte als Empfehlung an die ÜNBs
- Hoheit über die Steuerung der PFCDs bei den ÜNBs
- bei Störung Wechsel auf lokale Anpassungsmethoden

3.1.4 Anforderungen bzgl. der Netzleittechnik

Sowohl eine zentrale als auch eine dezentrale Steuerung der PFCDs erfordert neben den primären Bestandteilen des Energieversorgungsnetzes auch die sogenannte Sekundärtechnik, die alle mit Schutz- und Leitaufgaben betrauten Betriebsmittel einschließt. Dazu gehören unter anderem auf der Feldebene Strom- und Spannungswandler zur Messwerterfassung und Leistungsschalter und Trenner zum Steuern, Regeln und Verriegeln. Somit werden auf der Feldebene die Funktionen Messwerterfassung und -verarbeitung, Überwachung, Verriegelung, Steuerung und Regelung übernommen. Die darüber liegende Stationsebene (siehe Abb. 3.4) sorgt anschließend für die Koordinierung der Feldfunktionen, die Ausführung übergeordneter Überwachungs- und Steuerungsfunktionen und ist weiterhin die Schnittstelle zur Übermittlung von Informationen und Steuerbefehlen zwischen der Feldebene und der übergeordneten Netzleitebene [45], [83]. Ziel ist es, durch den Einsatz von Netzleit- und Informationstechniken die Energieversorgungsprozesse von einer zentralen Stelle (Leitstelle) aus zu überwachen und zu steuern, wobei diese Grundfunktionalität der Netzleittechnik auch als SCADA (Supervisory Control and Data Acquisition) Funktion bezeichnet wird [49].

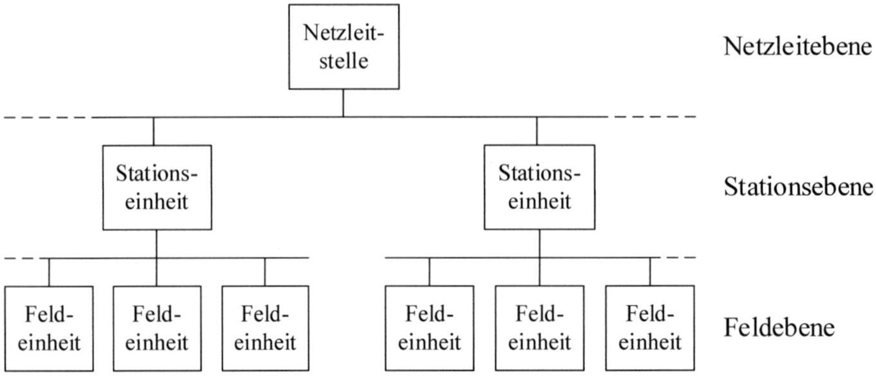

Abb. 3.4: Einteilung der Netzleittechnik in drei Ebenen, in Anlehnung an [45]

Die dafür notwendige sichere und zuverlässige Erfassung, Weitergabe und Auswertung von Messwerten sowie Befehlen wird heute durch die Normen IEC 60870-5-101 bis IEC 60870-5-106 geregelt. Dieser Standard definiert das einzusetzende Kommunikationsprotokoll zwischen den Netzleitsystemen und den unterlagerten Ebenen. Somit ermöglicht es eine einheitliche Kommunikation zwischen den Bereichen Feldebene (Messung, Schutz, Steuerung), Stationsleittechnik (Fernwirkankopplung) und Netzleitebene (Netzbetrieb).

Die Erfassung von Strom- und Spannungswerten auf der Feldebene war in der Vergangenheit über Wandler nur als Betragswert möglich, da es an einer genauen Möglichkeit zur Zeitzuordnung mangelte [45]. Die Verbreitung der GPS-Technologie ermöglicht heute allerdings die Verwendung von Phasor Measurement Units (PMUs), die die komplexe Amplitude von Strom und Spannungen mit einem GPS-getriggerten Zeitstempel versehen und somit eine Bestimmung der Spannung- und Stromphasenlagen zwischen verschiedenen Netzpunkten ermöglichen [84]. Dazu müssen die netzpunktspezifischen Messwerte mithilfe eines Wide Area Monitoring Systems (WAMS) an entsprechende Auswerteeinheiten weitergeleitet werden. Mithilfe eines Wide Area Control Systems (WACS) sind dann auf die erlangten Informationen entsprechende Reaktionen und Soll-wert-Anpassungen an Betriebsmitteln möglich [85].

In diesen Auswerteeinheiten sind verschiedene Rechenalgorithmen hinterlegt, die den Operator beim Netzbetrieb unterstützen und somit über die SCADA-Funktionen hinausgehen. Diese höheren bzw. höherwertigen Entscheidungs- und Optimierungsfunktionen (HEO) beinhalten unter anderem Algorithmen zur Leistungsfrequenzregelung, zur (n-1)-Sicherheitsberechnung, zur Zustandsschätzung (engl.: State Estimation) sowie für wirtschaftliche Optimierungen. Die Zustandsschätzung bereinigt fehlerhafte sowie fehlende Messwerte, schätzt den aktuellen Netzzustand und ermöglicht damit aussagefähige Leistungsfluss- und Stabilitätsberechnungen [83].

Im Rahmen dieser Arbeit sind PMU-Messwerte zu analysieren und als Eingangsgröße in das Netzbetriebsverfahren zu integrieren. Nach erfolgreicher Bestimmung der optimalen Arbeitspunkte für HGÜ-VSCs und PSTs in den Auswerteeinheiten sind die Sollwerte über geeignete Netzleittechnik an die zu steuernden Betriebsmittel mithilfe der IEC 60870-Protokolle zu übertragen.

Weiterhin empfiehlt sich die redundante Auslegung der Netzleittechnik. Dies bedeutet, dass die Fernwirkverbindungen in doppelter Ausführung vorhanden sind, um bei Ausfall eines Systems weiterhin eine sichere Kommunikation zwischen den verschiedenen Betriebsteilen gewährleisten zu können. Für den Fall, dass diese redundante Auslegung nicht ausreichend ist, soll das Verfahren entsprechende Maßnahmen und Methoden beinhalten, die die Einhaltung der Netzrestriktionen im lokalen Maßstab wahrt. Von einer gesamtheitlichen Optimierung kann in diesem Fall abgesehen werden.

Zusammenfassend sind die Anforderungen an die Netzleittechnik:

- Erfassung der Amplituden und Phasenlagen von Strom und Spannung
- bei Ausfall der Netzleittechnik Wechsel auf dezentrale Methoden, die die Wahrung der Netzsicherheit ermöglichen

3.2 Aufbau des Netzbetriebsverfahrens

Ausgehend von der Anforderungsanalyse wird nachfolgend ein Netzbetriebsverfahren für den optimierten Einsatz von PSTs und HGÜ-VSCs entworfen. Zu unterscheiden ist in langfristige, mittelfristige, kurzfristige und Online-Prozesse.

In den lang- und mittelfristigen Prozessen werden vor allem Entscheidungen und Maßnahmen getroffen, die die langfristigen Ziele eines Netzbetreibers definieren und deren Erreichung ermöglichen sollen. Dazu gehört zum Beispiel die Definition der langfristigen Zielsetzung, die eine Verwendung von PSTs und HGÜ-VSCs rechtfertigt. Diese langfristigen Ziele sind unter anderem in Deutschland im Netzentwicklungsplan (NEP) festgeschrieben [8], [62], [86]. Weiterhin ist zur bestmöglichen Wirkungsentfaltung der PFCDs eine optimale Platzierung der PSTs und HGÜ-VSCs im Netz notwendig. Thematisch wird diese Standortoptimierung unter anderem für PSTs in [87], [88], [89], [90] und für HGÜ-VSCs in [86], [91], [92] behandelt. Die durchzuführende Auswahl der zu verwendenden PST- und HGÜ-VSC-Konstruktionsbauweise orientiert sich am vorliegenden Stand der Technik sowie an der langfristigen Zielsetzung, die mit der Integration der Betriebsmittel erreicht werden soll. Da dies vom jeweiligen Einzelfall abhängig ist, wird auf die Erläuterung zur Auswahl einer geeigneten Modellvariante verzichtet.

Die kurzfristigen und Online-Prozesse beinhalten Aufgaben, die der ständigen Umsetzung und Erfüllung der langfristigen Ziele im Netzbetrieb dienen und somit täglich stattfindende Aufgaben des Netzbetriebs darstellen. Dazu gehört auch die Optimierung von PST- und HGÜ-VSC-Arbeitspunkten. Dementsprechend bezieht sich das entworfene Netzbetriebsverfahren auf die kurzfristigen und Online-Prozesse.

Das Netzbetriebsverfahren setzt sich insgesamt aus den zwei nachfolgend genannten Komponenten zusammen:

1. die vorausschauende Planung von PST- und HGÜ-VSC-Netzbetrieb im Day-Ahead- und Intraday-Zeitbereich
2. Methoden zur Anpassung der PST- und HGÜ-VSC-Sollwerte bei unplanmäßigen Wirkleistungsflussänderungen im Onlinebetrieb

Die vorausschauende Betriebsplanung dient der frühzeitigen Erkennung von Überlastsituationen und der Bestimmung optimaler Arbeitspunkte von PSTs und HGÜ-VSCs zum Beseitigen dieser Engpässe. Wie im DACF- und IDCF-Prozess werden für die Bestimmung der Wirkleistungsflüsse und Netzbelastungen die prognostizierten Einspeise- und Lastprognosen verwendet. Mithilfe eines geeigneten Optimierungsalgorithmus können die optimalen Arbeitspunkte berechnet und in einer Datenbank hinterlegt werden. Zum vorbestimmten Zeitpunkt werden diese vorausberechneten Arbeitspunkte anschließend an den Betriebsmitteln umgesetzt.

Beim Auftreten von Abweichungen zwischen den geplanten und den physikalischen Wirkleistungsflüssen im Onlinebetrieb kommt der zweite Hauptbestandteil des Netzbetriebsverfahrens zum Tragen. Hierbei müssen diese Abweichungen zuallererst mit geeigneten Methoden erfasst werden. Entsprechend der Höhe und der Art der Störung erfolgen anschließend geeignete Anpassungen der PFCD-Arbeitspunkte.

Eine detaillierte Beschreibung der zwei genannten Komponenten des Netzbetriebsverfahrens erfolgt in den nachfolgenden Abschnitten. Abb. 3.5 zeigt zusammenfassend eine Übersicht über die groben Abläufe des Netzbetriebsverfahrens und deren zeitliche Einteilung.

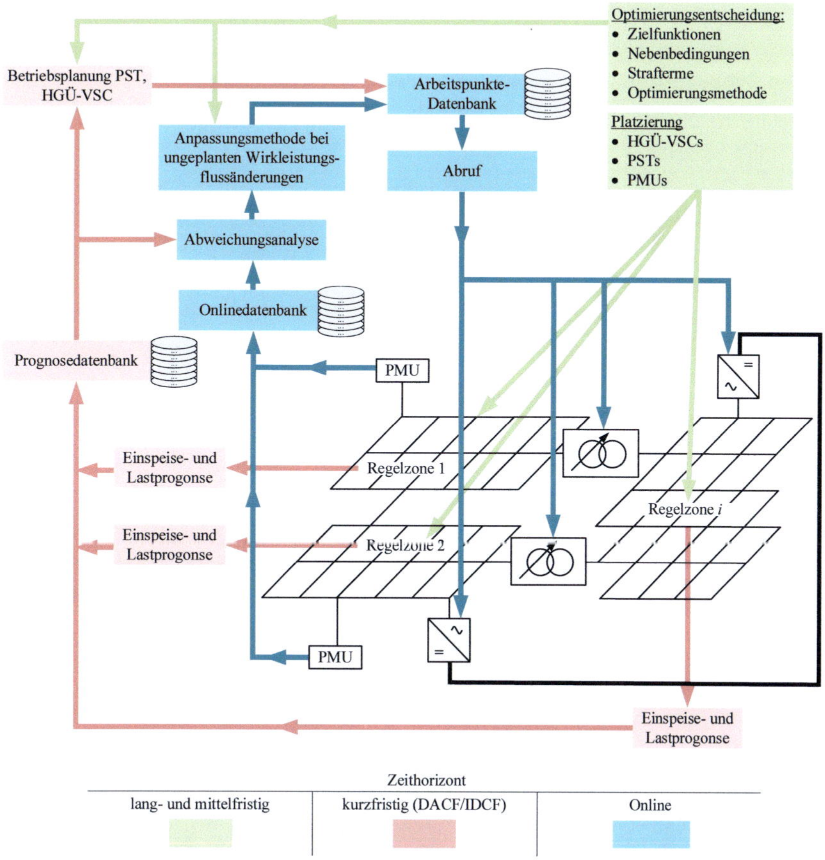

Abb. 3.5: Informationsfluss eingeteilt nach Zeitbereiche

3.3 Netzbetriebsplanung: Day-Ahead- und Intraday-Optimierung

3.3.1 Methode zur Vorausberechnung von Betriebsmittelsollwerten

Die Integration der PFCDs erhöht die Anzahl an Freiheitsgraden im Übertragungsnetz. Dies bedeutet, dass den ÜNBs mehr Möglichkeiten zur Verfügung stehen, um regelungstechnisch in den Netzbetrieb eingreifen zu können, und sie somit mehr Stellmöglichkeiten zur Erhaltung der Netzsicherheit besitzen. Wie in Abschnitt 2.3 gezeigt, bedarf der vermehrte Einsatz von PFCDs einer Koordinierung des Netzbetriebs und eines Berechnungsalgorithmus zur Bestimmung der optimalen Betriebsmittelsollwerte.

Das entworfene Verfahren sieht vor, dass die Koordinierung der Arbeitspunkte von PSTs und HGÜ-P2P-Verbindungen von einer zentralen Instanz (zum Beispiel eine Netzsicherheitskooperation) vorgenommen wird, die Zugriff auf regelzonenübergreifende Informationen hat. Dementsprechend besteht ein vollständiger Informationsaustausch zwischen den beteiligten ÜNBs und der zentralen Instanz, wobei die ÜNBs der zentralen Instanz ihre DACF- und IDCF-Prozessdaten sowie die geplanten Netztopologien zur Verfügung stellen. Mithilfe eines geeigneten Optimierungsverfahrens bestimmt die zentrale Instanz anschließend optimale PST- und HGÜ-VSC-Sollwerte im Voraus und leitet diese an die ÜNBs als Empfehlungen zurück. Diese Empfehlungen sind zum Beispiel stündlich bereitgestellte Sollwertvorschläge und werden unter Berücksichtigung technischer Grenzen sowie unter Verwendung von geeigneten Zielfunktionen bestimmt. Die schematische Darstellung zu dieser Vorgehensweise ist in Abb. 3.6 abgebildet

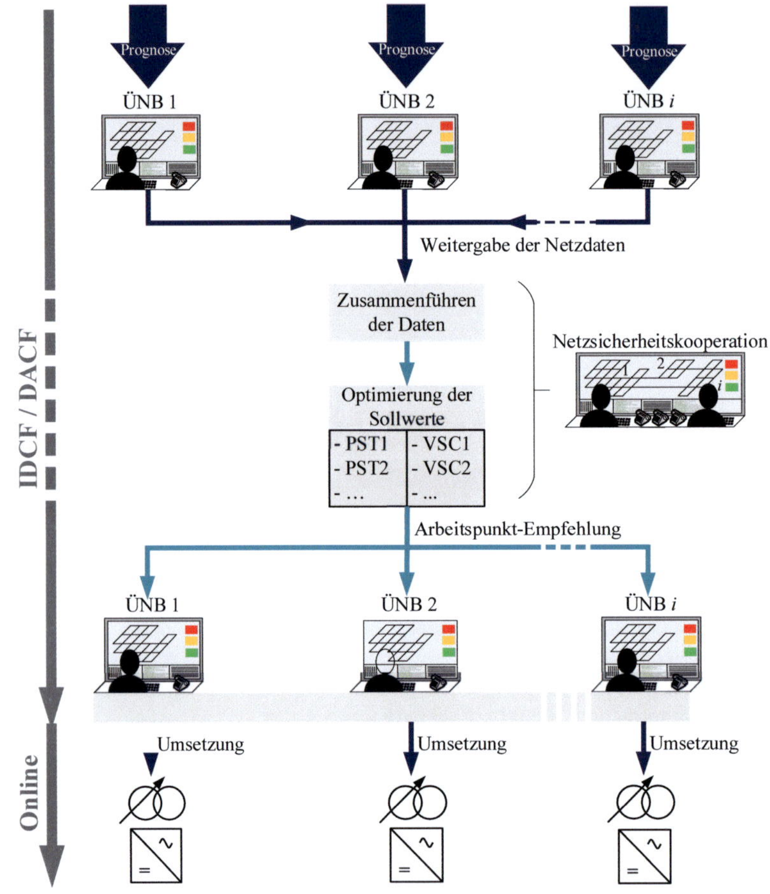

Abb. 3.6: Schematische Darstellung der Betriebsplanung

Die Betriebsplanung von PST und HGÜ-VSC gliedert sich in die folgenden Abschnitte:

- Bereitstellung regelzonenübergreifender Informationen
- Zusammenführen der Daten
- Optimierung der PST- und HGÜ-VSC-Arbeitspunkte
- Empfehlung der Arbeitspunkte an die ÜNB
- ÜNB-übergreifende Abstimmung

Das Neuartige in diesem Netzbetriebsverfahren ist vor allem die gesamtheitliche Optimierung der Arbeitspunkte für PSTs und HGÜ-VSCs, die in verschiedenen Regelzonen installiert und von unterschiedlichen ÜNBs gesteuert werden. Aus diesem Grund wird nachfolgend schwerpunktmäßig auf das Optimierungsverfahren sowie die Zielfunktionen eingegangen.

3.3.2 Optimierungsproblem

Die Optimierung der Betriebsmittelsollwerte und somit der Leistungsflüsse wird seit Jahrzehnten mithilfe von Optimal Power Flow (OPF) Methoden gelöst. Seit der ersten Veröffentlichung eines OPF-Verfahrens von [93] im Jahre 1962 ist die Lösung von OPF-Problemen in Energiesystemen ein viel behandeltes Thema [94].

Mathematisch kann ein Optimierungsproblem wie folgt beschrieben werden:

$$\min\left(F\left(u,x\right)\right) \tag{3.1}$$

$$h\left(u,x\right)=0 \tag{3.2}$$

$$g\left(u,x\right)\leq 0 \tag{3.3}$$

In Gleichung (3.1) beschreibt F die zu minimierende Zielfunktion in Abhängigkeit der steuerbaren Variablen u und der Systemzustände x. Als Nebenbedingungen existieren Gleichheitsbedingungen h (siehe (3.2)) und Ungleichheitsbedingungen g (siehe (3.3)) [94], [95].

Darauf aufbauend beschreiben die Wirkleistungswerte p der HGÜ-VSCs und die Phasenwinkel α der PSTs die steuerbaren Variablen u im Optimierungsprozess. Eine Berücksichtigung der Blindleistungswerte q der HGÜ-VSCs erfolgt nicht, um das Optimierungsproblem in diesem Entwurf einzugrenzen. In (3.4) ist der entsprechende Optimierungsvektor u dargestellt.

$$u=\begin{pmatrix}\alpha_{\mathrm{PST1}}\\ \alpha_{\mathrm{PST2}}\\ \dots\\ p_{\mathrm{VSC1}}\\ p_{\mathrm{VSC2}}\\ \dots\end{pmatrix} \tag{3.4}$$

Die Anzahl $n(u)$ der Optimierungsvariablen u ergibt sich aus der Anzahl n_{PST} der zu optimierenden PSTs und der Anzahl $n_{\mathrm{HGÜ,P2P}}$ der HGÜ-P2P-Verbindungen (siehe Gleichung (3.5)). Eine Optimierung jedes HGÜ-VSCs ist diesbezüglich nicht notwendig, da sich bei einer HGÜ-P2P-Verbindung gemäß dem Master-Slave-Prinzip der Arbeitspunkt an zweiter HGÜ-Station einstellt.

Die Optimierung des Arbeitspunktes an nur einer HGÜ-Station pro HGÜ-P2P-Verbindung vermindert dementsprechend die Anzahl an Optimierungsvariablen und somit auch den Berechnungsaufwand.

$$n\left(u\right)=n_{\mathrm{PST}}+n_{\mathrm{HGÜ,P2P}} \tag{3.5}$$

Je nachdem, wie die Optimierungsvariablen im Vektor u gewählt werden, hat dies einen Einfluss auf die Systemzustände x im Netz. Dazu gehören die komplexen Knotenspannungen an den PQ-Knoten, die Wirkleistungsflüsse über die Leitungen, die bereitgestellte Blindleistung an den PU-Knoten sowie der Wirkleistungsausgleich am Slackknoten [94]. Diese Systemgrößen besitzen Grenzwerte, die es in Form von Nebenbedingungen zu berücksichtigen und einzuhalten gilt. Die Berücksichtigung der Nebenbedingungen (siehe Abschnitt 3.1.2) erfolgt im Optimierungsprozess mithilfe einer Kombination von zu optimierenden Zielfunktionen und der gewichteten Bewertung von Nebenbedingungsverletzungen. Infolgedessen bestimmt die Optimierung die entsprechende Lösung, die unter bestmöglicher Einhaltung der Nebenbedingungen die bestmögliche Minimierung der Zielfunktion vornimmt. Dafür wird ein Strafterm $ST(u)$ eingeführt, der sich aus allen Nebenbedingungsverletzungen zusammensetzt, die entsprechend ihrer Wichtigkeit und numerischen Vergleichbarkeit untereinander gewichtet werden. Dieser Strafterm $ST(u)$ wird auf den Funktionswert $F(u)$ addiert und ergibt den zu minimierenden Zielfunktionswert, der in Anlehnung an die Begriffsverwendung bei evolutionären Optimierungsalgorithmen als Fitnesswert $fitness(u)$ (siehe Gleichung (3.6)) definiert wird. Treten keine Verletzungen der Nebenbedingungen auf ($ST(u) = 0$), erfolgt ausschließlich die Minimierung der gewählten Zielfunktion $F(u)$.

$$fitness(u) = F(u) + ST(u) \tag{3.6}$$

Im Rahmen dieser Arbeit ist es das Ziel, ein Netzbetriebsverfahren zur Wahrung der Netzsicherheit zu erarbeiten. Dementsprechend werden schwerpunktmäßig technische Zielsetzungen verfolgt. Wie die folgende Aufzählung zeigt, sind die Auswahlmöglichkeiten an technisch umzusetzenden Zielen sehr vielfältig. So können technische Ziele beim Einsatz von PSTs und HGÜ-VSCs unter anderem sein:

- Einhaltung der (n-1)-Sicherheit
- Minimierung der AC- und/oder DC-Übertragungsverluste
- Minimierung/Maximierung der AC-Leitungsbelastung
- Minimierung/Maximierung der DC-Leitungsbelastung
- Minimierung der Arbeitspunktänderungen von PSTs und HGÜ-VSCs
- Vereinheitlichung der Leitungsbelastungen von parallel verlaufenden AC-Leitungen
- Einhaltung definierter Wirkleistungsübertragungen auf bestimmten Leitungen
- Maximierung von Sicherheitsmargen
- Maximierung der TTC
- Minimierung von Kreisflüssen
- Minimierung von Transitflüssen

Diese Ziele können entsprechend durch den Einsatz von PSTs und HGÜ-VSCs erreicht werden, da diese Betriebsmittel Einfluss auf die AC-Wirkleistungsflüsse ausüben. So ist es durch gezielte Sollwertanpassungen an den beiden Betriebsmitteln möglich, die Wirkleistungsflüsse in der Art zu ändern, dass zum Beispiel stärker belastete AC-Leitungen entlastet und schwächer belastete Leitungen vermehrt belastet werden. Ebenso können durch die Umsetzung optimierter Sollwerte die Leitungsbelastungen von parallel verlaufenden AC-Leitungen vereinheitlicht werden, so dass sich die Leitungsbelastungen gleichmäßig aufteilen und keine Leitung übermäßig stark belastet ist. Dies ist in dem Sinne vorteilhaft, weil dadurch beispielhaft bei Interkonnektoren die TTC erhöht bzw. die Sicherheitsmargen bis zum Eintreten von Grenzwertverletzungen an AC-Leitungen maximiert werden können. Auch die Einhaltung definierter Wirkleistungen auf bestimmten AC-Leitungen ist mithilfe der PSTs und HGÜ-VSCs möglich. Beispielhaft dafür ist die gewünschte Einhaltung von Austauschleistungen zwischen zwei benachbarten Regelzonen zu erwähnen. Dies kann ebenfalls mit dem Ziel einhergehen, die in Abschnitt 2.3 genannten Transit-Leistungsflüsse und Kreisflüsse zu verringern bzw. zu verhindern. Somit ist es weiterhin denkbar, die PSTs und HGÜ-VSCs einzusetzen, so dass bei einem Betriebsmittelausfall keine Leitungsüberlastungen auftreten und die Wahrung der (n-1)-Sicherheit gewährleistet ist.

Die genannten Zielfunktionen können durch unterschiedlichste Kombinationen zu einem Gesamtverfahren (mehrdimensionale Zielfunktion) zusammengeführt werden. Dabei ist zu beachten, dass sich verschiedene Ziele bei einem möglichen Zielkonflikt sowohl positiv als auch negativ beeinflussen. So kann beispielsweise die Minimierung von Kreisflüssen mit einer Verringerung der Übertragungsverluste korrelieren. Dagegen sind die Maximierung der DC-Leitungsbelastung und die Minimierung der DC-Übertragungsverluste gegensätzliche Ziele.

Das entworfene Netzbetriebsverfahren sieht vor, mehrere Zielfunktionen so zu kombinieren, dass sich eine gesamtheitliche Einsatzstrategie für die Stellmöglichkeiten von PSTs und HGÜ-VSCs für jede mögliche Lastsituation im AC-Netz ergibt. Insgesamt sind folgende Aspekte enthalten:

1. Minimierung der Anzahl an (n-1)-Sicherheitsverletzungen
2. Minimierung der Arbeitspunktänderungen der PFCDs beim Wechsel von einem zum anderen Betriebspunkt
3. Einhaltung der netzrelevanten Nebenbedingungen
4. Vermeidung von Kreisflüssen

Primäres Ziel in der Vorausberechnung optimaler Betriebsmittelsollwerte ist die Einhaltung der (n-1)-Sicherheit bzw. die Minimierung von (n-1)-Sicherheitsverletzungen, was somit auch zu einer Minimierung nachgelagerter Maßnahmen zur Wahrung der Netzsicherheit führt (siehe Abschnitt 2.1.5). Als (n-1)-sicher gilt das Netz, wenn bei Ausfall eines beliebigen Betriebsmittels m die Leitungsbelastungen S_i aller Leitungen i und die Knotenspannungen U_j aller Knoten j keine Grenzwerte verletzen [20], [96].

Wie in Gleichung (3.7) angegeben, führt eine Verletzung der (n-1)-Sicherheit zu einer Erhöhung des Funktionswertes F. Eine Kumulation der (n-1)-Verletzungen bei jedem denkbaren Betriebsmittelausfall ergibt die Anzahl der (n-1)-Verletzungen bei den untersuchten Arbeitspunkten (siehe bei der Berechnung des Fitnesswertes *fitness* mithilfe der mehrdimensionalen Zielfunktion in Gleichung (3.25)).

$$F_{(n-1),m,i,j}(u) = \begin{cases} 1 & wenn\left(S_{i,m} > S_{i,\max}\right) \\ 1 & wenn\left(U_{j,m} > U_{j,\max}\right) \\ 1 & wenn\left(U_{j,m} < U_{j,\min}\right) \\ 0 & sonst \end{cases} \tag{3.7}$$

Entsprechende Untersuchungen in [97] zur Einhaltung des (n-1)-Kriteriums an diversen Netzen haben ergeben, dass die Leitungsauslastungen im Normalbetrieb maximal zwischen 60 % und 75 % liegen dürfen, um die (n-1)-Sicherheit gewährleisten zu können. Diese Angaben sind abhängig von der Topologie und den spezifischen Leitungsparametern des untersuchten Netzes. Da eine vollständige (n-1)-Sicherheit nicht im Fokus dieser Arbeit steht und ein Testnetz mit geringer Vermaschung als Untersuchungsgegenstand dient, werden derartige Berechnungen am Testnetz nicht vorgenommen. Vielmehr wird im OPF-Prozess eine maximale Belastung der Leitungen von 70 % angestrebt.

Ausgehend von der ersten Zielfunktion (Minimierung der Anzahl an (n-1)-Sicherheitsverletzungen) ist es möglich, dass mehrere Lösungen existieren, die das Kriterium der (n-1)-Sicherheit erfüllen, und sich die Frage stellt, welche Lösung zu präferieren ist. Zur Einschränkung dieses möglichen Lösungsraumes wird eine zweite Zielfunktion eingeführt, die eine Minimierung der

Änderung der HGÜ-VSC- und PST-Arbeitspunkte Δu zwischen dem vorherigen t-1 und dem untersuchten Optimierungsintervall t bewirkt. Dies dient unter anderem der Minimierung von Anpassungsmaßnahmen und der Verringerung dynamischer Anpassungsvorgänge im Netz. Weiterhin wird insbesondere bei den PSTs der Verschleiß der Laststufenschalter durch eine geringere Stufungszahl verringert [98]. Die entsprechende Berechnungsvorschrift für die zweite Zielfunktion ist in Gleichung (3.8) dargestellt.

$$F_{\Delta u}(u) = \sum_{i=1}^{n}\left(\left|u_{i,t-1} - u_{i,t}\right|\right) = \sum_{i=1}^{n}\left(\left|\Delta u_i\right|\right) \quad (3.8)$$

Die Kombination der beiden Zielfunktionen mit dem vorgestellten Strafterm $ST(u)$ führt dazu, dass auch die netzrelevanten Nebenbedingungen 1, …, m bei der Optimierung berücksichtigt werden. Der Strafterm $ST(u)$ setzt sich aus allen Nebenbedingungsverletzungen (NBV) und den zugehörigen Gewichtungen g_{NBV} entsprechend Gleichung (3.9) zusammen.

$$ST(u) = \sum_{x=1}^{m} \text{NBV}(u)_x \cdot g_{\text{NBV},x} \quad (3.9)$$

PSTs ermöglichen mit ihren variablen Stufenstellungen Phasenwinkeländerungen, je nach Ausführung, von ±30° [9]. Kommt es bei den Optimierungen zu einer Verletzung der PST-Winkelgrenzen von $\alpha = \pm\, 30°$ [9], wird gemäß (3.10) ein Faktor von 100 für jedes Grad der Winkelgrenzwertverletzung für jeden der i PSTs addiert. Nach dem gleichen Schema erfolgt auch eine Bestrafung für jeden Prozentpunkt über der erlaubten maximalen AC-Leitungsauslastung $S_{k,\text{max,AC}}$ von 70 % sowie der erlaubten maximalen DC-Leitungsauslastung von 100 % (siehe (3.11) und (3.12)). DC-Leitungen sind zu jederzeit bis zu 100 % belastbar, da aufgrund der hohen Investitionen in die HGÜ-Technologie eine dauerhafte Teilauslastung wirtschaftlich nicht sinnvoll erscheint [97]. In (3.13) und (3.14) ist die Berechnung der Straffaktoren beschrieben, wenn die Knotenspannungsgrenzen an einem oder mehreren Knoten verletzt werden. Dabei wird pro 0,01 p.u. Grenzwertverletzung ein Strafwert von 1 vergeben. Die Gleichungen (3.15) bis (3.18) beschreiben die Berechnung bei Grenzwertverletzungen der Blind- und Wirkleistungsgrenzen der j Generatoren im Testnetz. Je MW- bzw. MVAr-Grenzwertverletzung beträgt der Anteil am Strafterm 1. Dies gilt in den Gleichungen (3.19) bis (3.22) ebenso für Verletzungen von Blind- und Wirkleistungsgrenzen der HGÜ-VSCs.

$$\text{wenn } \left|u_{\text{PST}}\right| > 30°\text{, dann} \qquad NBV_1 \cdot g_{\text{NBV},1} = \sum_{PST=1}^{i}\left[\left(\left|u_{\text{PST}}\right| - 30°\right) \cdot 100\right] \quad (3.10)$$

$$\text{wenn } \left|S_{k,AC}(u)\right| > 70\%\text{, dann} \qquad NBV_2 \cdot g_{\text{NBV},2} = \sum_{x=1}^{k}\left[\left(\frac{S_{x,\text{AC}}(u)}{S_{x,\text{max,AC}}} \cdot 100\% - 70\%\right) \cdot 1\right] \quad (3.11)$$

$$\text{wenn } \left|S_{k,DC}(u)\right| > 100\%\text{, dann}$$

$$NBV_3 \cdot g_{\text{NBV},3} = \sum_{x=1}^{k}\left[\left(\frac{S_{x,\text{DC}}(u)}{S_{x,\text{max,DC}}} \cdot 100\% - 100\%\right) \cdot 1\right] \quad (3.12)$$

$$\text{wenn } \left|U_n(u)\right| > 1{,}05\text{ p.u., dann} \qquad NBV_4 \cdot g_{\text{NBV},4} = \sum_{x=1}^{n}\left[\left(U_x(u) - 1{,}05\right) \cdot 100\right] \quad (3.13)$$

$$\text{wenn } \left|U_n(u)\right| < 0{,}95\text{ p.u., dann} \qquad NBV_5 \cdot g_{\text{NBV},5} = \sum_{x=1}^{n}\left[\left(0{,}95 - U_x(u)\right) \cdot 100\right] \quad (3.14)$$

$$\text{wenn } \left|Q_{j,\text{GEN}}(u)\right| < Q_{j,\text{GEN,min}}, \text{ dann} \quad NBV_6 \cdot g_{\text{NBV},6} = \sum_{x=1}^{j}\left[\left(Q_{x,\text{GEN,min}} - Q_{x,\text{GEN}}(u)\right)\cdot 1\right] \tag{3.15}$$

$$\text{wenn } \left|Q_{j,\text{GEN}}(u)\right| > Q_{j,\text{GEN,max}}, \text{ dann} \quad NBV_7 \cdot g_{\text{NBV},7} = \sum_{x=1}^{j}\left[\left(Q_{x,\text{GEN}}(u) - Q_{x,\text{GEN,max}}\right)\cdot 1\right] \tag{3.16}$$

$$\text{wenn } \left|P_{j,\text{GEN}}(u)\right| < P_{j,\text{GEN,min}}, \text{ dann} \quad NBV_8 \cdot g_{\text{NBV},8} = \sum_{x=1}^{j}\left[\left(P_{x,\text{GEN,min}} - P_{x,\text{GEN}}(u)\right)\cdot 1\right] \tag{3.17}$$

$$\text{wenn } \left|P_{j,\text{GEN}}(u)\right| > P_{j,\text{GEN,max}}, \text{ dann} \quad NBV_9 \cdot g_{\text{NBV},9} = \sum_{x=1}^{j}\left[\left(P_{x,\text{GEN}}(u) - P_{x,\text{GEN,max}}\right)\cdot 1\right] \tag{3.18}$$

$$\text{wenn } \left|Q_{j,\text{VSC}}(u)\right| < Q_{j,\text{VSC,min}}, \text{ dann} \quad NBV_{10} \cdot g_{\text{NBV},10} = \sum_{x=1}^{j}\left[\left(Q_{x,\text{VSC,min}} - Q_{x,\text{VSC}}(u)\right)\cdot 1\right] \tag{3.19}$$

$$\text{wenn } \left|Q_{j,\text{VSC}}(u)\right| > Q_{j,\text{VSC,max}}, \text{ dann} \quad NBV_{11} \cdot g_{\text{NBV},11} = \sum_{x=1}^{j}\left[\left(Q_{x,\text{VSC}}(u) - Q_{x,\text{VSC,max}}\right)\cdot 1\right] \tag{3.20}$$

$$\text{wenn } \left|P_{j,\text{VSC}}(u)\right| < P_{j,\text{VSC,min}}, \text{ dann} \quad NBV_{12} \cdot g_{\text{NBV},12} = \sum_{x=1}^{j}\left[\left(P_{x,\text{VSC,min}} - P_{x,\text{VSC}}(u)\right)\cdot 1\right] \tag{3.21}$$

$$\text{wenn } \left|P_{j,\text{VSC}}(u)\right| > P_{j,\text{VSC,max}}, \text{ dann} \quad NBV_{13} \cdot g_{\text{NBV},13} = \sum_{x=1}^{j}\left[\left(P_{x,\text{VSC}}(u) - P_{x,\text{VSC,max}}\right)\cdot 1\right] \tag{3.22}$$

Weiterhin werden Strafterme $ST(u)$ auf den Fitnesswert *fitness* addiert, wenn die Gleichheitsbedingungen im AC-Netz und auf den DC-Verbindungen nicht eingehalten werden

$$\begin{aligned}&\text{wenn } \left|P_{AC,Gen}\right| \neq \left|P_{AC,Last}\right| + \left|P_{AC,Verluste}\right|, \text{ dann}\\ &\qquad NBV_{14} \cdot g_{\text{NBV},14} = \left[P_{AC,Gen} - P_{AC,Last} - P_{AC,Verluste}\right]\cdot 100\end{aligned} \tag{3.23}$$

$$\begin{aligned}&\text{wenn } \left|P_{DC,in}\right| \neq \left|P_{DC,out}\right| + \left|P_{DC,Verluste}\right|, \text{ dann}\\ &\qquad NBV_{15} \cdot g_{\text{NBV},15} = \left[P_{DC,in} - P_{DC,out} - P_{DC,Verluste}\right]\cdot 100\end{aligned} \tag{3.24}$$

Dazu zählt auch die Beaufschlagung des Fitnesswertes *fitness* mit einem Strafterm $ST(u)$, wenn zirkulierende Kreisflüsse im Sinne der Definition aus Abschnitt 2.3 detektiert werden. Das dafür entworfene und verwendete Berechnungsverfahren zur Detektion von zirkulierenden Wirkleistungskreisflüssen beruht auf dem Floyd-Warshall-Algorithmus, welcher vorwiegend in der Logistik zur Identifizierung der kürzesten Pfade in einem Netzwerk Einsatz findet. Dieser Algorithmus wurde entsprechend auf die Kreisflussdetektion angepasst und in [67] vorgestellt.

Insgesamt ergibt sich eine mehrdimensionale Zielfunktion (siehe Gleichung (3.25)), in der die drei Bestandteile mithilfe von Gewichtungsfaktoren g unterschiedlichen Einfluss auf den Fitnesswert *fitness* haben.

$$fitness(u) = g_1 \cdot \sum_{1}^{m} F_{(n-1),m,i,j}(u) + g_2 \cdot F_{\Delta u}(u) + g_3 \cdot \sum_{1}^{x} ST_x(u) \tag{3.25}$$

Es wird davon ausgegangen, dass in der Optimierung die Einhaltung der Nebenbedingung primär umzusetzen ist. Dementsprechend darf es durch die Anpassung von PST- und HGÜ-VSC-Arbeitspunkten zu keiner Grenzwertverletzung kommen. Erst wenn dies sichergestellt ist, kann mithilfe der Optimierung die Erreichung der beiden weiteren Ziele verfolgt werden. Dabei ist die Wahrung der (n-1)-Sicherheit wichtiger anzusehen als die Minimierung von Arbeitspunktänderungen. Denn ist die (n-1)-Sicherheit gefährdet und kommt es bei einem Betriebsmittelausfall zu

Leitungsüberlastungen, können weitere Betriebsmittel ausfallen. Solche Mehrfachfehler und daraus eventuell entstehende Versorgungsunterbrechungen in einzelnen Regionen sind zu vermeiden. Die Höhe der Arbeitspunktänderungen ist dementsprechend nur zu minimieren, wenn mehrere Möglichkeiten zur Erreichung der ersten beiden Ziele bestehen.

Um die angesprochenen Schwerpunkte in der Zielgewichtung zu erreichen, hat eine durchgeführte Variantenrechnung gezeigt, dass folgende Verhältnisse V der Zielfunktionsbestandteile zu verwenden sind:

- Einhaltung der netzrelevanten Nebenbedingungen: $V_1 = 60\ \%$
- Minimierung der (n-1)-Verletzung: $V_2 = 25\ \%$
- Minimierung der Arbeitspunktänderung: $V_3 = 15\ \%$

Zur Herstellung dieser Verhältnisse V_i werden die genannten Gewichtungsfaktoren g eingesetzt. Dabei ist zu beachten, dass das Verhältnis zwischen den einzelnen Zielfunktionen $F(u)$ sowie zu dem Strafterm $ST(u)$ von der Last- und Einspeisesituation abhängig ist und somit auch die Gewichtungsfaktoren g dynamisch anzupassen sind.

Ohne diese dynamische Anpassung kann es passieren, dass zum Beispiel die Minimierung der Arbeitspunktänderung im Vergleich zur Minimierung der Nebenbedingungsverletzungen einen zu hohen Einfluss auf die Optimierung ausübt. Unter anderem ist dies möglich, wenn aufgrund eines Leitungsausfalls eine starke Anpassung der Arbeitspunkte (hoher Funktionswert) notwendig ist, um eine geringe Nebenbedingungsverletzung (geringer Strafterm) zu beseitigen. Bei falscher Gewichtung käme es zu keiner Beseitigung der Nebenbedingungsverletzung, da eine Erhöhung des Funktionswertes $F(u)$, verursacht durch die Arbeitspunktänderung, die Reduzierung des Strafterms $ST(u)$, verursacht durch die Reduzierung der Nebenbedingungsverletzungen, übersteigt und somit den Fitnesswert $fitness(u)$ verschlechtert.

Beispielhaft ist in Abb. 3.7 zu sehen, wie der Ist-Zustand des Netzes gemäß der Zielfunktion und der Einhaltung der Nebenbedingungen bewertet wird. Dabei ergibt sich ein zu minimierender Fitnesswert $fitness(u)$, der sich ohne angepasste Gewichtung zu jeweils 30 % aus den Funktionswerten $F_1(u)$ und $F_2(u)$ der beiden Zielfunktionen 1 und 2 und zu 40 % aus dem Strafterm $ST(u)$ zusammensetzt.

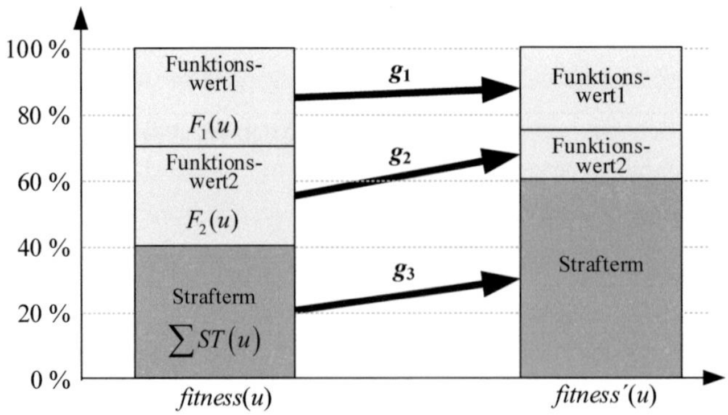

Abb. 3.7: Anpassung der Gewichtung zwischen Funktionswert und Strafterm

In diesem Fall würde der Einhaltung der Nebenbedingungen während der Optimierung ein zu geringer Stellenwert zugeordnet und diese somit mit zu niedriger Gewichtung mit in die Optimierung eingehen. Bei einem gewünschten Verhältnis V_i von 25 %, 15 % und 60 % müssen die Gewichtungen g entsprechend (3.26) bis (3.28) zu $g_1 = 0{,}83$, $g_2 = 0{,}5$ und $g_3 = 1{,}5$ gewählt werden. Diese Gewichtungen g fließen anschließend in den Optimierungsprozess ein und sorgen dafür, dass die einzelnen Aspekte der mehrdimensionalen Zielfunktion entsprechend der gewählten Verhältnisse Berücksichtigung finden.

$$g_1 = \frac{fitness(u) \cdot V_1}{F_1(u)} = \frac{100\% \cdot 25\%}{30\%} = 0{,}83 \tag{3.26}$$

$$g_2 = \frac{fitness(u) \cdot V_2}{F_2(u)} = \frac{100\% \cdot 15\%}{30\%} = 0{,}5 \tag{3.27}$$

$$g_3 = \frac{fitness(u) \cdot V_3}{ST(u)} = \frac{100\% \cdot 60\%}{40\%} = 1{,}5 \tag{3.28}$$

3.3.3 Optimal Power Flow – Auswahl des Optimierungsverfahrens

Die Bestimmung eines stabilen Netzbetriebszustandes unter Berücksichtigung von verschiedenen Nebenbedingungen und Zielfunktionen kann mithilfe unterschiedlichster Optimierungsverfahren erfolgen. Diese lassen sich nach [94], [95] in folgende drei Gruppen einteilen:

- klassische Methoden
- Interior Point Methoden
- heuristische Methoden

Zu den klassischen Methoden gehören die lineare und nichtlineare Optimierung und damit unter anderem das Newton-Raphson-Verfahren und die quadratische Optimierung. Diese Verfahren sind meist für lineare Zielfunktionen und Nebenbedingungen geeignet, konvergieren bei komplexen Problemen häufig in lokalen Optima und sind langsam. Weiterhin sind diese Methoden nicht für die dynamische Optimierung geeignet [94].

Die Interior Point Methode ist zur Lösung linearer und nichtlinearer Probleme geeignet. Sie hat sich als sehr effizient und robust erwiesen und ist schneller als die klassischen Methoden. Jedoch ist die Methode für statische und nicht für dynamische Optimierung geeignet. Weiterhin ist das gefundene Optimum stark von der Wahl der Startwerte abhängig [95].

Zu den heuristischen Methoden gehören evolutionäre Algorithmen, die sich an dem Vorbild der Natur orientieren. Zu nennen sind zum Beispiel Partikelschwarmoptimierung [99], Differential Evolution [100] und Genetische Algorithmen [101]. Diese Algorithmen besitzen den Vorteil, dass sie ein schnelles Konvergenzverhalten sowie ein geringes Risiko der Konvergenz in lokalen Optima aufweisen. Weiterhin ist die Berücksichtigung mehrerer Zielfunktionen möglich und die Berechnungen sind parallel ausführbar, was einen positiven Einfluss auf die Berechnungszeit hat. Nachteilig ist, dass die Berechnungszeit und die Güte des Ergebnisses von der Wahl der Parameter abhängig sein können, so dass die Optimierungsparameter auf das Optimierungsverfahren einmalig anzupassen sind [94], [95].

Zur Auswahl des geeigneten Optimierungsverfahrens werden in Tab. 3.3 die genannten Eigenschaften der einzelnen Optimierungsgruppen mit den in Abschnitt 3.1.2 erarbeiteten Anforderungen an das Verfahren verglichen. Die Erfüllung der Anforderung wird mit einem „+“ und die Nicht-Erfüllung mit einem „-“ bewertet.

Tab. 3.3: Übersicht zu den Eigenschaften verschiedener Optimierungsverfahren

Anforderung	Linear Programming (LP)	Non-Linear Programming (NLP)	Interior Point Methoden (IPM)	Heuristische Methoden (HM)
Optimierung mehrdimensionaler Zielfunktionen	-	-	+	+
Berücksichtigung linearer Nebenbedingungen	+	+	+	+
Berücksichtigung nicht-linearer Nebenbedingungen	-	+	+	+
Optimierung kontinuierlicher Variablen	+	+	+	+
Optimierung diskreter Variablen	-	-	(+)	+
Optimierung Startwert-unabhängig	-	-	-	+
Vermeidung lokaler Optima	-	-	-	+

In Tab. 3.3 ist dargestellt, dass allein die heuristischen Methoden alle definierten Anforderungen erfüllen. Dementsprechend wird als Optimierungsverfahren die heuristische Methode für die Optimierung der PST- und HGÜ-VSC-Arbeitspunkte gewählt. Dabei ist zu beachten, dass der Begriff „heuristische Methoden“ eine Gruppe von Optimierungsverfahren darstellt und eine weitere Eingrenzung der Verfahren erfolgen muss. Aus der Vielzahl an heuristischen Methoden werden die folgenden vier Verfahren weiter betrachtet, da zu diesen bereits in [102], [103], [104], [105] vergleichende Benchmark-Tests durchgeführt wurden:

- Partikelschwarmoptimierung
- Differential Evolution
- Genetic Algorithm
- Mean Variance Mapping Optimization

Partikelschwarmoptimierung (PSO)

PSO basiert auf dem Schwarmverhalten von Vogel- oder Fischschwärmen, bei denen das Sozialverhalten durch Individuen des Schwarms beeinflusst wird. Dabei besitzt jedes Schwarmindividuum ein Gedächtnis, in welchem es seine Position im Suchraum mit dem besten erreichten Fitnesswert speichert. Weiterhin wird die Information mit der besten global erreichten Position in jeder Iteration an alle Individuen weitergeleitet, so dass alle Individuen versuchen, zu dieser Position zu tendieren (Schwarmdynamik). Dies erfolgt in jedem Iterationsschritt und die Individuen passen dementsprechend ihre Position, die Bewegungsrichtung und Geschwindigkeit an [99].

Differential Evolution (DE)

DE ist eine auf Evolutionsprozessen basierende Optimierung, die die Prozesse Mutation, Kreuzung und Selektion beinhaltet. Jedes Individuum besitzt dazu ein Set an Eigenschaften, die entsprechend der Zielfunktion zu bewerten sind. Anschließend erfolgt mithilfe der Mutation die Erzeugung einer Folgegeneration, wobei die Eigenschaften von drei zufällig gewählten Individuen miteinander zusammengeführt werden. Um die Diversität der Nachfolgegeneration zu erhöhen, wird weiterhin die Kreuzung verschiedener Eigenschaften durchgeführt, indem die Eigenschaften der Elterngeneration und der Nachfolgegeneration zufällig zusammengeführt werden. Ist dies erfolgt, wird der Fitnesswert der Elterngeneration mit dem der Nachfolgegeneration verglichen. Bei der anschließenden Selektion wird die Nachfolgegeneration mit ihren Eigenschaften übernommen, falls deren Fitnesswert optimiert ist. Ist dies nicht der Fall bleibt die Elterngeneration erhalten [100].

Genetic Algorithm (GA)

GA gehört ebenfalls zu der Kategorie der Optimierungsalgorithmen, die den Evolutionsprozess simulieren. Gemäß dem Prinzip von Darwin ‚der Stärkste überlebt' wird beim GA impliziert, dass Individuen mit einem besseren Fitnesswert eine größere Chance haben, fortzubestehen und ihre Eigenschaften an die Nachfolgegeneration weiterzugeben. Dabei besitzt jedes Individuum einer Population einen Chromosomensatz, der die Eigenschaft des Individuums darstellt. Mithilfe von verschiedenen Selektionsstrategien erfolgt die Bestimmung zweier Individuen, mit deren Hilfe ein neues Individuum der Nachfolgegeneration entsteht. Diesbezüglich haben ‚gute' Individuen eine höhere Wahrscheinlichkeit, als Eltern ausgewählt zu werden. Anschließend erfolgt die Kombination der Elterneigenschaften sowie eine Mutation der Eigenschaften. Die Nachfolgegeneration ersetzt anschließend die Elterngeneration und wird entsprechend der Zielfunktion bewertet [101], [106].

Mean Variance Mapping Optimization (MVMO)

MVMO ist ein auf Populationen basierender Optimierungsprozess mit einem Individuum in der Standardvariante. Die Startpopulation wird zufällig im Suchraum platziert und anschließend erfolgt über mehrere Iterationen die Speicherung einer gewissen Anzahl an Individuen und deren Eigenschaften in einem Archiv. Eine Aktualisierung des Archivs erfolgt immer, wenn der Fitnesswert einer neuen Population besser ist. Mithilfe des Mittelwertes und der Varianz der Fitnesswerte sowie der Eigenschaften im Archiv wird die Nachfolgegeneration gebildet. In jeder Iteration wird dementsprechend das Individuum mit dem besten Fitnesswert als Elternvektor herangezogen. Dabei wird ein Teil der Eigenschaften des Individuums für die Mutation selektiert. Die Mutation der Vektoren erfolgt anschließend anhand einer Mapping-Funktion, deren Form von dem berechneten Mittelwert und der Varianz der Lösungen im Archiv sowie von weiteren Parametern abhängig ist. Im Rahmen der Kreuzung werden anschließend die mutierten Variablen mit den restlichen Variablen der Eltern zusammengeführt [102].

Die Auswahl des geeigneten heuristischen Verfahrens aus den zuvor genannten erfolgt mithilfe eines Performance-Vergleichs. Dazu wird die Performance, d. h. die Güte der genannten vier Optimierungsalgorithmen, bereits in [102], [103], [104] und [105] wissenschaftlich untersucht und verglichen. Das Ziel der Untersuchungen ist es, herauszufinden, ob ein Algorithmus zur Bestimmung des minimalen Fitnesswertes am besten geeignet ist. Die dafür verwendeten numerischen Benchmark-Optimierungsprobleme besitzen bis zu 100 Optimierungsvariablen, wobei mithilfe der Optimierungsmethoden ein Minimum für jedes Problem bis zu 50 Mal bestimmt und daraus der Mittelwert gebildet wird. Diese Wiederholung zeigt, ob der Algorithmus fähig ist, in jedem Durchlauf dieselbe Lösung zu generieren. Die Ergebnisse der Analysen sind in Tab. 3.4 gegenübergestellt.

Tab. 3.4: Vergleich der Optimierungsverfahren

Studie	untersuchte numerische Probleme	Minimaler mittlerer Fitnesswert ***Minimaler Fitnesswert***				Ergebnisse
		DE	PSO	GA	MVMO	
[102]	5 Benchmark-Probleme	3 von 5 ***k. A.***	1 von 5 ***k. A.***		1 von 5 ***k. A.***	DE performt am besten
[103]	36 Benchmark-Probleme	27 von 36 ***k. A.***	6 von 36 ***k. A.***	8 von 36 ***k. A.***		DE performt am besten PSO konvergiert am schnellsten, GA am langsamsten
[104]	6 Benchmark-Probleme	3 von 6 ***k. A.***	0 von 6 ***k. A.***	0 von 6 ***k. A.***	3 von 6 ***k. A.***	DE und MVMO gleichwertig
[105]	10 Benchmark-Probleme	3 von 10 ***2 von 10***	6 von 10 ***3 von 10***	3 von 10 ***5 von 10***		GA performt am besten (findet am häufigsten das Minimum) DE ist schneller als PSO PSO performt am besten bei der mittleren Fitness

Wie in Tab. 3.4 angegeben, ist keines der genannten Optimierungsverfahren in der Lage jedes Benchmark-Problem am besten zu lösen. Vielmehr sind für verschiedene Probleme unterschiedliche Verfahren geeignet. So wird in [105] gezeigt, dass der PSO-Algorithmus im Mittel den niedrigsten Fitnesswert bei sechs von zehn Benchmark-Problemen und GA am häufigsten das Minimum (bei fünf von zehn Benchmark-Problemen) bestimmt. DE performt dagegen am besten in [102] und [103] (minimaler mittlerer Fitnesswert bei drei von fünf und 27 von 36 Benchmark-Problemen), wogegen in [104] MVMO und DE eine gleichwertige Performance (minimaler mittlerer Fitnesswert jeweils bei drei von sechs Benchmark-Problemen) bescheinigt wird.

Die verwendeten Benchmark-Probleme sind standardisierte numerische Funktionen, die keinen Bezug zu den spezifischen, mathematischen Funktionen im Bereich Energiesystem aufweisen. Dementsprechend erfolgt in [107] ein Vergleich der genannten heuristischen Methoden bezogen auf die Optimierung von AC-Wirkleistungsflüssen mithilfe von PSTs. Diesbezüglich werden in das IEEE 57-Bus System vier PSTs integriert und unter der Zuhilfenahme der heuristischen Methoden deren Arbeitspunkte so optimiert, dass die definierten Nebenbedingungen bei minimalen Übertragungsverlusten eingehalten werden. Untersucht werden verschiedene Ausprägungen von DE, PSO, GA und MVMO, so dass insgesamt 18 Optimierungsvarianten und deren Performance verglichen werden. Dieser Vergleich beinhaltet die Bewertung der erreichten Fitnesswerte über 30 Wiederholungen, der mittleren Iterationsanzahl, der erreichten Standardabweichung sowie der benötigten Berechnungszeit. Mithilfe einer durchgeführten Bestimmung des Zielerreichungsgrades, bestehend aus der gewichteten Zielerreichung jedes einzelnen Bewertungskriteriums, konnte eine Variante von PSO als beste Methode bestimmt werden.

Im Rahmen dieser Arbeit wird für die Bestimmung der optimalen PST- und HGÜ-VSC-Arbeitspunkte der DE-Algorithmus gewählt, da sich in der Untersuchung von [107] gezeigt hat, dass PSO in den reproduzierten Berechnungen nicht immer dieselben Lösungen generieren konnte, während dies mithilfe von DE möglich war. Der höhere Zielerreichungsgrad von PSO ergibt sich allein durch die Berücksichtigung der geringen Berechnungszeit. Der Schwerpunkt dieser Arbeit liegt auf der bestmöglichen Minimierung der Zielfunktion, was durch DE besser möglich ist.

3.3.4 Optimierung mittels Differential Evolution

Ausgehend von der Absicht, die optimalen PST- und HGÜ-VSC-Sollwerte zur Erfüllung der Zielfunktion zu bestimmen, wird beim Optimierungsverfahren DE mit der zufälligen Platzierung von Startwerten im definierten Optimierungssuchraum (siehe Gleichung (3.29) und (3.30)) begonnen. Dabei sind die Startwerte als Merkmale bzw. Eigenschaften von Individuen anzusehen. Jedes dieser Individuen besitzt dementsprechend einen Vektor u_i, der die zu bewertenden Stellmöglichkeiten der PSTs $u_{\text{PST},i}$ und der HGÜ-VSCs $u_{\text{VSC},i}$ im Suchraum enthält. Der Suchraum ist wiederum durch die minimalen und maximalen Stellbereiche der PST-Winkel α_i und der HGÜ-VSC-Wirkleistungen p_i begrenzt.

$$u_{\text{PST},i} = \alpha_{\max,i} - r_i \cdot \left(\alpha_{\max,i} - \alpha_{\min,i}\right) \quad , r \in [0;1] \tag{3.29}$$

$$u_{\text{VSC},i} = p_{\max,i} - r_i \cdot \left(p_{\max,i} - p_{\min,i}\right) \quad , r \in [0;1] \tag{3.30}$$

Nach der entsprechenden Berechnung der Fitnesswerte *fitness* der ersten Individuen-Generation G gemäß der definierten Zielfunktion in Gleichung (3.25) erfolgt die Mutation der Eigenschaften, um eine Folgegeneration $G+1$ zu erzeugen.

Abhängig von der Mutationsstrategie werden dafür bis zu drei Individuen zufällig gewählt ($r_1, r2, r3 \in \{1; 2;\ldots;NP\}$) und deren Eigenschaften u mithilfe des Mutationsfaktors MF miteinander zu einem neuen Mutationsvektor $\boldsymbol{v}$ zusammengeführt (siehe Gleichung (3.31)). Der Mutationsfaktor MF ist ein realer und konstanter Faktor im Intervall [0; 2]. Eine weitere Möglichkeit stellt die in Gleichung (3.32) gezeigte Zusammenführung der Eigenschaften $u_{\text{best,G}}$ des Individuums mit den aktuell besten Eigenschaften zusammen mit zwei zufällig ausgewählten Individuen dar [100].

$$v_{i,G+1} = u_{r1,G} + MF \cdot \left(u_{r2,G} - u_{r3,G}\right) \tag{3.31}$$

$$v_{i,G+1} = u_{best,G} + MF \cdot \left(u_{r2,G} - u_{r3,G}\right) \tag{3.32}$$

Neben den zwei gezeigten Mutationsstrategien DE/rand/1 (Gleichung (3.31)) und DE/best/1 (Gleichung (3.32)) werden in [108] darüber hinaus weitere Mutationsstrategien vorgestellt. Diese unterscheiden sich bei der Erstellung der Folgegeneration $G+1$ in der Verwendung der Eigenschaften zufällig ausgewählter Individuen (rand) oder des aktuell besten Individuums (best) sowie der binomialen (bin) oder exponentiellen (exp) Rekombination.

Die Wahl der am besten geeigneten Mutationsstrategie zum Lösen eines Optimierungsproblems ist abhängig vom betrachteten Optimierungsproblem. In diesem Fall zeigt [107], dass sich zur Optimierung von PSTs und HGÜ-VSCs die Mutationsstrategien beim erreichten Fitnesswert *fitness* nicht unterscheiden. Unterschiede ergeben sich bei der benötigten Berechnungszeit und der Iterationsanzahl bis zum Erreichen eines Abbruchkriteriums. Im Rahmen dieser Arbeit wird die Mutationsstrategie DE/best/1/exp verwendet, da sie in [107] zu den schneller iterierenden Mutationsstrategien gehört.

Um die Diversität der Nachfolgegeneration weiter zu erhöhen, erfolgt die Kreuzung der Eigenschaften der Elterngeneration mit den Eigenschaften der Nachfolgegeneration. Dabei werden die verschiedenen Eigenschaften mithilfe der Kreuzungsrate *CR* (crossing rate) zusammengeführt, die einen Wert im Intervall [0;1] annehmen kann. Liegt eine Zufallszahl r aus dem Bereich [0;1] unterhalb von *CR*, wird die Eigenschaft des Mutationsvektors $v_{i,G+1}$ in den neugebildeten Trialvektor $u_{i,G+1}$ übernommen. Bei einer Zufallszahl oberhalb von *CR* erfolgt entsprechend die Übernahme der Eigenschaft aus dem Elternvektor $u_{i,G}$. Mathematisch ist diese Bildungsvorschrift für den Trialvektor $u_{i,G+1}$ in Gleichung (3.33) dargestellt.

$$u_{i,G+1} = \begin{cases} v_{i,G+1} & \text{wenn}\left(r \in [0;1] \leq CR\right) \\ u_{i,G} & \text{sonst} \end{cases} \tag{3.33}$$

In Abb. 3.8 ist die genannte Bildung des Trialvektors $u_{i,G+1}$ bildhaft für das Individuum i mit sechs zu optimierenden Eigenschaften dargestellt.

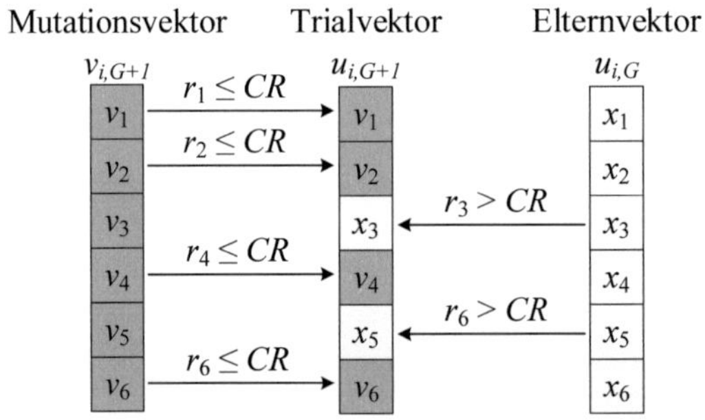

Abb. 3.8: Bildung des Trialvektors durch Kreuzung

Nach Abschluss der Mutation und der Kreuzung erfolgen ausgehend von der Zielfunktion in Gleichung (3.25) die Bestimmung des Fitnesswertes sowie ein Vergleich der Fitnesswerte von Eltern- und Nachfolgegeneration. Bei der anschließenden Selektion wird die Nachfolgegeneration mit ihren Eigenschaften übernommen, falls deren Fitnesswert *fitness* besser ist (siehe Gleichung (3.34)). Ist dies nicht der Fall. werden die Elterngeneration und die dazugehörigen Eigenschaften beibehalten [100].

$$u_{i,G+1} = \begin{cases} u_{i,G+1} & \text{wenn}\left(\mathit{fitness}(u_{i,G+1}) < \mathit{fitness}(u_{i,G})\right) \\ u_{i,G} & \text{sonst} \end{cases} \tag{3.34}$$

Dieses Zusammenspiel aus Mutation, Kreuzung und Selektion wird solange fortgeführt, bis eines der Abbruchkriterien erfüllt ist. Dies ist zum einen die Erreichung des minimalen Fitnesswertes $\mathit{fitness} = \text{Null}$ oder zum anderen die Erreichung einer Maximalanzahl an Optimierungsiterationen.

Weiterhin wird die Optimierung beendet, wenn sich die Fitness in den letzten k Iterationen unterhalb einer Toleranzgrenze verbessert hat.

Zusammenfassend ist der Optimierungsprozess zur Vorausberechnung der optimalen PST- und HGÜ-VSC-Sollwerte in der folgenden Abb. 3.9 visualisiert.

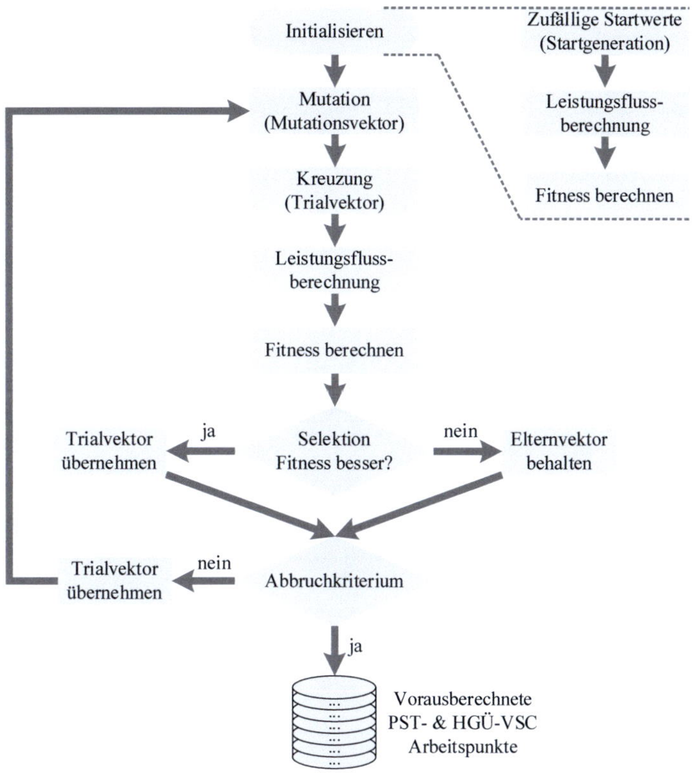

Abb. 3.9: Schematische Darstellung des Differential Evolution Optimierungsverfahrens zur Vorausberechnung der optimalen PST- und HGÜ-VSC-Sollwerte

3.4 Netzbetriebsführung: Anpassungen im Onlinebetrieb

In der Netzbetriebsführung zeigt sich, dass die prognostizierten Wirkleistungsflüsse von den tatsächlichen physikalischen Wirkleistungsflüssen abweichen können, wodurch wiederum Netzüberlastungen möglich sind [49]. Um einen sicheren Netzbetrieb auch bei ungeplanten Wirkleistungsflussänderungen gewährleisten zu können, werden in den folgenden Abschnitten verschiedene Methoden zur Anpassung der PST- und HGÜ-VSC-Arbeitspunkte im Onlinebetrieb vorgestellt. Die Einteilung der Methoden erfolgt anhand der Leistungsflussänderungsursachen, zum einen in klar identifizierbare und zum anderen in nicht identifizierbare Ursachen. Dies hat den Vorteil, dass bei klar identifizierbaren Wirkleistungsflussänderungen vorausberechnete korrektive Arbeitspunkte einstellbar sind, die anhand einer gesamtheitlichen Optimierung aller PFCDs bestimmt werden. Dabei wird ein Security Constrained Optimal Power Flow (SCOPF) eingesetzt. Im Falle einer ungeplanten Wirkleistungsflussänderung im Onlinebetrieb, die nicht eindeutig einer Ursache zugeordnet werden kann, erfolgen dagegen lokale Anpassungsmaßnahmen, um eine zeitintensive Gesamtkoordinierung zu vermeiden und trotzdem einen schnellen Beitrag zur Unterstützung bzw. Entlastung des AC-Netzes leisten zu können. Dementsprechend unterteilt sich das Netzbetriebsführungsverfahren im Onlinebetrieb in vier Verfahren:

- Einstellen der vorausberechneten OPF-Arbeitspunkte, wenn die physikalischen den geplanten Wirkleistungsflüssen entsprechen
- Vorausberechnung (SCOPF) und Einstellen korrektiver Arbeitspunkte bei klar identifizierbaren Wirkleistungsflussänderungen
- lokale Anpassungsmethode für PST bei nicht-identifizierbaren Wirkleistungsflussänderungen
- lokale Anpassungsmethode für HGÜ-VSC bei nicht-identifizierbaren Wirkleistungsflussänderungen

Der sich daraus ergebende Entscheidungsbaum bei der Verfahrensintegration in ein Leitsystem ist in Abb. 3.10 visualisiert. Die drei genannten Methoden zur Arbeitspunktanpassung bei ungeplanten Wirkleistungsflussänderungen sind dunkelgrau eingefärbt. Weiterhin ist durch unterschiedlich eingefärbte Pfeile der Ort der Arbeitspunktanpassungsbestimmung hervorgehoben. So werden die Arbeitspunkte beim OPF- und SCOPF-Verfahren zentral bestimmt (gestrichelte Pfeile), während bei der lokalen Anpassung die Arbeitspunkte lokal an den Betriebsmitteln bestimmt werden (schwarze Pfeile).

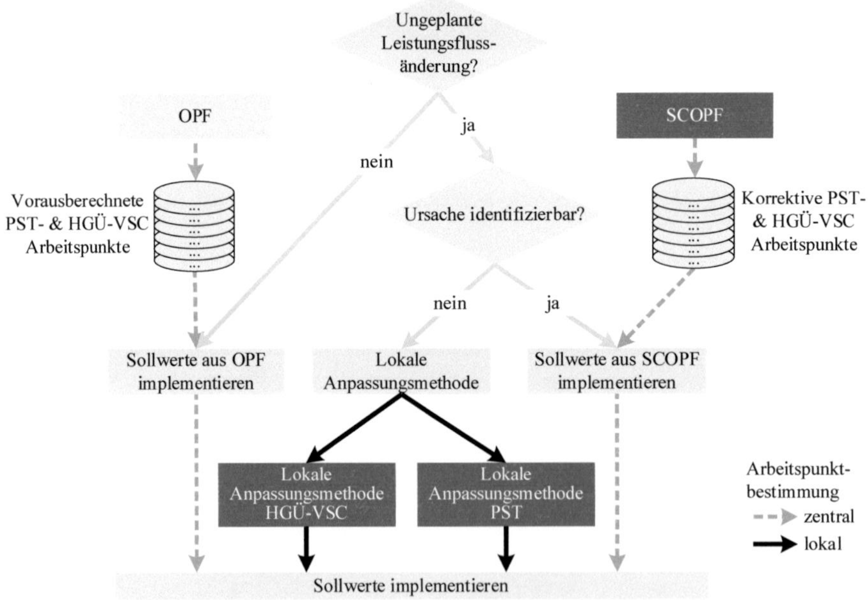

Abb. 3.10: Entscheidungsbaum von PST- und HGÜ-VSC-Arbeitspunktanpassungen im Onlinebetrieb

In den nachfolgenden Abschnitten erfolgt die Vorstellung der Ursachen für ungeplante Wirkleistungsflussänderungen. Weiterhin wird eine Methode zur Erfassung und Identifikation von Wirkleistungsflussänderungen erläutert sowie auf die zuvor genannten Anpassungsmethoden von PST- und HGÜ-VSC-Arbeitspunkten im Onlinebetrieb eingegangen.

3.4.1 Ursachen für ungeplante Leistungsflussänderungen

Als Einflussfaktoren, die zu ungeplanten Leistungsflussabweichungen im eigenen oder benachbarten Netz führen können, sind unter anderem zu nennen:

- Kraftwerks- und Lastausfälle
- ungeplante Schaltmaßnahmen oder Betriebsmittelausfälle
- Lastprognosefehler
- Prognosefehler bei der Einspeisung aus dargebotsabhängigen Energiequellen

Ungeplante Kraftwerks- oder Lastausfälle führen zu einer Unter- bzw. Überspeisung des Netzes. Das resultierende Ungleichgewicht zwischen Erzeugung und Last muss durch den Abruf von Regelleistung beseitigt werden, wodurch sich die Leistungsflüsse ändern [109], [110]. Ebenso besteht die Möglichkeit, dass weitere Betriebsmittel, wie beispielsweise Transformatoren, Kabel und Freileitungen, ungeplant ausfallen. Diese Ausfälle verursachen eine Änderung der Netztopologie und dementsprechend eine Anpassung der Wirkleistungsflüsse. Einen weiteren Einfluss auf die Netztopologie haben ungeplante Schaltmaßnahmen im eigenen oder im benachbarten Netz. Gründe hierfür können zum Beispiel Schutzauslösungen bei einer Störung sein.

Lastprognosefehler bezeichnen Abweichungen von der mit Standardlastprofilen prognostizierten Last [111] vom tatsächlichen, mittleren Viertelstundenwert der Last [109], [110], [112]. Weiterhin ist die Verfügbarkeit der volatilen Energieeinspeisung durch Wind- und Photovoltaikanlagen weder steuerbar noch exakt prognostizierbar. Dies kann zu Prognosefehlern und somit zu Bilanzungleichgewichten führen, die wiederum den Einsatz von Regelenergie notwendig machen und somit die Wirkleistungsflüsse verändern [109], [110].

Alle diese genannten Gründe für Wirkleistungsflussänderungen können je nach Lage des ausgefallenen Betriebsmittels, der Höhe der Prognoseabweichung usw. einen unterschiedlichen Einfluss auf die Wirkleistungsflüsse ausüben. Dabei beeinflussen Prognosefehler die Last- und Einspeisesituation meist an mehreren Netzknoten. Beispielhaft ist hier die Prognose einer starken Windfront für den Folgetag zu nennen, die bereits einige Stunden früher ihre maximale Windgeschwindigkeit und somit die maximale Windenergieeinspeisung erreicht. Dies hat zur Folge, dass sich die physikalischen Wirkleistungsflüsse gegenüber den geplanten großflächig unterscheiden. Eine Prognose bzw. Abschätzung dieser ungeplanten Wirkleistungsflussänderungen und somit eine Vorausberechnung korrektiver PFCD-Arbeitspunkte ist kaum möglich.

Die Auswirkungen eines Leitungs- oder Umrichterausfalls können auch großflächige Wirkleistungsflussänderungen hervorrufen. Gleichzeitig ist hier die Ursache für diese Änderungen eindeutig identifizierbar, so dass für diese Fälle neue korrektive PFCD-Arbeitspunkte im Voraus bestimmt werden können. Dabei ist eine Orientierung an der Ausfallliste aus der (n-1)-Sicherheitsrechnung möglich, die zum Beispiel jeden möglichen Betriebsmittelausfall in der Planung berücksichtigt. Entscheidend für die Zuordnung eines möglichen Betriebsmittelausfalls zu der Klasse der klar identifizierbaren Ursachen sind die schnelle Erkennung von ungeplanten Wirkleistungsflussänderungen und die eindeutige Identifikation der Ursache. Ein mögliches Verfahren zur Detektion von ungeplanten Wirkleistungsflussänderungen sowie zur Identifikation der Ursache wird im nachfolgenden Abschnitt vorgestellt.

3.4.2 Methode zur Erfassung und Identifikation von Wirkleistungsflussänderungen

Die Erfassung der unvorhergesehenen Wirkleistungsflussänderungen erfolgt mithilfe von Phasor Measurement Units (PMU), die die komplexen Werte von Strom und Spannung mit einem GPS-getriggerten Zeitstempel versehen und somit eine Bestimmung der Spannung- und Stromphasenlagen zwischen verschiedenen Netzpunkten ermöglichen [84]. Die Synchronisation mehrerer PMUs ermöglicht es, die Messwerte zentral als Teil eines WAMS zu sammeln und zur Auswertung an ein SCADA-System weiterzuleiten [85].

Um sicherzustellen, dass ungeplante Wirkleistungsflussänderungen auf den Interkonnektoren zu benachbarten Regelzonen sowie auf den steuerbaren PST-Leitungen detektiert werden können, erfolgt im Rahmen des vorgestellten Ansatzes der Einsatz von PMUs an folgenden Netzknoten:

- PMUs an Netzknoten mit angeschlossenen Interkonnektoren zwischen zwei Regelzonen
- PMUs an Netzknoten mit angeschlossenen PST-Leitungen
- PMUs an Netzknoten mit angeschlossenen HGÜ-VSC-Umrichtern

Weiterhin ist durch die Platzierung von PMUs an den HGÜ-VSCs sichergestellt, dass ungeplante Wirkleistungsflussänderungen im AC-Netz parallel zu den HGÜ-Verbindungen identifizierbar und spezifische Anpassungen der HGÜ-VSCs möglich sind. Die entsprechende Platzierung der PMUs ist schematisch in Abb. 3.11 visualisiert.

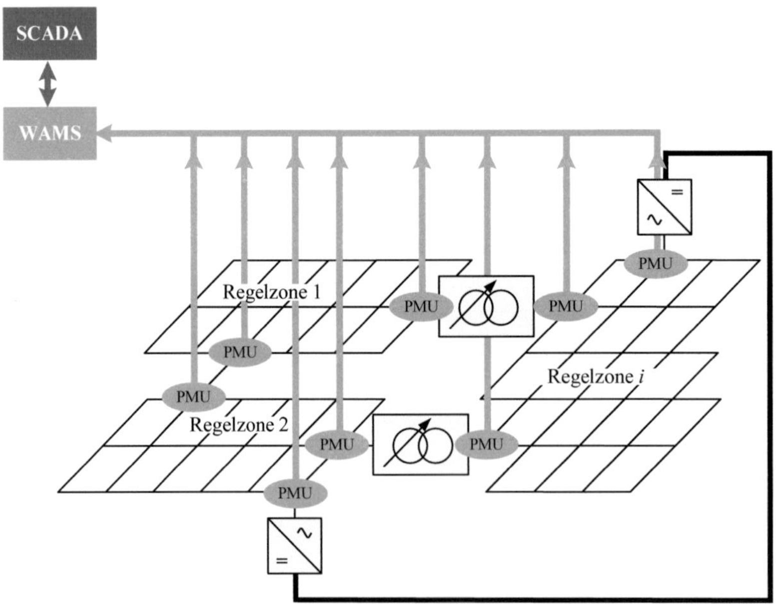

Abb. 3.11: Platzierung der PMUs

Die Erfassung der ungeplanten Wirkleistungsflussänderungen erfolgt mithilfe der PMUs durch die Messung der physikalischen Knotenspannungswinkel $\delta_{PMU,i}$ an den PMU-Netzknoten. Weichen diese gemessenen Knotenspannungswinkel $\delta_{PMU,i}$ von den geplanten Knotenspannungswinkeln $\delta_{Soll,i}$ innerhalb eines festgelegten Zeitintervalls Δt über ein erlaubtes Toleranzband hinaus ab (siehe Abb. 3.12), dann weichen auch die Wirkleistungsflüsse ab (siehe Abschnitt 2.2).

Die Höhe des Toleranzbandes orientiert sich an dem IEEE-Standard für PMUs [113]. In diesem wird ein einzuhaltender Zeitfehler von ±31 µs für ein 50 Hz System angegeben, was einem Phasenwinkelfehler von ±0,57° entspricht. Entsprechend erfolgt erst bei einer Abweichung von ±0,57° eine Anpassung der PST-Winkel, um mögliches Rauschen der gemessenen Knotenspannungswinkel nicht als Störung zu identifizieren. Das Zeitintervall Δt ist so zu wählen, dass nach einer Störung ein stationärer Zustand erreicht ist. Ist das Zeitintervall Δt zu kurz, könnte die Knotenspannungswinkeländerung vor einem stationären Zustand und somit als zu gering abgeschätzt werden. Im Falle eines zu lang gewählten Zeitintervalls Δt würde wertvolle Zeit verloren gehen, um auf eine Änderung des Knotenspannungswinkels zu reagieren. In [114] und [115] werden als optimales Zeitintervall Δt 1,33 Sekunden angegeben.

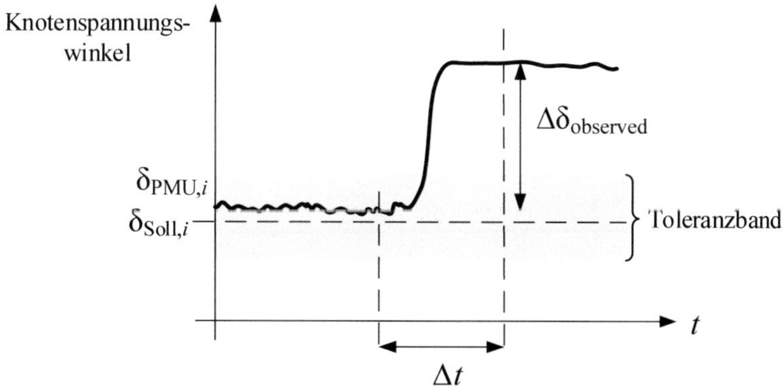

Abb. 3.12: Detektion der Knotenspannungswinkelabweichung

Somit ergibt sich je nach Anzahl K der PMUs ein Vektor $\Delta\delta_{\text{observed}}$ mit den beobachteten Knotenspannungswinkelabweichungen $\Delta\delta_{\text{PMU},i}$.

$$\Delta\boldsymbol{\delta}_{observed} = \begin{bmatrix} \Delta\delta_{\text{PMU},1} \\ \Delta\delta_{\text{PMU},2} \\ \cdots \\ \Delta\delta_{\text{PMU},K} \end{bmatrix} \tag{3.35}$$

Zur Bestimmung dieser beobachteten Knotenspannungswinkelabweichung erfolgt ein Abgleich der Plan- und Ist-Knotenspannungswinkel, sowohl zentral in der WAMS nachgelagerten Analyseeinheit als auch lokal an den einzelnen PMUs. Zu diesem Zweck werden die im DACF/IDCF-Prozess berechneten Knotenspannungswinkel $\delta_{\text{Soll},i}$ lokal in einer Analyseeinheit an den PMUs im zyklischen Verfahren hinterlegt. Dementsprechend können bei Auftritt einer nicht-identifizierbaren Wirkleistungsflussänderung die lokalen Anpassungsmethoden (siehe Abschnitt 3.4.4 und Abschnitt 3.4.53.4.4) auf die lokal hinterlegten Plan-Knotenspannungswinkel zugreifen, eine Abweichung dezentral bestimmen und dezentral reagieren. Diese lokale Anpassung wird nur vorgenommen, wenn die ungeplanten Wirkleistungsflussänderungen keiner Ursache klar zugeordnet werden können und somit keine zentral vorausbestimmten korrektiven Arbeitspunkte einstellbar sind.

Eine eindeutige Detektion von Leitungsausfällen und somit von den angesprochenen klar identifizierbaren Ursachen für ungeplante Wirkleistungsflussänderungen ist ebenfalls mithilfe der PMUs möglich. Das dafür notwendige Verfahren wird in [114], [115] beschrieben und nutzt neben den PMU-Messdaten nur Daten zur Netztopologie sowie zu den Leitungsadmittanzen. Weiterhin wird angenommen, dass sich das Netz zum Zeitpunkt der Detektion wieder in einem stationären Zustand befindet.

Die Methodik aus [114], [115] sieht vor, dass anhand der aktuellen Netztopologie die resultierenden Knotenspannungswinkeländerungen an den PMUs nach Eintritt jedes möglichen Leitungsausfalls l berechnet werden. Somit ergibt sich für jeden Leitungsausfall l ein bestimmter Vektor an berechneten Knotenspannungswinkeländerungen $\Delta\boldsymbol{\delta}_{\mathrm{calculated},l}$, der mit dem beobachteten Vektor $\Delta\delta_{\mathrm{observed}}$ zu vergleichen ist. Der berechnete Vektor eines Leitungsausfalls, der dann mit dem beobachteten am besten übereinstimmt, identifiziert die Nummer der in der Realität ausgefallenen Leitung. In dem in Abb. 3.13 dargestellten Beispiel ist dies die Leitung 2, da die berechnete Knotenspannungswinkeländerung $\Delta\boldsymbol{\delta}_{\mathrm{calculated},2}$ am ehesten der beobachteten $\Delta\boldsymbol{\delta}_{\mathrm{observed}}$ entspricht.

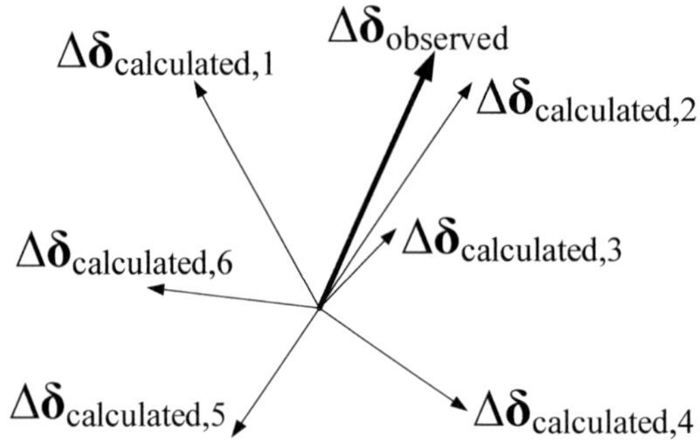

Abb. 3.13: Bestimmung des Knotenspannungswinkeländerungsvektors, der dem beobachteten Ereignis am besten entspricht

Die sich auf Basis der Berechnung ergebenden Knotenspannungswinkeländerungen $\Delta\delta_{\mathrm{calculated},l}$ lassen sich unter den vereinfachenden Annahmen der DC-Leistungsflussberechnung allein aus der inversen Suszeptanzmatrix $\boldsymbol{B}^{-1}$ des aktuellen Netzes, einer PMU-Identifizierungsmatrix $\boldsymbol{K}$ und einem Einspeisevektor berechnen.

Die PMU-Identifizierungsmatrix $\boldsymbol{K}$ gibt die Position der PMUs im Netz an und ist eine $K\times N$-Matrix, wobei K die Anzahl der PMU-Knoten und N die Anzahl der Netzknoten widerspiegeln. Die in Gleichung (3.36) angegebene Matrix $\boldsymbol{I}$ ist die $K\times K$ Identifizierungsmatrix und die Matrix $\boldsymbol{0}$ ist eine $K\times(N\text{-}K)$ Nullmatrix.

$$\boldsymbol{K} = \begin{bmatrix} \boldsymbol{I}_{K\times K} & \boldsymbol{0}_{K\times(N-K)} \end{bmatrix} \tag{3.36}$$

Der Ausfall der betrachteten Leitung wird durch gleiche, aber gegensinnige Einspeisungen P_l an dem Start- und Endknoten der Leitung simuliert. In Gleichung (3.37) ist dies durch die Werte $P_{l,\mathrm{start}}$ und $P_{l,\mathrm{end}}$ dargestellt, die in dem Vektor mit der Länge $N\times 1$ an der Position des Start- und des Endknotens der betrachteten Leitung eingefügt sind. Alle anderen Werte dieses Spaltenvektors sind Null, was durch den Wert $[\boldsymbol{0}]$ dargestellt ist.

$$\Delta\boldsymbol{\delta}_{calculated,l} = \boldsymbol{K} \cdot \boldsymbol{B}^{-1} \cdot \begin{bmatrix} [\boldsymbol{0}] \\ P_{l,\text{end}} \\ [\boldsymbol{0}] \\ -P_{l,\text{start}} \\ [\boldsymbol{0}] \end{bmatrix} \tag{3.37}$$

$$\Delta\boldsymbol{\delta}_{calculated,l} = P_l \cdot \boldsymbol{K} \cdot \boldsymbol{B}^{-1} \cdot \begin{bmatrix} [\boldsymbol{0}] \\ 1 \\ [\boldsymbol{0}] \\ -1 \\ [\boldsymbol{0}] \end{bmatrix} \tag{3.38}$$

Wie in Gleichung (3.38) zu sehen, sind die Veränderungen der Knotenspannungswinkel linear abhängig von der transportierten Leistung P_l auf der Leitung l. Erfolgt nun eine Normierung der beobachteten $\Delta\boldsymbol{\delta}_{\text{observed},l}$ und berechneten $\Delta\boldsymbol{\delta}_{\text{calculated},l}$ Knotenspannungswinkeländerungen, können diese unabhängig vom Wirkleistungsfluss miteinander verglichen werden. Dazu wird in [114], [115] eine *Normalized Angle Distance* (NAD) eingeführt und wie folgt berechnet:

$$NAD_l = \min \begin{cases} \left\| \dfrac{\Delta\delta_{observed}}{\left\|\Delta\delta_{observed}\right\|} - \dfrac{\Delta\delta_{calculated}}{\left\|\Delta\delta_{calculated}\right\|} \right\| \\ \left\| \dfrac{\Delta\delta_{observed}}{\left\|\Delta\delta_{observed}\right\|} + \dfrac{\Delta\delta_{calculated}}{\left\|\Delta\delta_{calculated}\right\|} \right\| \end{cases} \tag{3.39}$$

Nach Bestimmung der *NAD* für jeden möglichen Leitungsausfall, in Bezug zu den beobachteten Knotenspannungswinkeländerungen, wird anschließend die Leitung l mit der minimalen *NAD* ermittelt, die entsprechend der Ähnlichkeit zwischen den berechneten und beobachteten Spannungswinkeländerungen als ausgefallene Leitung l identifiziert wird. Eine schematische Darstellung der *NAD* ist in Abb. 3.14 abgebildet.

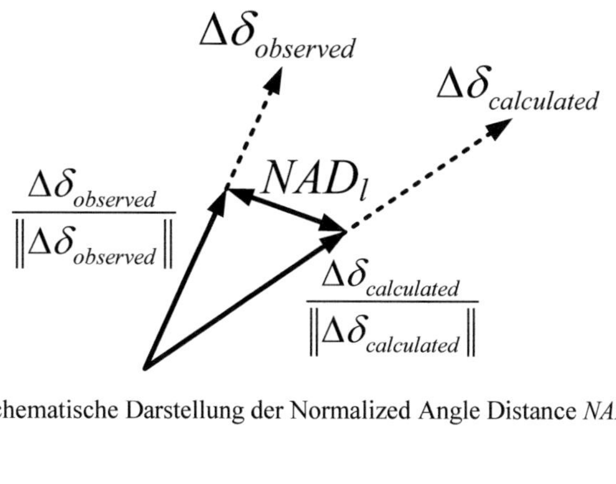

Abb. 3.14: Schematische Darstellung der Normalized Angle Distance *NAD*

3.4.3 Methode zur korrektiven Anpassung von PST und HGÜ-VSC bei klar identifizierbaren Leistungsflussänderungen

Insbesondere bei Ausfällen von stark ausgelasteten Betriebsmitteln und einer sich dadurch neu ergebenden Topologie des Gesamtsystems (AC-Netz und HGÜ-Verbindungen) ist eine Gesamtkoordinierung unter Berücksichtigung der neuen Topologie und aller Betriebsmittelgrenzen erforderlich. Diese Betriebsmittelausfälle verursachen teilweise große Wirkleistungsflussänderungen und bedürfen aufgrund dessen einer regelzonenübergreifend koordinierten Anpassungsstrategie.

Mit der in Abschnitt 3.4.2 gezeigten Methode lassen sich die Ausfälle von AC- und DC-Leitungen anhand ihres Fehlerbildes identifizieren und somit gezielt korrektive Maßnahmen ausführen. Korrektive Maßnahmen beschreiben die Korrektur der PFCD-Arbeitspunkte nach einem Betriebsmittelausfall im Netz, wobei die korrektiven Arbeitspunkte bereits im Voraus bestimmt werden.

Somit ähnelt der korrektive Ansatz der Day-Ahead- und Intraday-Optimierung der PFCD-Arbeitspunkte aus dem Abschnitt 3.3, mit dem Unterschied, dass für jedes Optimierungsintervall eine Vielzahl an möglichen Lösungen zu bestimmen ist. Die Anzahl der zu berechnenden korrektiven Arbeitspunkte richtet sich an der Anzahl der zu berücksichtigenden Betriebsmittelausfälle. Klassischerweise kann eine Netzausfallanalyse ((n-1)-Analyse) durchgeführt werden, um die beschriebenen Ausfälle zu erfassen.

Mithilfe dieser Liste kritischer Betriebsmittelausfälle ist es möglich, für jeden Betriebsmittelausfall eine SCOPF-Berechnung durchzuführen [82]. Wie Abb. 3.15 zeigt, liegt der Fokus auf der Bestimmung neuer Arbeitspunkte für die PSTs und HGÜ-VSCs unter Beachtung der aus dem jeweiligen Betriebsmittelausfall resultierenden Netztopologie sowie der prognostizierten Einspeise- und Lastsituationen.

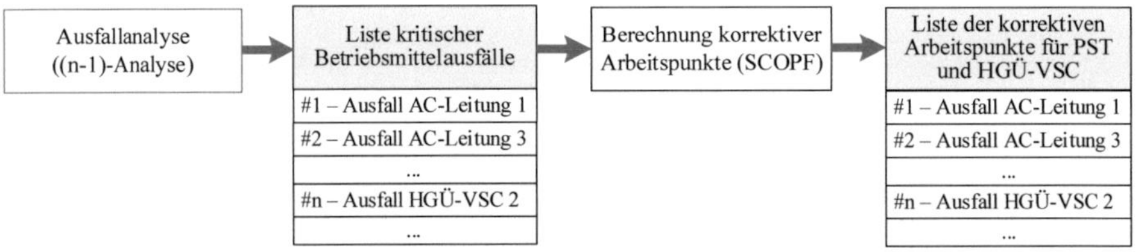

Abb. 3.15: SCOPF-Methode zur korrektiven Arbeitspunktbestimmung für PSTs und HGÜ-VSCs, in Anlehnung an [116]

Im Rahmen der SCOPF-Optimierung ist es das Ziel, korrektive Arbeitspunkte zu bestimmen, die im Betriebsmittelausfall zu einer Beseitigung möglicher auftretender Grenzwertverletzungen führen. Dabei erfolgt eine zentral koordinierte Optimierung der PFCD-Arbeitspunkte bei einer zentralen Instanz unter Verwendung der dort von den beteiligten ÜNBs hinterlegten Prognosedaten.

Ziel der Optimierung ist es, die aus dem kritischen Betriebsmittelausfall resultierenden Nebenbedingungsverletzungen zu korrigieren. Dementsprechend soll die Anpassung der beschriebenen PST- und HGÜ-VSC-Stellgrößen gerade so groß ausfallen, um die Grenzwertverletzungen der definierten Nebenbedingungen (siehe 3.1.2) aufzuheben. Diese Minimierung der Arbeitspunktänderung zwischen dem alten (vor dem Ausfall) und dem neuen (nach dem Ausfall) Sollwert entspricht mathematisch der bereits vorgestellten Gleichung (3.8). Somit ergibt sich die in Gleichung

(3.40) dargestellte Zielfunktion, die wiederum mithilfe des Differential Evolution Algorithmus aus Abschnitt 3.3 minimiert wird.

$$fitness(u) = g_1 \cdot F_{\Delta u}(u) + g_2 \cdot ST(u) \tag{3.40}$$

Das beschriebene Minimieren der Arbeitspunktkorrektur stellt zusätzlich sicher, das bereits durch Eintritt des Betriebsmittelausfalls angeregte System nicht noch zusätzlich durch ein starkes Anpassen der HGÜ-VSC-Wirkleistungen und PST-Stufenpositionen zu destabilisieren. Eine Überführung in ein neues Gesamtoptimum ist nach der korrektiven Herstellung eines zulässigen Systemzustandes durch eine weitere PFCD-Arbeitspunktanpassung möglich, die sich an den Zielfunktionen im Normalbetrieb orientiert. Die Vorberechnung der korrektiven Anpassung an zentraler Stelle vor Eintritt eines möglichen Betriebsmittelausfalls ermöglicht zudem eine frühe Abstimmung zwischen einzelnen ÜNBs im Falle Regelzonen-übergreifender HGÜ- und PST-Verbindungen oder weiterer systemrelevanter Aspekte.

Der Gesamtablauf der korrektiven Arbeitspunktberechnung (SCOPF), parallel zur vorausplanenden OPF-Berechnung, sowie die Einstellung der korrektiven Arbeitspunkte ist schematisch in Abb. 3.16 visualisiert.

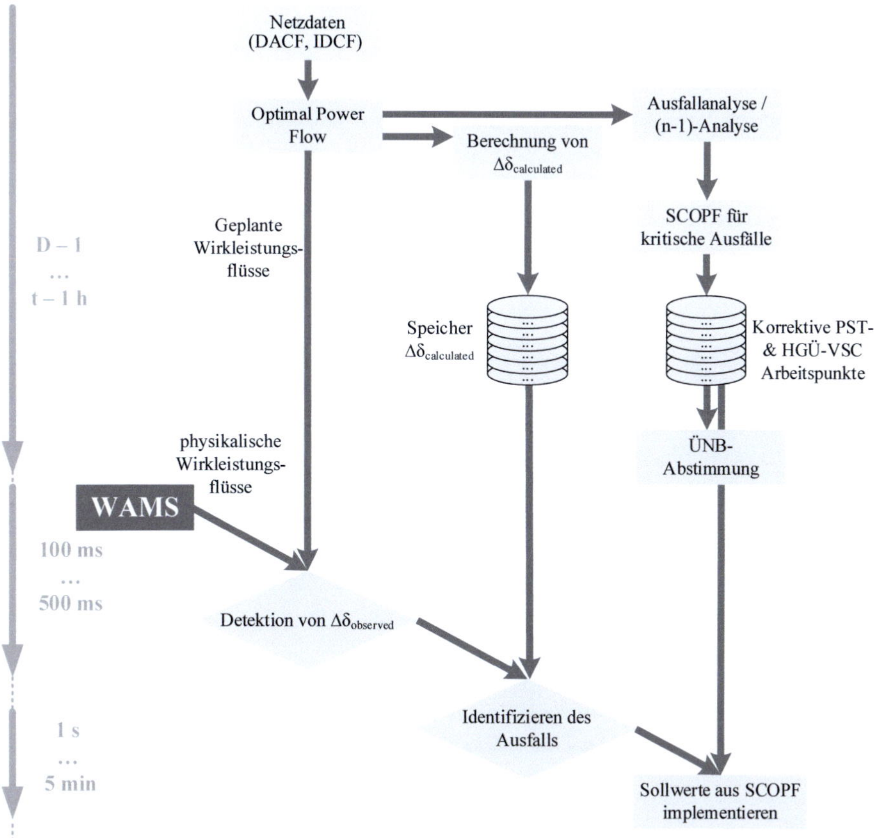

Abb. 3.16: Schema der SCOPF-Berechnung zur Bestimmung korrektiver Arbeitspunkte

3.4.4 Methode zur lokalen Anpassung von PSTs im Onlinebetrieb

Treten ungeplante Wirkleistungsflussänderungen auf und der Grund dafür ist nicht klar identifizierbar, ist eine Anpassung der PST-Sollwerte vorzunehmen. Eine vollständige OPF-Berechnung mit Berücksichtigung der neu auftretenden Lastsituation ist im Onlinebetrieb aufgrund des kommunikationsintensiven Datenaustausches zwischen verschiedenen ÜNBs und dem Berechnungsaufwand zeitlich im Minutenbereich anzusehen. Dementsprechend wird von einer regelzonenübergreifenden Optimierung abgesehen und vielmehr auf eine PST-Anpassung mit lokal vorhandenen Daten gesetzt, so dass sich die zu berücksichtigende Datenmenge und die Berechnungszeit auf den Sekundenbereich verringern.

Als Ausgangspunkt für die nachfolgend vorgestellte Methode werden die im DACF- und IDCF-Prozess anhand der in Abschnitt 3.3.2 definierten Zielfunktion ermittelten PST-Sollwerte und Wirkleistungsflüsse herangezogen. Ziel ist es, im Onlinebetrieb die geplanten Wirkleistungsflüsse auf PST-Interkonnektoren zwischen zwei Regelzonen zu gewährleisten. Weichen die Ist- von den Sollwirkleistungsflüssen ab, sind entsprechende Anpassungen vorzunehmen. Diese Zielvorgabe dient insbesondere der Einhaltung der geplanten Austauschleistungen und der Vermeidung von möglichen ungeplanten Transitflüssen durch benachbarte Regelzonen.

Um eine Berechnung von korrektiven PST-Sollwerten innerhalb von Sekunden zu ermöglichen, werden die Phase Shifter Distribution Factors (PSDF) verwendet [117]. Diese Faktoren stellen die Änderung des Phasenwinkels an einem PST in Verbindung mit den Veränderungen der Wirkleistungsflüsse auf den Leitungen im Netzgebiet dar. Dabei gibt der Faktor explizit an, wie sich die Leistungsflüsse Δp auf den einzelnen Leitungen verändern, wenn sich der PST-Winkel um 1° ändert [117], [118]. Die PSDFs sind beispielhaft für ein Testnetz in Abb. 3.17 angegeben, wobei anzumerken ist, dass weder die Einspeisung noch die Last verändert wird. Lediglich die Einkopplung eines Zusatzwinkels führt zu einer Änderung der Wirkleistungsflüsse.

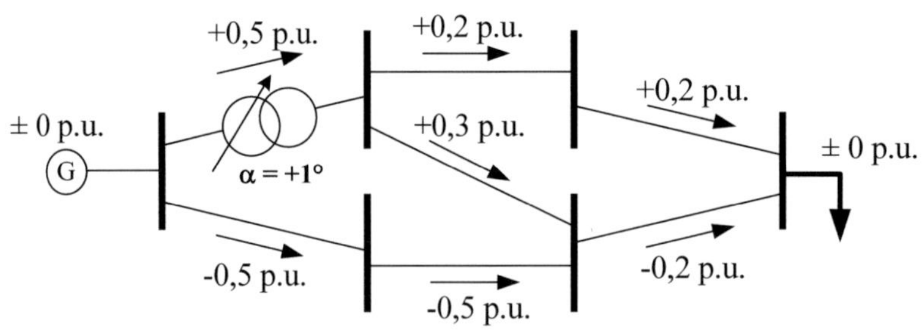

Abb. 3.17: Phase Shifter Distribution Factor an einem Beispielnetz

Die PSDFs ergeben sich aus der vereinfachten DC-Leistungsflussberechnung und sind somit Näherungswerte bezüglich der tatsächlichen Wirkleistungsflussänderungen. Die entsprechende Berechnung der PSDFs sind in den Gleichungen (3.41) und (3.42) angegeben. Dabei beschreibt Gleichung (3.41) die Berechnung des PSDFs für die Leitung (i,j), auf der der PST integriert ist, während die Gleichung (3.42) die PSDFs für alle anderen Leitungen (p,q) ohne PST berechnet.

$$PSDF_{\alpha ij}^{ij} = \frac{\Delta p_{ij}}{\Delta \alpha_{ij}} = B_{ij}\left(1 + B_{ij}\left(2 \cdot C_{ij} - C_{ii} - C_{jj}\right)\right) \tag{3.41}$$

$$PSDF_{\alpha ij}^{pq} = \frac{\Delta p_{pq}}{\Delta \alpha_{ij}} = B_{pq} \cdot B_{ij}\left(C_{pj} - C_{pi} + C_{qi} - C_{qj}\right) \tag{3.42}$$

Die PSDFs sind zum einen von der Suszeptanz B_{ij} der Leitung mit integrierten PST und der Suszeptanz B_{pq} der Leitung, für die der PSDF berechnet wird, abhängig. Diese Werte können aus der Suszeptanzmatrix $\boldsymbol{B}$ des betrachteten Netzes ermittelt werden. Weiterhin finden die entsprechenden Elemente der Matrix $\boldsymbol{C}$ Berücksichtigung. Die Matrix $\boldsymbol{C}$ ist die inverse der Suszeptanzmatrix $\boldsymbol{B}$, in der zuvor die Zeile und Spalte des Slackknotens entfernt wurden. Erst dieser Schritt ermöglicht die Invertierung der zuvor singulären Matrix. Nach Invertierung erfolgt das Einfügen einer Nullzeile und -spalte an entsprechender Position des Slackknotens [44].

Mit den berechneten PSDFs können anschließend die Wirkleistungsflüsse p auf den Leitungen in Abhängigkeit von PST-Winkel α_{ij} bestimmt werden. Dazu wird der Wirkleistungsfluss p_0 bei PST-Winkel in Neutralstellung ($\alpha = 0°$) mit dem Produkt aus PSDF und PST-Winkel addiert.

$$p_{ij} = p_{ij,0} + \alpha_{ij} \cdot PSDF_{\alpha ij}^{ij} \tag{3.43}$$

$$p_{pq} = p_{pq,0} + \alpha_{ij} \cdot PSDF_{\alpha ij}^{pq} \tag{3.44}$$

Sind in einem Netz mehrere PSTs integriert, ist es möglich, dass sich deren Wirkungen überlagern. Dies wird berücksichtigt, in dem die PSDFs jedes PSTs mit dem entsprechenden PST-Winkel und dem Wirkleistungsfluss p_0 (alle PST-Winkel in Neutralstellung) aufsummiert werden. Die Indexierung für die zusätzlichen Leitungen mit integrierten PSTs ist in den Gleichungen (3.45) und (3.46) durch die Anfangsknoten k und die Endknoten l angegeben.

$$p_{ij} = p_{ij,0} + \alpha_{ij} \cdot PSDF_{\alpha ij}^{ij} + \sum_{\substack{(k,l) \\ (k,l) \neq (i,j)}} \alpha_{kl} \cdot PSDF_{\alpha kl}^{ij} \tag{3.45}$$

$$p_{pq} = p_{pq,0} + \sum_{(k,l)} \alpha_{kl} \cdot PSDF_{\alpha kl}^{pq} \tag{3.46}$$

Somit trägt jeder zusätzliche PST einen Beitrag zum resultierenden Wirkleistungsfluss über eine Leitung bei. Diese Änderung des Wirkleistungsflusses ist unter den vereinfachten DC-Leistungsflussannahmen von der Netztopologie und dem PST-Phasenwinkel, und nicht von der Einspeisesituation abhängig [44].

Abb. 3.18 zeigt beispielhaft drei Regelzonen, die durch drei Interkonnektoren mit integrierten PSTs verbunden sind. Ausgehend von den gezeigten Gleichungen (3.45) und (3.46) lässt sich aus dem Produkt von PSDF und Winkeländerung $\Delta\alpha$, aufsummiert über alle PSTs, die resultierende Wirkleistungsflussänderung Δp auf der Leitung berechnen. In den folgenden Gleichungen (3.47) bis (3.49) ist dies für die wechselseitige Beeinflussung der drei PSTs zwischen der RZ A und der RZ B bzw. der RZ C dargestellt.

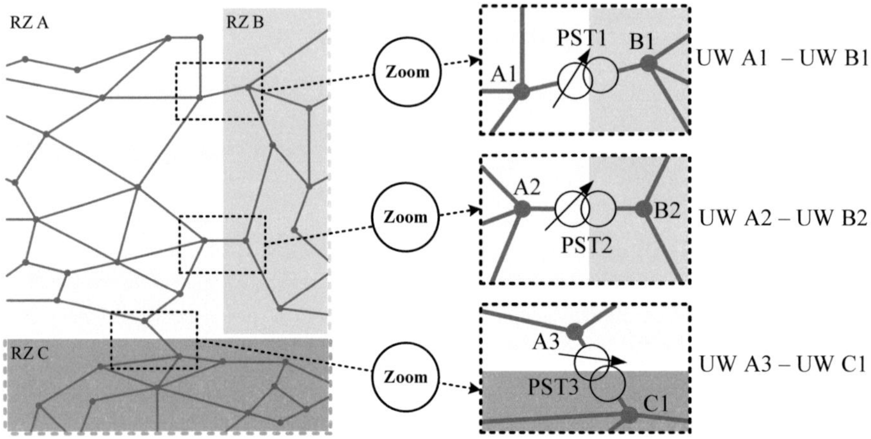

Abb. 3.18: Abbildung der PST-Interkonnektoren inklusive der Umspannwerksnamen zwischen drei Regelzonen

Interkonnektor von UW A1 (RZ A) zu UW B1 (RZ B)

$$\Delta\alpha_{\mathrm{PST1}} \cdot PSDF_{\mathrm{A1\text{-}B1}}^{\mathrm{PST1}} + \Delta\alpha_{\mathrm{PST2}} \cdot PSDF_{\mathrm{A1\text{-}B1}}^{\mathrm{PST2}} + \Delta\alpha_{\mathrm{PST3}} \cdot PSDF_{\mathrm{A1\text{-}B1}}^{\mathrm{PST3}} = \Delta p_{\mathrm{A1\text{-}B1}} \tag{3.47}$$

Interkonnektor von UW A2 (RZ A) zu UW B2 (RZ B)

$$\Delta\alpha_{\mathrm{PST1}} \cdot PSDF_{\mathrm{A2\text{-}B2}}^{\mathrm{PST1}} + \Delta\alpha_{\mathrm{PST2}} \cdot PSDF_{\mathrm{A2\text{-}B2}}^{\mathrm{PST2}} + \Delta\alpha_{\mathrm{PST3}} \cdot PSDF_{\mathrm{A2\text{-}B2}}^{\mathrm{PST3}} = \Delta p_{\mathrm{A2\text{-}B2}} \tag{3.48}$$

Interkonnektor von UW A3 (RZ A) zu UW C1 (RZ C)

$$\Delta\alpha_{\mathrm{PST1}} \cdot PSDF_{\mathrm{A3\text{-}C1}}^{\mathrm{PST1}} + \Delta\alpha_{\mathrm{PST2}} \cdot PSDF_{\mathrm{A3\text{-}C1}}^{\mathrm{PST2}} + \Delta\alpha_{\mathrm{PST3}} \cdot PSDF_{\mathrm{A3\text{-}C1}}^{\mathrm{PST3}} = \Delta p_{\mathrm{A3\text{-}C1}} \tag{3.49}$$

Je nach Anzahl der PSTs im betrachteten Netz lassen sich die linearen Gleichungen entsprechend fortsetzen. Für dieses Beispiel ergibt sich in Matrixschreibweise zusammenfassend Gleichung (3.50). Die PSDF-Matrix besteht aus einer $[n \times n]$-Matrix mit der Anzahl der PSTs n_{PST} als Dimension.

$$PSDF \cdot \begin{bmatrix} \Delta\alpha_{\mathrm{PST1}} \\ \Delta\alpha_{\mathrm{PST2}} \\ \Delta\alpha_{\mathrm{PST3}} \end{bmatrix} = \begin{bmatrix} \Delta p_{\mathrm{A1\text{-}B1}} \\ \Delta p_{\mathrm{A2\text{-}B2}} \\ \Delta p_{\mathrm{A3\text{-}C1}} \end{bmatrix} \tag{3.50}$$

Wird Gleichung (3.50) entsprechend nach $\Delta\alpha$ umgestellt (siehe Gleichung (3.51)), können bei einer Abweichung des Wirkleistungsflusses Δp auf den Interkonnektoren die PST-Winkel $\Delta\alpha$ berechnet werden, die zur Verringerung der Abweichungen Δp notwendig sind. In diesem Beispiel ergeben sich drei Gleichungen mit drei Unbekannten.

$$\begin{bmatrix} \Delta\alpha_{\mathrm{PST1}} \\ \Delta\alpha_{\mathrm{PST2}} \\ \Delta\alpha_{\mathrm{PST3}} \end{bmatrix} = PSDF^{-1} \cdot \begin{bmatrix} \Delta p_{\mathrm{A1\text{-}B1}} \\ \Delta p_{\mathrm{A2\text{-}B2}} \\ \Delta p_{\mathrm{A3\text{-}C1}} \end{bmatrix} \tag{3.51}$$

Die Lösung des linearen Gleichungssystems ergibt die entsprechenden PST-Winkeländerungen zur Verminderung bzw. Beseitigung der Abweichung zwischen geplanten und physikalischen Interkonnektoren-Wirkleistungsflüssen. Diese PST-Werte werden anschließend gemäß den möglichen Stufungsschrittweiten der PSTs gerundet, da eine kontinuierliche Anpassung der Winkel in diesem Fall bei PSTs mit diskreten Laststufenschaltern nicht realisierbar ist. Durch das Runden der PST-Winkel kann die Abweichung zwischen Soll- und Ist-Austauschleistung nicht exakt auf null reduziert werden (siehe Abb. 3.19). Die Höhe der Abweichung kann dabei nicht genau beziffert werden, da dies von verschiedenen Faktoren abhängig ist. Je feingliedriger die Stufenanzapfungen im PST sind bzw. je geringer die Differenz zum nächstmöglichen einstellbaren PST-Winkel ist, desto geringer fallen die Rundungen der errechneten PST-Winkeländerung aus und die Abweichung kann auf ein Minimum gesenkt werden. Kleinere Abweichungen zwischen geplanten und physikalischen Wirkleistungsflüssen bleiben aufgrund der verwendeten vereinfachten DC-Leistungsflussberechnung bestehen.

Abb. 3.19 zeigt exemplarisch an einem Interkonnektor den geplanten Wirkleistungsfluss aus dem DACF-/IDCF-Prozess (gestrichelte Linie). Dieser Sollwert wird vom physikalischen Wirkleistungsfluss im Zeitbereich t_0 bis t_1 innerhalb des erlaubten Toleranzbereiches eingehalten. Kommt es im Zeitpunkt t_1 zu einer Abweichung, wird dies an den Interkonnektoren-PMUs erfasst. Mithilfe der vorgestellten Berechnungsvorschrift erfolgt eine Bestimmung der notwendigen PST-Winkeländerungen, um die Abweichung wieder innerhalb des definierten Toleranzbandes zurückzuführen. Dieser korrigierte PST-Sollwert wird entsprechend im Zeitpunkt t_2 eingestellt.

Im Falle mehrerer PSTs ist darüber hinaus eine koordinierte PST-Anpassung bei ungeplanten Wirkleistungsflüssen auf den Interkonnektoren notwendig, so dass sich einzelne PST-Anpassungen nicht negativ beeinflussen. Diesbezüglich ist es erforderlich, die erfassten Abweichungen zentral auszuwerten. Dies erfolgt mithilfe einer lokalen Erfassung der Wirkleistungsflüsse mittels PMUs. Dabei ist es notwendig, vor und nach den PSTs PMUs zu installieren, um mithilfe der Knotenwinkeldifferenz zwischen beiden Messpunkten die physikalischen Wirkleistungsflüsse bestimmen zu können. Die gemessenen physikalischen Wirkleistungsflüsse werden mit einem WAMS gesammelt und zur Auswertung an ein SCADA-System weitergeleitet. Dort erfolgt die Bestimmung der Abweichung zwischen gemessenen $p_{ij,\text{ist}}$ und zentral hinterlegten, im DACF-/IDCF-Prozess prognostizierten Wirkleistungsflüssen $p_{ij,\text{soll}}$.

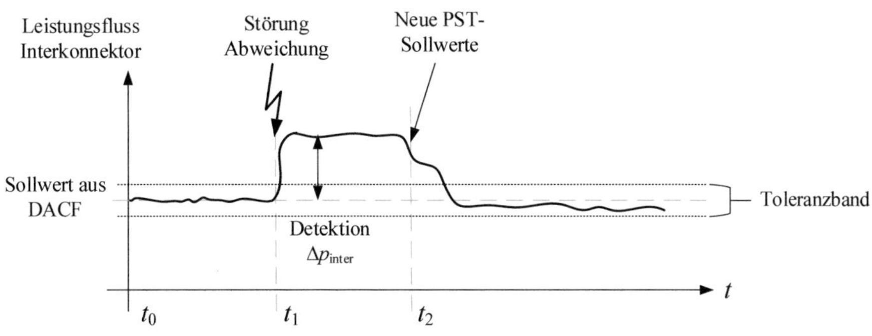

Abb. 3.19: Zentraler Ansatz zur PST-Anpassung

Im Falle einer Abweichung außerhalb des definierten Toleranzbandes erfolgt die Bestimmung der korrektiven PST-Sollwerte auf Basis der vorhandenen Wirkleistungsflussabweichung und der vorab berechneten PSDFs. Diese Faktoren berechnen sich aus der Knotenadmittanzmatrix des Netzes. Bei jedweder Änderung der Netztopologie müssen die PSDFs mit der aktualisierten Knotenadmittanzmatrix neu berechnet und im SCADA hinterlegt werden. Der Informationsfluss für den PSDF-Ansatz ist in Abb. 3.20 visualisiert.

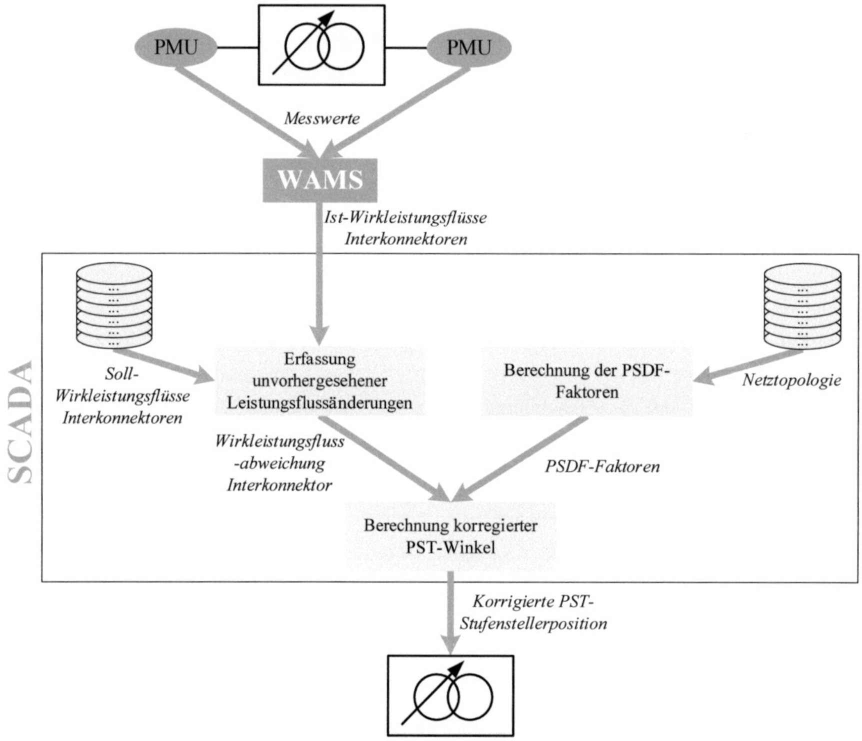

Abb. 3.20: Zentraler Informationsfluss beim PSDF-Ansatz

Im seltenen, aber möglichen Fall eines Auftretens von Mehrfachfehlern im Übertragungsnetz, zum Beispiel beim Ausfall mehrerer Leitungen, kann es zu großen unvorhergesehenen Wirkleistungsflussänderungen kommen. In diesem Fall ist eine Anpassung der Wirkleistungsflussvorgaben für die Interkonnektoren notwendig. Ein starres Festhalten an den geplanten Austauschleistungen ist nicht sinnvoll, da somit vorhandene engpassbeseitigende Maßnahmen in anderen Regelzonen nicht genutzt werden würden. Eine Anpassung der Interkonnektoren-Sollwerte ermöglicht es, die auftretenden Überlastungen auf Leitungen in mehreren Regelzonen aufzuteilen. Hierbei ist eine koordinierte Abstimmung zwischen den beteiligten ÜNBs notwendig.

Lokale PST-Anpassungsmethode bei einem Ausfall der Netzleittechnik

Im Falle eines Ausfalls der Netzleittechnik und somit der Kommunikationstechnik zwischen den PMUs und dem WAMS, bzw. zwischen SCADA und PSTs, ist eine Berechnung und Einstellung korrigierter und koordinierter PST-Sollwerte nicht mehr möglich. In diesem Fall verbleiben die PSTs zuerst in ihrer aktuellen Stufenstellung und beteiligen sich nicht mehr an der aktiven Wirkleistungsflusssteuerung.

Daneben ist auch eine Umstellung auf eine unkoordinierte, dezentrale PST-Betriebsführung möglich, wenn der Ausfall der Netzleittechnik an den PSTs erkannt wird. Dies ist zum Beispiel identifizierbar, wenn ein zyklischer Statusdatensatz des SCADA-Systems bei den PST-Steuereinheiten ausbleibt. In diesem Fall stellt jeder PST für sich die lokal hinterlegten Austauschleistungen (zum Beispiel für 24 Stunden im Voraus) mithilfe der PSDF-Methode bei auftretenden Abweichungen wieder her. Dementsprechend wird lokal an jedem PST die zuletzt übertragene Netztopologie für die Berechnung der PSDF-Faktoren verwendet.

Es ist zu beachten, dass die installierten PFCDs einen sich überschneidenden Einflussbereich bezüglich der Wirkleistungsänderung haben können. Dies impliziert, dass die lokale und unkoordinierte PST-Sollwertanpassung jedes einzelnen PSTs die Einhaltung des vorgegebenen Ziels anderer PSTs beeinflussen kann. In diesem Fall ist eine gleichzeitige Anpassung mehrerer PSTs zu vermeiden, um eine mögliche Kumulation negativer Beeinflussungen zu vermeiden. Dementsprechend wird für eine dezentrale Steuerung ein gestufter Anpassungsprozess entworfen, indem für jeden PST ein für ihn vorgelegtes, sich wiederholendes Zeitintervall für Anpassungsmaßnahmen definiert wird (siehe Abb. 3.21). Dies führt zwar auch zu einer Beeinflussung der Wirkleistungsflüsse auf anderen PST-Interkonnektoren, gleichzeitig ist diese Beeinflussung begrenzt und es kommt zu keiner kumulierten Überlagerung.

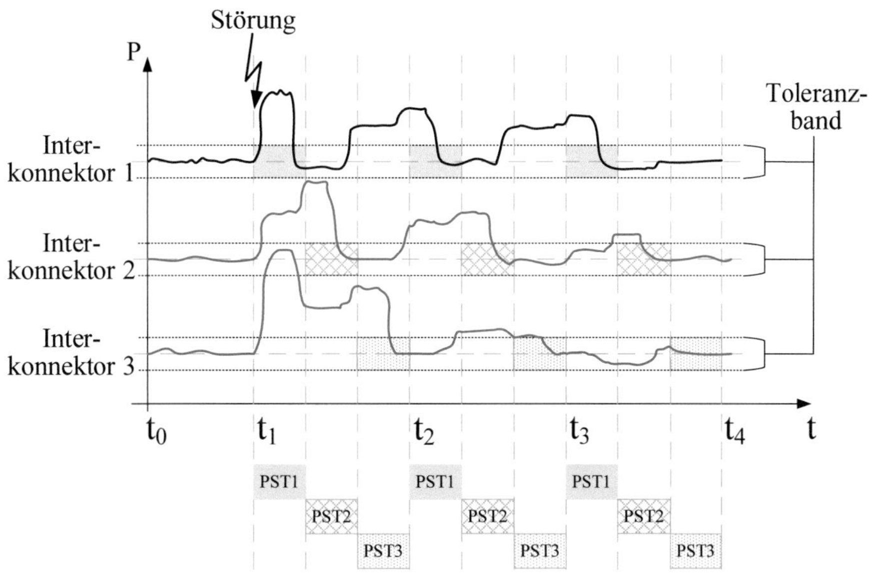

Abb. 3.21: Lokaler Ansatz zur zyklischen, zeitversetzten PST-Anpassung bei einem Ausfall der Netzleittechnik

Die gestuften PST-Anpassungen haben Einfluss auf die Leitungsbelastungen im gesamten Verbundnetz und können zu einer besseren oder schlechteren Einhaltung der technischen Nebenbedingungen führen. Im Rahmen der Methode wird nur auf lokale Daten der betreffenden PST-Interkonnektoren zugegriffen. Dementsprechend ist es nicht möglich, Grenzwertverletzungen auf anderen Betriebsmitteln zu berücksichtigen, die durch die PST-Anpassungsmaßnahmen auftreten können.

3.4.5 Methode zur lokalen Anpassung von HGÜ-VSCs im Onlinebetrieb

HGÜ-Verbindungen entlasten das bestehende AC-Netz durch die Schaffung neuer Transportkapazitäten. Die Nutzung dieser Kapazitäten ist auch im Falle von Wirkleistungsflussänderungen im AC-Netz mit nicht eindeutig identifizierbarer Ursache vorzunehmen, um durch eine dynamische Anpassung der HGÜ-VSC-Arbeitspunkte die AC-Netze aktiv zu entlasten. Eine dafür einsetzbare Methode wird in [75], [119] entworfen und entsprechend in das Netzbetriebsführungsverfahren als Modul integriert.

Grundlage zur Anpassung der HGÜ-VSC-Sollwerte stellt die vereinfachte Leistungsflussgleichung in Gleichung (2.1) aus Abschnitt 2.2 dar. Wie dort bereits beschrieben, ist der Wirkleistungsfluss zwischen zwei Knoten von den Knotenspannungsamplituden u, der Leitungsreaktanz x_{ij} und vor allem von der Knotenspannungswinkeldifferenz $\Delta\delta$ abhängig. Diese Eigenschaft nutzt das sogenannte Winkelgradientenverfahren (engl.: Angle Gradient Method (AGM)), um veränderte Wirkleistungsflüsse im AC-Netz zwischen zwei HGÜ-VSC-Knoten zu identifizieren. Die dafür notwendige Messung der Knotenspannungswinkel ($\delta_{\text{ist},i}$, $\delta_{\text{ist},j}$) lässt sich durch den Einsatz von PMUs an den HGÜ-VSC-Knoten in Verbindung mit einem WAMS realisieren (siehe Abb. 3.22).

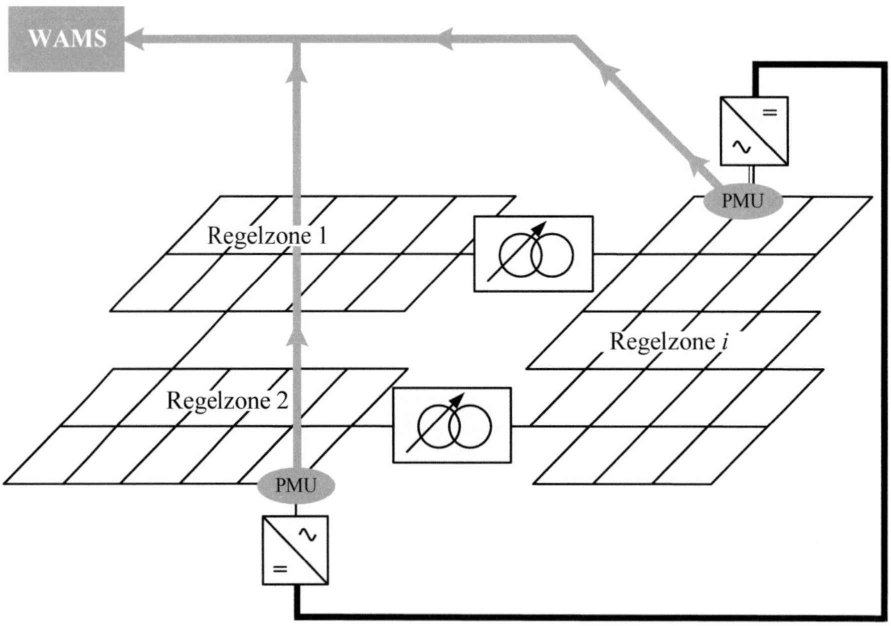

Abb. 3.22: Platzierung der PMUs für die lokale HGÜ-VSC-Anpassung

Mithilfe der an den HGÜ-VSC-Knoten gemessenen Daten sowie einer Ersatzreaktanz x_{ij} lassen sich die tatsächlichen Wirkleistungsflüsse im AC-Netz näherungsweise bestimmen. Die Ersatzreaktanz x_{ij} spiegelt die Reaktanz des vermaschten AC-Netzes zwischen zwei weit entfernten HGÜ-VSC-Knoten wider und ergibt sich aus der Netzersatzberechnung. Ein mögliches Verfahren dafür ist zum Beispiel der WARD-Ansatz [120]. Vereinfacht ist ebenso die Verwendung eines durchschnittlichen Wertes für die Ersatzreaktanz x_{ij} möglich.

Genauso, wie sich aus den gemessenen Knotenspannungswinkeln die physikalischen Wirkleistungsflüsse $p_{\mathrm{Ist},ij}$ approximieren lassen, ist es auch möglich die prognostizierten AC-Wirkleistungsflüsse $p_{\mathrm{Soll},ij}$ zwischen zwei HGÜ-VSC-Knoten zu bestimmen (siehe Gleichung (3.52) und (3.53)). Die dafür notwendigen vorausberechneten Knotenspannungswinkel werden im DACF-/IDCF-Prozess bestimmt und den HGÜ-VSCs lokal für jeden Zeitschritt zur Verfügung gestellt.

$$p_{\mathrm{Soll},ij} = \frac{u_{\mathrm{Soll},i} \cdot u_{\mathrm{Soll},j}}{x_{ij}} \cdot \sin\left(\delta_{\mathrm{Soll},i} - \delta_{\mathrm{Soll},j}\right) \tag{3.52}$$

$$p_{\mathrm{Ist},ij} = \frac{u_{\mathrm{Ist},i} \cdot u_{\mathrm{Ist},j}}{x_{ij}} \cdot \sin\left(\delta_{\mathrm{Ist},i} - \delta_{\mathrm{Ist},j}\right) \tag{3.53}$$

Da die Ersatzreaktanz x_{ij} in den Gleichungen (3.52) und (3.53) gleich ist und auch die Spannungen keinen großen Einfluss auf die approximierten Wirkleistungsflüsse haben, gilt als Näherung:

$$p_{\mathrm{Soll},ij} \sim \sin\left(\delta_{\mathrm{Soll},i} - \delta_{\mathrm{Soll},j}\right) \tag{3.54}$$

$$p_{\mathrm{Ist},ij} \sim \sin\left(\delta_{\mathrm{Ist},i} - \delta_{\mathrm{Ist},j}\right) \tag{3.55}$$

Ein Vergleich von $p_{\mathrm{Soll},ij}$ und $p_{\mathrm{Ist},ij}$ ermöglicht im Onlinebetrieb die schnelle Erfassung von ungeplanten Wirkleistungsflussänderungen sowie die Anpassung der HGÜ-VSC-Sollwerte. Diese Anpassung erfolgt mithilfe eines Aufteilungsfaktors k_{ij}, der die detektierten ungeplanten AC-Wirkleistungsflüsse auf das AC-Netz und die HGÜ-Verbindungen verteilt. Die HGÜ-VSC-Sollwertänderungen ergeben sich dementsprechend aus der Differenz von $p_{\mathrm{Soll},ij}$ und $p_{\mathrm{Ist},ij}$, multipliziert mit dem Aufteilungsfaktor k_{ij} (siehe Gleichung (3.56) und (3.57)). Die neuen Sollwerte können dann unmittelbar von den HGÜ-VSCs umgesetzt werden [75].

$$p_{\mathrm{VSC},i} = p_{\mathrm{VSC,Soll},i} + k_{ij}\left(p_{\mathrm{Soll},ij} - p_{\mathrm{Ist},ij}\right) \tag{3.56}$$

$$p_{\mathrm{VSC},j} = p_{\mathrm{VSC,Soll},j} + k_{ij}\left(p_{\mathrm{Soll},ji} - p_{\mathrm{Ist},ji}\right) \tag{3.57}$$

Aufgrund der hohen Dynamik der HGÜ-VSCs ist eine kontinuierliche Anpassung der HGÜ-VSCs und somit eine aktive Beteiligung der HGÜ-Verbindungen an der Minimierung von ungeplanten Wirkleistungsflussänderungen im AC-Netz möglich. Gleichzeitig kann durch die Einführung einer Toleranzgrenze, zum Beispiel |0,1 p.u.|, erreicht werden, Anpassungen bei geringen Wirkleistungsflussschwankungen, wie zum Beispiel durch Lastrauschen, zu verhindern. Weiterhin erfolgt die Berücksichtigung der HGÜ-VSC-Umrichtergrenzen, so dass diese bei einer Sollwertanpassung nicht verletzt werden können.

Der schematische Ablauf des vorgestellten Winkelgradientenverfahrens zur lokalen HGÜ-VSC-Sollwertanpassung ist zusammenfassend in Abb. 3.23 abgebildet.

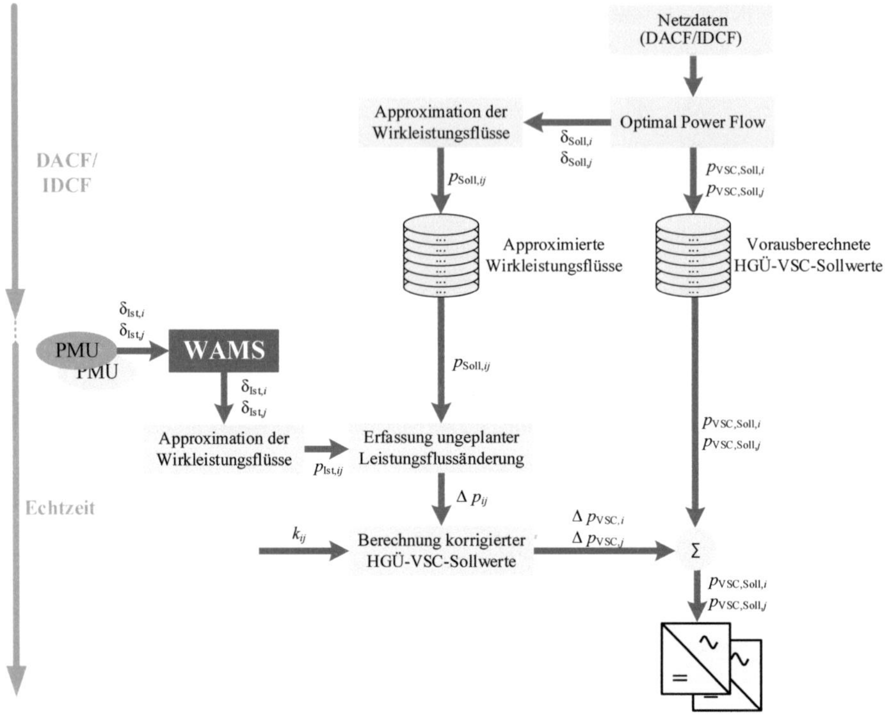

Abb. 3.23: Schematischer Ablauf des Winkelgradientenverfahrens

3.5 Synthese aller Methoden zu einem Netzbetriebsansatz

In den vorherigen Abschnitten wurden verschiedene Methoden entworfen und vorgestellt, die die operativen Abläufe der ÜNBs in den zwei zeitlich unterschiedlichen Bereichen Netzbetriebsplanung und Netzbetriebsführung unterstützen. Dabei besitzt jede Methode angepasste Zielfunktionen, die sich sowohl in der zeitlichen, in der räumlichen als auch bei den zu beeinflussenden PFCDs unterscheiden. Gleichzeitig bilden die vorgestellten Methoden zur Day-Ahead-, Intraday- und Online-Arbeitspunktbestimmung aus Netzbetriebssicht eine zusammenhängende Einheit, deren Maßnahmen sich je nach Netzsituation parallel ergänzen oder in der zeitlichen Abfolge ablösen. Dieser sich ergebende schematische Ablauf ist in Abb. 3.24 illustriert, wobei im ersten Schritt entsprechend prognostizierten DACF- und IDCF-Daten und mithilfe der OPF-Methode die Arbeitspunkte für die PSTs und HGÜ-VSCs im Voraus bestimmt werden (siehe Abschnitt 3.3). Anschließend werden diese Sollwerte, die die hinterlegte mehrdimensionale Zielfunktion bestmöglich erfüllen, im SCADA-System bei jedem ÜNB hinterlegt und im Onlinebetrieb für jeden Zeitschritt abgerufen und entsprechend eingestellt.

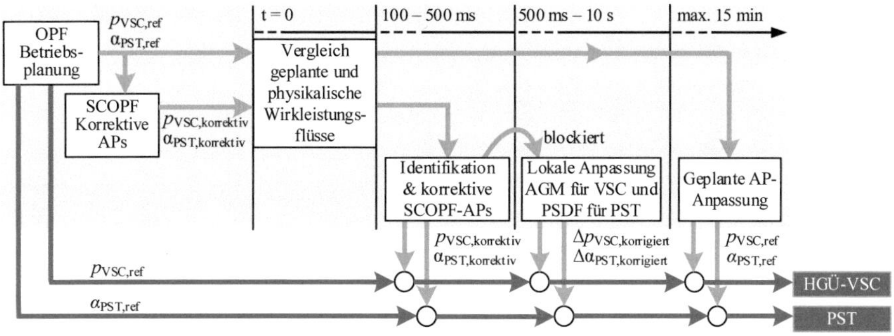

Abb. 3.24: Gesamtheitlicher Netzbetriebsansatz, in Anlehnung an [121]

Treten im Onlinebetrieb Abweichungen zwischen den geplanten und physikalischen Wirkleistungsflüssen auf, greifen zeitlich nach dem Ansprechverhalten des konventionellen Netzschutzes die vorgestellten Methoden zur korrektiven bzw. korrigierten PFCD-Arbeitspunktanpassung. Dabei wird zuerst untersucht, ob die Wirkleistungsflussänderung einer Ursache klar zuzuordnen ist. Ist dies der Fall, erfolgt die automatische Aktivierung der zu der identifizierten Störung vorausberechneten korrektiven SCOPF-Sollwerte für alle HGÜ-VSCs und PSTs (siehe Abschnitt 3.4.3). Diese Sollwerte werden bereits im Voraus für alle AC-Leitungsausfälle berechnet und sind in den SCADA-Systemen der ÜNBs hinterlegt. Ist die Ursache für die Wirkleistungsflussabweichung dagegen nicht klar zu identifizieren, sind die lokalen PST- und HGÜ-VSC-Methoden aus den Abschnitten 3.4.4 und 3.4.5 aufzurufen. In diesem Fall werden die ungeplanten Wirkleistungsflüsse mithilfe der AGM-Methode automatisch von den HGÜ-VSCs auf die DC-Leitungen und das AC-Netz verteilt. Die PSTs stellen dagegen, bei Anwendung der PTDF-Methode in zeitlicher Nähe, die geplante Austauschwirkleistung auf ausgewählten Interkonnektoren wieder her. Weiterhin ist zu einem späteren Zeitpunkt wieder die Einstellung von vorausberechneten OPF-Sollwerten möglich, wenn im Rahmen des IDCF-Prozesses neue regelzonenübergreifend koordinierte Arbeitspunkt bestimmt wurden bzw. die Ursache der ungeplanten Wirkleistungsflussänderungen beseitigt ist.

3.6 Zusammenfassung

In Kapitel 3 erfolgt der Entwurf eines gesamtheitlichen Netzbetriebsverfahrens für die wirkleistungsflussbeeinflussenden Betriebsmittel PST und HGÜ-VSC, das verschiedene Zielsetzungen erfüllt. Die dafür durchgeführte Anforderungsanalyse beschreibt zu berücksichtigende Anforderungen, die sich unter anderem aus der Einhaltung von etablierten Standards, aus verankerten technischen sowie gesetzlichen Richtlinien als auch aus der erforderlichen Einbindung der PFCDs in den Netzbetrieb ergeben. Dabei wird festgestellt, dass sich die Zielsetzungen des Netzbetriebsverfahrens vor allem in zeitliche, örtlich koordinierende und verfahrensspezifische Anforderungen einteilen lassen und zur geeigneten Erfüllung der herausgearbeiteten Anforderungen mehrere Verfahren zu entwerfen sind. Dementsprechend besteht das Netzbetriebsverfahren aus insgesamt drei Hauptbestandteilen.

Dies ist im ersten Teil ein OPF-basiertes Verfahren, das mithilfe von prognostizierten Einspeise- und Lastdaten die optimalen PST- und HGÜ-VSC-Sollwerte für den prognostizierten Zeitpunkt zentral koordiniert bestimmt. Somit erfordert es explizit die zuverlässige Weiterleitung der notwendigen Prognosedaten und Netztopologien von den beteiligten ÜNBs an die zentrale Instanz. Dort werden anschließend im Rahmen des DACF- und IDCF-Prozesses die optimalen PFCD-Sollwerte mithilfe eines Differential Evolution Algorithmus bestimmt und an die ÜNBs als Handlungsempfehlung weitergereicht. Die hinterlegte Zielfunktion besteht aus mehreren Teilzielfunktionen, wie der Einhaltung der netzspezifischen Nebenbedingungen, der Einhaltung der (n-1)-Sicherheit, der Vermeidung von Kreisflüssen sowie der Minimierung der Arbeitspunktänderungen bei einem Arbeitspunktwechsel. Die Einbindung weiterer Zielfunktionen ist ebenfalls möglich.

Der zweite Bestandteil des Netzbetriebsverfahrens stellt anschließend ein Verfahren für Situationen bereit, wenn die prognostizierten Wirkleistungsflüsse im Netzbetrieb nicht mit den physikalischen übereinstimmen und die Ursache für diese Abweichung eindeutig einem Leitungsausfall zuzuordnen ist. In diesem Fall erfolgt die Einstellung von vorausberechneten korrektiven PST- und HGÜ-VSC-Sollwerten. Diese Korrektivwerte werden ebenfalls von einer zentralen Instanz vorausberechnet und den beteiligten ÜNBs zur Verfügung gestellt. Ausgangsbasis für diese Berechnung ist das zum jeweiligen Zeitintervall optimierte OPF-Ergebnis, von dem ausgehend alle Leitungsausfälle simuliert und die geeignetsten Arbeitspunkte in einem SCOPF-basierten Optimierungsprozess bestimmt werden. Explizites Ziel der Optimierung ist es, die aus dem kritischen Betriebsmittelausfall resultierenden Nebenbedingungsverletzungen zu korrigieren. Dementsprechend ist die Anpassung der beschriebenen PST- und HGÜ-VSC-Stellgrößen gerade so groß, um die Grenzwertverletzungen der definierten Nebenbedingungen, wenn möglich, zu beseitigen.

Weiterhin werden zwei Methoden vorgestellt, die zum Einsatz kommen, wenn ungeplante Wirkleistungsflussänderungen im Netzbetrieb auftreten und deren Ursachen nicht eindeutig zu identifizieren sind. Dies ist zum Beispiel bei Prognosefehlern in der Einspeisung erneuerbarer Energien der Fall, die sich großflächig auf mehrere Netzknoten auswirken. In diesem Fall ist aufgrund der erforderlichen schnellen Reaktion im Onlinebetrieb eine ausführliche zentral koordinierte Optimierung der PFCD-Sollwerte nicht vorgesehen. Vielmehr enthält das Verfahren gesonderte Anpassungsmethoden für die PSTs und HGÜ-VSCs. Ziel der lokalen PST-Anpassung ist es, die geplanten Wirkleistungstransporte auf den Interkonnektoren wiederherzustellen und somit ungeplante Transitflüsse zu vermeiden. Die dafür verwendeten PSDF-Faktoren ermöglichen eine schnelle Berechnung der korrigierten PST-Sollwerte, da sie explizit einen linearen Zusammenhang zwischen Wirkleistungsflussänderung und PST-Winkel darstellen. Zur Anpassung der HGÜ-VSC-Sollwerte wird dagegen das Winkelgradientenverfahren verwendet, das ungeplante Wirkleistungsflussänderungen sowohl auf die AC- als auch die DC-Leitungen verteilt. Diese Anpassungen erfolgen automatisch durch die HGÜ-VSCs und werden aktiviert durch von PMUs erkannten Wirkleistungsflussabweichungen zwischen geplanten und physikalischen AC-Wirkleistungsflüssen.

4 Fallbeispiele

4.1 Modellsystem

Zur Validierung der entworfenen und vorgestellten Verfahren werden geeignete Untersuchungen auf Basis numerischer Simulationen durchgeführt. Diesbezüglich erfolgt in den anschließenden Abschnitten die Erläuterung zur Modellbildung der PSTs und HGÜ-VSCs, zum Aufbau des Testnetzes sowie zu den entworfenen Simulationsszenarien.

Die Validierung beruht auf numerischen Fallbeispielen auf Basis von MATLAB und verwendet dafür eigens erstellte und vorhandene MATLAB-Funktionen. Weiterhin erfolgt die Einbindung des MATLAB-Add-ons MATPOWER [122], welches bereits MATLAB-Funktionen zur Berechnung von elektrischen Leistungsflüssen beinhaltet.

4.1.1 Anforderungen an das Simulations-Testnetz

Das in der Simulationsumgebung zur Analyse und Validierung verwendete Testnetz muss entsprechende Anforderungen erfüllen, damit auch eine kritische Aussage über die Güte der Methodenfunktionsweise möglich ist. Diese grundlegenden Anforderungen sind:

- Konvergenz der Leistungsflussberechnung für AC- und DC-Leitungen
- Abbildung kritischer und unkritischer Netzsituationen, wie zum Beispiel Überlastsituationen

Je nach Simulationsvorhaben kommen folgende Anforderungen hinzu:

- Konvergenz der Leistungsflussberechnungen bei Variation der einstellbaren Variablen (PST-Winkel, HGÜ-VSC-Wirkleistung) im Rahmen von OPF-Berechnungen
- Konvergenz der Leistungsflussberechnungen bei Nichtverfügbarkeit einzelner Netzelemente, wie beispielsweise bei (n-1)-Berechnungen im SCOPF-Verfahren

Bei der Berechnung verschiedener Netze hat sich vereinzelt gezeigt, dass die letzten beiden Anforderungen nicht immer erfüllt werden, wenn Optimierungsvariablen oder Verfügbarkeiten von Netzelementen verändert werden. Ebenso kann es vorkommen, dass die Leistungsflussberechnung bei einer Veränderung der Leitungsparameter nicht mehr konvergiert.

Referenznetze werden auf verschiedenen Plattformen angeboten. So stehen unter anderem in der MATLAB-Erweiterung MATPOWER verschiedene Test Cases zur Verfügung [122], die sich auf die Power Systems Test Cases des IEEE beziehen. Zu nennen sind beispielsweise die 14, 30, 57, 118 und 300 Bus Test Cases [82], [123]. Daneben beinhaltet MATPOWER auch Referenznetze aus dem Projekt „Pan European Grid Advanced Simulation and State Estimation“ (PEGASE) des Seventh Framework Programme (FP7) der EU [124]. Diese Referenznetze bilden mit 9.000 bis 14.000 Netzknoten das europäische Verbundnetz über verschiedene Spannungsebenen ab [125]. Ebenso sind verschiedene Momentaufnahmen des kompletten Hoch- und Höchstspannungsnetzes des französischen ÜNBs Réseau de Transport d'Electricité (RTE) sowie Teile der unterlagerten Netzebenen enthalten.

Das Council on Large Electric Systems (franz.: Conseil International des Grands Réseaux Électriques - CIGRE) hat ebenso verschiedene Referenznetze veröffentlicht. Diese Referenznetze bilden exemplarisch Netze in der Hoch- bis Höchstspannung, in der Mittelspannung sowie in der Niederspannung ab. Dabei sind sie jeweils in zwei Versionen verfügbar, die zum einen an die europäischen und zum anderen an die nordamerikanischen Spannungsebenen angepasst sind [126]. In Tab. 4.1 sind einige der genannten öffentlich zugänglichen Referenznetze inklusive der enthaltenen Spannungsebenen aufgelistet.

Tab. 4.1: Vergleich verschiedener öffentlich zugänglicher Referenznetze

Referenznetz	Spannungsebene	Netzfrequenz	Auffälligkeiten
IEEE 14 Bus System	Nicht angegeben	60 Hz	Keine Limits für Transportkapazität der Leitungen
IEEE 30 Bus System	135 kV	60 Hz	
IEEE 57 Bus System	Nicht angegeben	60 Hz	Keine Limits für Transportkapazität der Leitungen
IEEE 118 Bus System	138 und 345 kV	60 Hz	Keine Limits für Transportkapazität der Leitungen
IEEE 300 Bus System	115, 230 und 345 kV	60 Hz	Keine Limits für Transportkapazität der Leitungen
PEGASE Case 9241	110, 120, 150, 154, 220, 330, 380, 400 und 750 kV	50 Hz	Teilweise keine Limits für Transportkapazität der Leitungen
PEGASE Case 13659	0,4 - 20, 110, 120, 150, 154, 220, 330, 380, 400 und 750 kV	50 Hz	Teilweise keine Limits für Transportkapazität der Leitungen
RTE Case 1888	3 – 24, 63, 90, 150, 225, 380 kV	50 Hz	Teilweise keine Limits für Transportkapazität der Leitungen
RTE Case 6515	3 – 24, 63, 90, 150, 225, 380 kV	50 Hz	Teilweise keine Limits für Transportkapazität der Leitungen
CIGRE High Voltage Transmission Network Benchmark	230 und 345 kV (Nordamerika) bzw. 200 und 380 kV (Europa)	50 und 60 Hz	Hoch- und Höchstspannungsebene
CIGRE Medium Voltage Distribution Network Benchmark	7,2 und 12,47 kV (Nordamerika) bzw. 20 kV (Europa)	50 und 60 Hz	Mittelspannungsebene
CIGRE Low Voltage Distribution Network Benchmark	120 V (Nordamerika) bzw. 400 V (Europa)	50 und 60 Hz	Niederspannungsebene

Tab. 4.1 zeigt, dass sich viele Referenznetze an den nordamerikanischen Netzsituationen orientieren und somit für die Leistungsflusssimulation gemäß europäischen Netzkonfigurationen ungeeignet erscheinen. Weiterhin ist feststellbar, dass bei vielen Netzmodellen keine maximalen Leitungsscheinleistungen bzw. maximalen Leitungsströme angegeben sind. Dieses Ergebnis wird auch in [127] bestätigt, wo viele der vorwiegend in den 1960er Jahren entstandenen Referenznetze bezüglich ihrer Eignung für Leistungsflussoptimierungen untersucht werden. Dabei wird festgestellt, dass vielen der traditionellen Referenznetze zur Optimierung notwendige Nebenbedingungen fehlen, wie zum Beispiel die genannte Angabe der Leitungstransportkapazitäten.

Begründet aus dem vorgenannten Schwerpunkt der Netze auf den nordamerikanischen Raum sowie dem Fehlen von zur Optimierung notwendigen betrieblichen Grenzwerten ist eine Anpassung der Referenznetze zum Testen der entworfenen Methoden unumgänglich. Insbesondere das Hinzufügen der adaptierbaren HGÜ-Punkt-zu-Punkt-Verbindungen ist bei jedem Modellnetz notwendig, da kein geeignetes Netzmodell öffentlich verfügbar ist. Aufgrund der Nichteignung der genannten Referenznetze wird ein den Anforderungen gerecht werdendes Testnetz entworfen.

4.1.2 Modellbildung AC-DC Netz

Das entworfene Testnetz (siehe Abb. 4.1) ist eine Erweiterung des Netzes aus [121] und besteht insgesamt aus 91 Netzknoten sowie 168 AC-Leitungen. Etwaige Ähnlichkeiten zu realen Netzstrukturen sowie Einspeise- und Lastsituationen sind rein zufällig und nicht beabsichtigt.

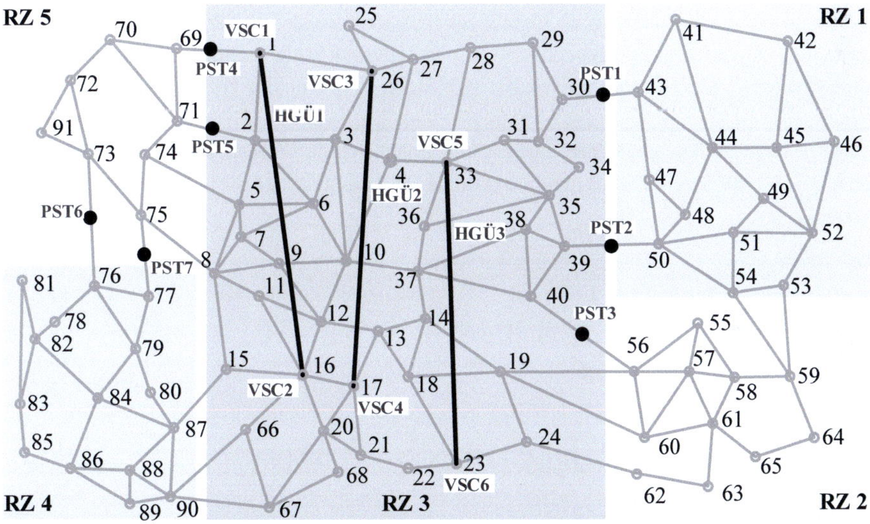

Abb. 4.1: Testnetz mit PSTs und HGÜ-VSC-Verbindungen

Neben den 168 AC-Leitungen beinhaltet das Testnetz weiterhin drei HGÜ-Punkt-zu-Punkt-Verbindungen in RZ 3, die parallel in Nord-Süd-Richtung verlaufen, sowie sieben PSTs. Die PSTs befinden sich an den Interkonnektoren zwischen RZ 1 und RZ 3, an einem Interkonnektor zwischen RZ 2 und RZ 3, zwischen RZ 3 und RZ 5, sowie auf zwei Interkonnektoren zwischen RZ 4 und RZ 5. Die genannten PSTs befinden sich an folgenden Positionen:

- PST1: zwischen Knoten 30 und Knoten 43 diskret stufbar
- PST2: zwischen Knoten 39 und Knoten 50 diskret stufbar
- PST3: zwischen Knoten 40 und Knoten 56 diskret stufbar
- PST4: zwischen Knoten 1 und Knoten 69 kontinuierlich stufbar
- PST5: zwischen Knoten 2 und Knoten 71 kontinuierlich stufbar
- PST6: zwischen Knoten 73 und Knoten 76 kontinuierlich stufbar
- PST7: zwischen Knoten 75 und Knoten 77 kontinuierlich stufbar

Weiterhin werden die ersten drei PSTs als diskret stufbar angesehen, was den heutigen PSTs mit Laststufenschaltern entspricht. Darüber hinaus werden die vier weiteren PSTs im Simulationsmodell als kontinuierlich stufbar hinterlegt. Dies dient vor allem der Untersuchung, inwiefern die entworfenen Optimierungsmethoden gleichzeitig mit diskreten und kontinuierlichen Optimierungsvariablen zurechtkommen. Mit den derzeit am Markt verfügbaren PSTs mit meistens zwischen 9 und 35 Betriebsstellungen [60] sind kontinuierliche Anpassungen der PST-Zusatzwinkel nicht möglich. Allerdings existieren auch Laststufenschalter mit bis zu 107 Betriebsstellungen [128], die die Höhe der diskreten Stufen verringern können.

Die Modellierung der Leitungen im Testnetz erfolgt mithilfe des π-Ersatzschaltbildes und wie bei den CIGRE Benchmark-Netzen unter Verwendung einheitlicher, längenbezogener Leitungsparameter. In der Höchstspannungsebene werden vor allem Freileitungsseile vom Typ 562-AL1/49-ST1A und 264-AL1/34-ST1A eingesetzt [129], [130], die sich in der Querschnittsfläche des Aluminiumleiters AL1 sowie der Querschnittsfläche der Seele aus Stahldrähten ST1A und dementsprechend auch in den elektrischen Eigenschaften unterscheiden. Da typische Leitungsparameter für Leiterseile vom Typ 562-AL1/49-ST1A in [130] veröffentlich sind, werden die Leitungsparameter dieses Leiterseiltyps im Testnetz verwendet. In [130] wird für ein Leiterseil vom Typ 562-AL1/49-ST1A eine Resistanz $r = 0{,}0145\ \Omega/\text{km}$, eine Reaktanz $x = 0{,}165\ \Omega/\text{km}$ und eine Kapazität $c = 22{,}2\ \text{nF/km}$ angegeben. Insgesamt ergeben sich im Testnetz eine Gesamtfreileitungslänge von 21.000 km und eine durchschnittliche Freileitungslänge von 125 km zwischen zwei Netzknoten.

Bei Annahme eines Dreiphasensystems mit jeweils Viererbündeln pro Phase ergeben sich insgesamt drei Viererbündel mit 12 Leiterseilen. Das genannte Leiterseil vom Typ 562-AL1/49-ST1A besitzt eine Dauerstrombelastbarkeit von 1.040 A pro Leiterseil [131]. Ausgehend von der genannten Anordnung ergibt sich eine thermische Grenzleistung von 2.378 MVA pro Leitungsabschnitt (siehe (4.1)).

$$S_{\text{max}} = 3 \cdot 4 \cdot 1.040\text{A} \cdot 380\text{kV} \cdot \frac{1}{\sqrt{3}} = 2.738\,\text{MVA} \tag{4.1}$$

Das dünnere Leiterseil des Typs 264-AL1/34-ST1A weist mit einer Dauerstrombelastbarkeit von 680 A geringere Transportkapazitäten auf [131]. Entsprechend der Anordnung der Leiterseile in Viererbündeln ergibt sich für ein Dreiphasensystem eine thermische Grenzleistung von 1.790 MVA (siehe (4.2)) [129].

$$S_{\text{max}} = 3 \cdot 4 \cdot 680\text{A} \cdot 380\text{kV} \cdot \frac{1}{\sqrt{3}} = 1.790\,\text{MVA} \tag{4.2}$$

Die thermische Grenzleistung ist allerdings nicht die einzig begrenzende Größe für die Übertragungskapazitäten eines Leitungsabschnittes. Weiterhin sollten elektrische Leitungen in der Nähe der natürlichen Leistung betrieben werden, um den kapazitiven bzw. den induktiven Blindleistungsbedarf zu minimieren. In [129] wird die natürliche Leistung eines 380 kV-Dreiphasensystems mit 600 MVA angegeben. Im Rahmen dieser Arbeit ist es das Ziel, die elektrischen Leitungen nah der natürlichen Leistung zu betreiben. Dementsprechend erfolgt die Festlegung auf eine maximal übertragbare Scheinleistung von 800 MVA je AC-Dreiphasensystem. Bei Annahme einer Bezugsscheinleistung von 100 MVA entspricht dies 8 p.u. Für die HGÜ-P2P-Verbindungen im Testnetz werden maximale Grenzleistungen von 400 MVA (HGÜ1) und 800 MVA (HGÜ2 und HGÜ3) verwendet, bzw. 4 p.u. und 8 p.u. im Per-Unit-System.

Die in die AC-Leitungen integrierten PSTs entsprechen in der Modellierung einer in der Leitung eingebrachten Reaktanz x_{PST} und einer Phasenverschiebung α. Die in Abb. 4.2 dargestellte Reaktanz x_{PST} ist abhängig von dem eingestellten PST-Winkel α und der bestimmten Reaktanz bei der maximal möglichen PST-Phasenverschiebung α_{max} [132]. In diesem Modell wird der PST als ideal angesehen, so dass von einer PST-Reaktanz $x_{PST} = 0\ \Omega$ ausgegangen wird.

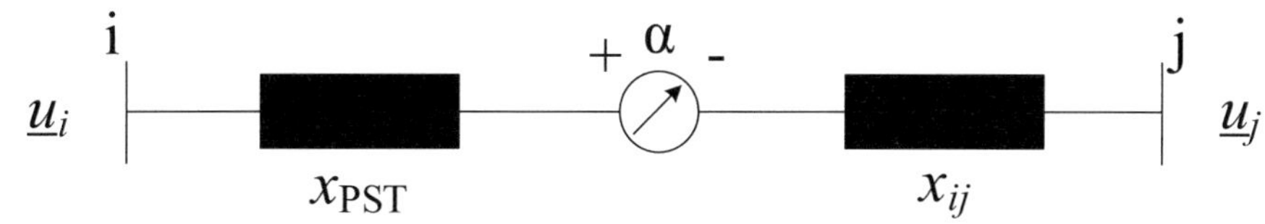

Abb. 4.2: Schematische Darstellung eines PSTs, in Anlehnung an [47]

Die weitere PST-Modellierung in der Simulationsumgebung MATLAB orientiert sich anschließend an der Modellierung von PSTs in dem Open Source Programm MATPOWER, welches fertige MATLAB-Funktionen zur Lösung von Leistungsflussberechnungen enthält [122]. Dabei werden die AC-Übertragungsleitungen und die PSTs mithilfe des gemeinsamen π-Ersatzschaltbildes für Leitungen modelliert, bestehend aus der Serienimpedanz $z = r + jx$ und einer Suszeptanz b sowie einem idealen PST am Beginn der Leitung (siehe Abb. 4.3). Der PST wird weiterhin entsprechend genauer charakterisiert durch seinen Phasenverschiebungswinkel α und dem Verhältnis τ zwischen der Amplitude von Eingangs- zu Ausgangsspannung [133].

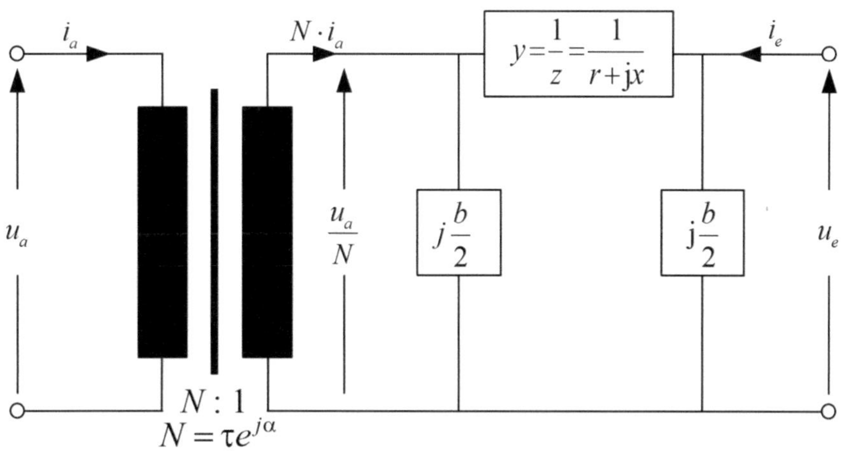

Abb. 4.3: MATPOWER AC-Leitungsmodell, in Anlehnung an [133]

Die entsprechende Knotenadmittanzmatrix $\boldsymbol{Y}$ für diesen AC-Leitungszweig ist in Gleichung (4.3) angegeben. Mit der eingebrachten Berücksichtigung der Phasenwinkeländerungen α ist die Knotenadmittanzmatrix $\boldsymbol{Y}$ nicht mehr symmetrisch.

$$\underline{Y}_{Leitung} = \begin{bmatrix} \left(\underline{y}+\mathrm{j}\frac{b}{2}\right)\cdot\frac{1}{\tau^2} & -\underline{y}\cdot\frac{1}{\tau e^{-\mathrm{j}\alpha}} \\ -\underline{y}\cdot\frac{1}{\tau e^{\mathrm{j}\alpha}} & \underline{y}+\mathrm{j}\frac{b}{2} \end{bmatrix} \tag{4.3}$$

Die Modellierung der HGÜ-VSC-Knoten erfolgt AC-seitig als PU-Knoten mit vorgegebener Spannungsamplitude und Wirkleistung. Die Spannungswinkel und Blindleistungswerte ergeben sich dann entsprechend in der AC-seitig durchgeführten Leistungsflussberechnung. Modelliert wird der PU-Knoten AC-seitig durch eine Spannungsquelle [134]. Die kurze Leitung mit der Impedanz $\underline{Z}$ zwischen Knoten k und AC repräsentiert einen Transformator, der vor dem VSC-Knoten integriert ist [135]. DC-seitig wird der HGÜ-VSCs ebenfalls als Spannungsquelle modelliert. Aus Vereinfachungsgründen werden die in Abb. 4.4 gezeigten Umrichterverluste P_{Verluste} bei der Umwandlung von Wechsel- zu Gleichstrom und vice versa nicht berücksichtigt.

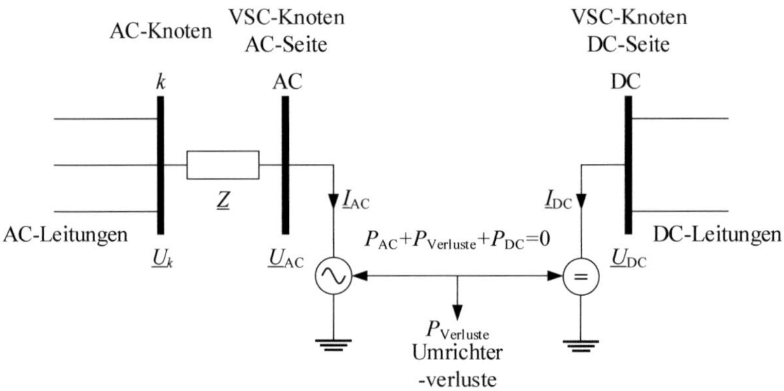

Abb. 4.4: Vereinfachtes HGÜ-VSC-Modell, in Anlehnung an [135]

4.1.3 Simulationsszenarien

Bei der Erstellung des Testnetzes wurden verschiedene Lastsituationen [136], [137], [138], [139] analysiert und daraus ein Parametersatz zur Parametrierung des Testnetzes erstellt. Die Verteilung der Lastknoten (PQ-Knoten) erfolgt rein zufällig. Der Bedarf an Blindleistung an den PQ-Knoten ergibt sich anhand des Wirkleistungswertes und wird ausgehend von einem Leistungsfaktor von 0,95 berechnet. Alle anderen Knoten werden als PU-Knoten definiert. Die Höhe der Einspeisung wird dementsprechend modelliert, dass die Lasten selbst so lastnah wie möglich gedeckt werden. Eine Ausnahme bildet hierbei RZ 3. In dieser Regelzone erfolgt eine ungleiche Verteilung zwischen Einspeisung und Last, um Wirkleistungsflüsse über größere Distanzen zu generieren. Insgesamt sind in dem verwendeten Testnetz Lasten in Höhe von 19,6 GW integriert. Die genauen Einspeisungen, Lasten und Leitungsparameter sind in Anhang A.1 aufgelistet.

Abb. 4.5 zeigt das Testnetz und die entsprechenden Leistungsflüsse im Szenario S-0-0 (PSTs mit einem Winkel von 0° und HGÜ-VSCs mit einer Wirkleistung von 0 p.u.), wobei die dargestellte farbliche Unterscheidung der Leitungen einer farblichen Staffelung der Leitungsauslastungen entspricht. Grün eingefärbte Verbindungen verdeutlichen einen Auslastungsgrad von 0 % bis 50 %, gelbe Leitungen sind zwischen 50 % und 70 % ausgelastet, orange Leitungen zwischen 70 % und 90 % und rot eingefärbte Verbindungen sind mit mehr als 90 % der maximal erlaubten Scheinleistung belastet. Die sich auf den Leitungen ergebende Wirkleistungsrichtung ist mit blauen Pfeilspitzen dargestellt.

Anhand dieses Farbschemas wird gezeigt, dass verschiedene Leitungen vor allem mit einer Nord-Süd-Ausrichtung zwischen 70 % und 90 % belastet sind. Dieses dargestellte Szenario entspricht dem Basisszenario S-0-0 für die Untersuchung der vorgestellten Verfahren und wird in den folgenden Abschnitten dafür herangezogen.

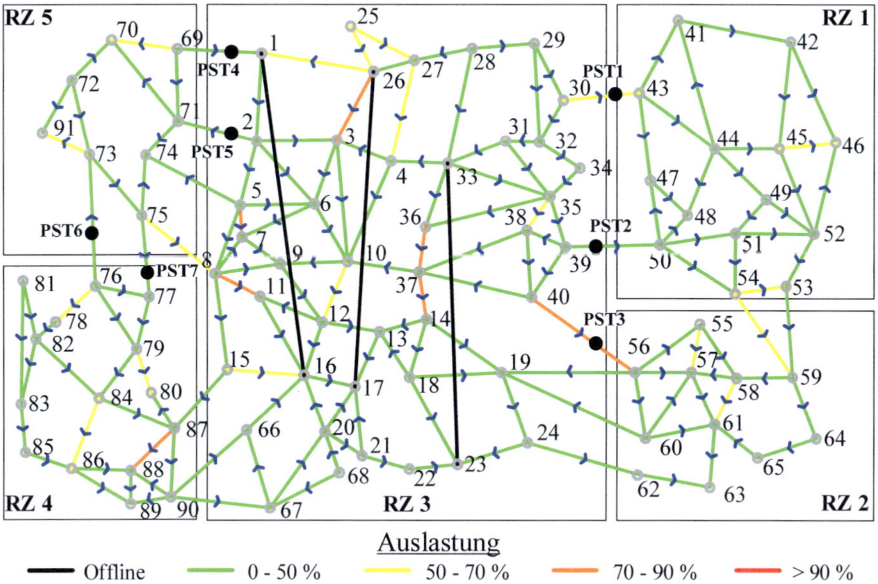

Abb. 4.5: Testnetz mit PSTs in Neutralstellung und ausgeschalteten HGÜ-Verbindungen (Szenario S-0-0)

Szenarien für die DACF- und IDCF-Verfahren

Im Rahmen der Validierung des DACF-/IDCF-OPF-Verfahrens aus Abschnitt 3.3 erfolgt eine Optimierung des Basisszenarios S-0-0 bei alleinigem Einsatz der PSTs (Szenario S-1-1), bei alleinigem Einsatz der HGÜ-VSCs (Szenario S-1-2) sowie bei einem koordinierten Einsatz beider PFCDs (Szenario S-1-3). Dieses Vorgehen wird gewählt, um zeigen zu können, inwiefern die alleinige Optimierung von PSTs und HGÜ-VSCs sowie die koordinierte Optimierung beider Betriebsmittel die Leitungsbelastungen im Testnetz verändert. Weiterhin wird in den DACF-/IDCF-Analysen neben der Optimierung eines einzelnen Zeitpunktes auch die PFCD-Optimierung über einen gesamten Tag mit 24 Stundenintervallen betrachtet (Szenarien S-2-1 bis S-2-24). Dazu werden die Einspeisung und Last des Basisszenarios S-0-0 entsprechend dem Lastverlauf in Deutschland über einen Tag angepasst. Weiterhin wird in den Szenarien S-3-1 und S-3-2 gezeigt, welche Auswirkungen es auf die Wirkleistungsflüsse hat, wenn die vorausberechneten Sollwerte nicht eingestellt werden.

Szenarien für die Onlineverfahren für ungeplante Wirkleistungsflussänderungen mit identifizierbaren Ursachen

Zur Vorausberechnung klar identifizierbarer Wirkleistungsflussänderungen werden basierend auf dem Basisszenario S-0-0 alle AC-Leitungen nacheinander ausgeschaltet und für jeden Fall korrektive PFCD-Sollwerte im Optimierungsprozess bestimmt (Szenarien S-4-1 bis S-4-168). Mithilfe der vorgestellten Methode zur Erfassung dieser Störungen können die korrektiven Sollwerte dann entsprechend eingestellt werden. Anschließend erfolgt aus Bewertungsgründen ein Vergleich der Leitungsbelastungen zwischen den Fällen mit und ohne eingestellten korrektiven PFCD-Arbeitspunkten.

Szenarien für die Onlineverfahren für ungeplante Wirkleistungsflussänderungen mit nicht identifizierbaren Ursachen

Aufbauend auf dem Basisszenario S-0-0 werden in den Onlineanalysen Szenarien verwendet, bei denen sich eine Änderung der Wirkleistungsflüsse nicht eindeutig einem Ereignis zuordnen lässt. Zur Erstellung dieser Szenarien erfolgt im Speziellen eine gegensinnige Änderung der Einspeise- und Lastsituation an zwei PU-Knoten (Szenarien S-5-1 bis S-5-2). Dies ist in diesem Sinne vergleichbar mit einer „Redispatch-Maßnahme", ohne diese hier zu untersuchen. Dieses Vorgehen ist praktikabel, um die Wirkleistungsflüsse gegenüber dem Basisszenario S-0-0 ausreichend zu verändern und einen Vergleich der Leitungsbelastungen mit und ohne korrigierte PFCD-Arbeitspunkte vornehmen zu können.

4.2 Ergebnisse und Bewertung

In den nachfolgenden Abschnitten werden die in Kapitel 3 vorgestellten Verfahren an dem entworfenen Testnetz angewandt und deren Einflüsse auf den Netzbetrieb analysiert. Dabei erfolgt nach der Darstellung des PFCD-Einflusses die Analyse der Methoden in derselben Reihenfolge wie deren Erläuterung in Kapitel 3.

4.2.1 Einflussbereich der PFCDs

Zur Verdeutlichung, in welchem Umfang die im Testnetz integrierten PSTs sowie HGÜ-VSCs Einfluss auf die Wirkleistungsflüsse ausüben, erfolgt die Visualisierung der Einflussbereiche. Dazu werden mithilfe des in Abschnitt 3.4.4 gezeigten Verfahrens die PSDF-Faktoren für die sieben PSTs bestimmt.

In Abb. 4.6 ist das Resultat der PSDF-Berechnung beispielhaft für den PST1 visualisiert, der auf einem Interkonnektor zwischen RZ 1 und RZ 3 (zwischen Knoten 30 und Knoten 43) integriert ist. Die Farbskala gibt an, wie stark sich die Wirkleistungsflüsse durch eine PST-Anpassung gegenüber den vorherigen Wirkleistungsflüssen verändern. Abb. 4.6 zeigt, dass die größte Wirkleistungsflussänderung bei 1° PST-Winkeländerung mit bis zu 0,45 p.u. direkt auf dem PST-Interkonnektor stattfindet, da hier der PST am meisten Einfluss ausüben kann. In unmittelbarer Nähe zum betrachteten PST1 und in den ersten Maschen treten darüber hinaus auf den AC-Leitungen ebenfalls Wirkleistungsflussänderungen von bis zu 0,30 p.u. pro 1° PST-Winkeländerung auf.

Mit entsprechender Vermaschung verringert sich der Einfluss der PST-Winkeländerung dann zunehmend. Bei den grau eingefärbten AC-Leitungen liegen die Wirkleistungsflussänderungen bei 1° PST-Winkeländerung unterhalb von 0,02 p.u.

Diese dargestellten Interpretationen zeigen sich ebenfalls bei den sechs anderen PSTs, so dass auf deren Abbildung in diesem Abschnitt verzichtet und auf den Anhang A.2 verwiesen wird.

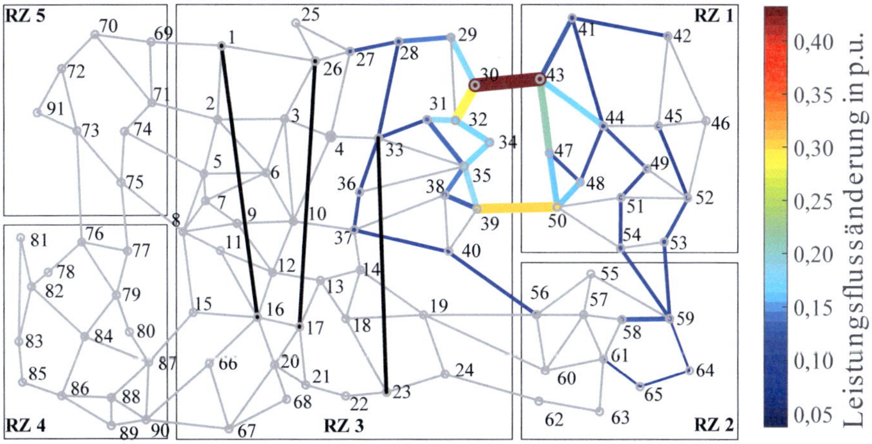

Abb. 4.6: Wirkleistungsflussänderungen bei PST-Winkeländerung um 1° bei PST1

Wirkleistungsflussänderungen beim Einsatz von HGÜ-VSCs können mithilfe von Power Transfer Distribution Factors (PTDF) bestimmt werden. Diese geben die Änderungen der Wirkleistungsflüsse bei einer Einspeiseveränderung an einem PU-Knoten an [140]. Dabei sind die PTDFs Faktoren zwischen 0 und 1 und beschreiben, wie sich der Wirkleistungsfluss Δp auf einer Leitung ändert, wenn die Leistung Δp_G am Knoten G eingespeist und an einem Slackknoten entnommen wird [141]. Modelltechnisch ist eine Änderung der HGÜ-VSC-Umrichterwirkleistung mit einer Änderung der Wirkleistungseinspeisung an einem PU-Knoten gleichzusetzen.

Abb. 4.7 stellt dies an einem kleinen Beispielnetz dar. Die Einspeisung von zusätzlichen 1 p.u. am Knoten G führt dazu, dass sich die zusätzlichen Wirkleistungsflüsse entsprechend der Netztopologie auf die einzelnen Leitungen aufteilen. Die berechneten PTDFs sind ebenfalls in Abb. 4.7 abgebildet.

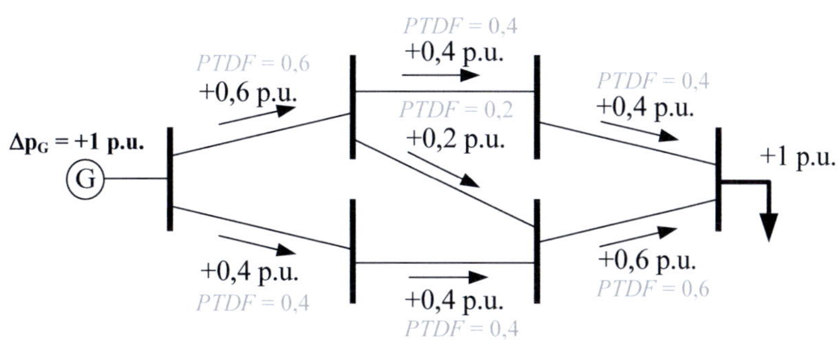

Abb. 4.7: Power Transfer Distribution Factor an einem Beispielnetz

Die Bestimmung der PTDFs erfolgt ausgehend vom linearen DC-Modell, was die Vernachlässigung der Blindleistung sowie der Übertragungsverluste bedeutet. Weiterhin werden die Spannungen der Netzknoten auf 1 p.u. festgelegt [142]. Somit sind die berechneten Wirkleistungsänderungen nicht exakt identisch mit den Werten der AC-Leistungsflussberechnung, bleiben aber innerhalb akzeptabler Toleranzen von durchschnittlich 5 % [141], [143], [144].

Die PTDFs berechnen sich aus der invertierten Suszeptanzmatrix $\boldsymbol{B}^{-1}$ multipliziert mit der Matrix $\boldsymbol{H}$ (siehe Gleichung (4.4)). Da die Matrix $\boldsymbol{B}$ singulär ist, müssen zur erfolgreichen Invertierung zuvor die Zeile und Spalte des Slackknotens eliminiert werden. Die Matrix $\boldsymbol{H}$ enthält die invertierten Leitungsreaktanzen x^{-1} in der Form $H(k,i) = 1/x_{ji}$, $H(k,j) = -1/x_{ji}$ und $H(k,m) = 0$ für $m \neq i$, $m \neq j$, wobei die Indexierung den Leitungszweig k zwischen den Knoten i und j beschreibt [141].

$$PTDF = H \cdot B^{-1} \tag{4.4}$$

Somit kann die Änderung des Wirkleistungsflusses Δp_{ij} auf der Leitung (i,j) berechnet werden, indem der entsprechende $PTDF_{ij}$ mit der Einspeiseänderung Δp_G am Einspeiseknoten G multipliziert wird (siehe Gleichung (4.5)).

$$\Delta p_{ij} = PTDF_{ij} \cdot \Delta p_G \tag{4.5}$$

In der nachfolgenden Abb. 4.8 sind beispielhaft die Wirkleistungsänderungen auf den Leitungen des Testnetzes bei Änderungen der Sollwerte an den VSCs der HGÜ1 dargestellt. Die Farbskala gibt an, wie stark sich die AC-Wirkleistungsflüsse durch eine HGÜ-VSC-Anpassung in Höhe von 1 p.u. gegenüber den vorherigen AC-Wirkleistungsflüssen verändern. So verändert sich beispielsweise auf der Leitung 1-2 der Wirkleistungsfluss um 0,4 p.u. Mit steigender Vermaschung und Entfernung zu den VSC-Knoten sinkt der Einfluss der VSC-Sollwertanpassung auf die AC-Wirkleistungsflüsse. Für alle anderen HGÜ-VSCs sind ähnliche Abbildungen in Anhang A.2 hinterlegt.

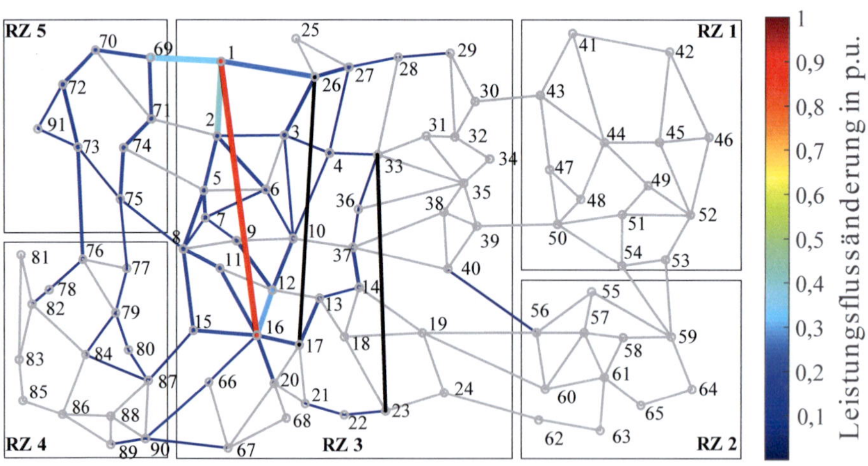

Abb. 4.8: Wirkleistungsflussänderungen bei HGÜ-VSC-Wirkleistungsänderung an VSC1 und VSC2

Aufbauend auf den zwei exemplarisch gezeigten Beispielen (Abb. 4.6 und Abb. 4.8) sind in der nachfolgenden Tab. 4.2 die berechneten betragsmäßigen PSDF-Faktoren für alle sieben PSTs und deren gegenseitiger Einfluss dargestellt. Ziel ist es, die Wechselwirkungen zwischen den räumlich getrennten PSTs zu bestimmen und somit abschätzen zu können, welche PSTs bei einer Optimierung koordiniert anzupassen sind. Diesbezüglich zeigt Tab. 4.2, dass vor allem die drei PSTs an den Interkonnektoren zwischen RZ 1 und RZ 3 sowie zwischen RZ 2 und RZ 3 (PST1 bis PST3) Einfluss aufeinander ausüben. So bewirkt die Winkeländerung von PST2 um 1° eine Änderung des Wirkleistungsflusses auf dessen Leitung 78 um 0,53 p.u. und auf Interkonnektor1 noch immer um 0,29 p.u. Weiterhin beeinflussen sich die PSTs 4 und 5 an den Interkonnektoren zwischen RZ 3 und RZ 5 sowie die PSTs 6 und 7 an den Interkonnektoren zwischen RZ 4 und RZ 5.

Tab. 4.2: Betragsmäßige PSDFs der PSTs im Testnetz

	|PSDF| in p.u.						
	Interkonnektor1 mit PST1 (RZ 1 - RZ 3)	Interkonnektor2 mit PST2 (RZ 1 - RZ 3)	Interkonnektor3 mit PST3 (RZ 2 - RZ 3)	Interkonnektor4 mit PST4 (RZ 3 - RZ 5)	Interkonnektor5 mit PST5 (RZ 3 - RZ 5)	Interkonnektor6 mit PST6 (RZ 4 - RZ 5)	Interkonnektor7 mit PST7 (RZ 4 - RZ 5)
Stellglied	Leitung 61	Leitung 78	Leitung 79	Leitung 122	Leitung 123	Leitung 143	Leitung 145
PST1	0,43	0,29	0,05	0,01	0,01	0,01	0,01
PST2	0,29	0,53	0,17	0,00	0,00	0,00	0,00
PST3	0,05	0,17	0,62	0,01	0,01	0,01	0,01
PST4	0,01	0,00	0,01	0,66	0,45	0,06	0,01
PST5	0,01	0,00	0,01	0,45	1,02	0,09	0,01
PST6	0,01	0,00	0,01	0,06	0,09	0,71	0,51
PST7	0,01	0,00	0,01	0,01	0,01	0,51	0,87

Alle anderen Einflüsse innerhalb der PSTs sind vernachlässigbar, so dass gemäß diesen Ergebnissen eine gesamtheitliche Koordinierung aller PSTs nicht notwendig erscheint. Vielmehr sind bei Anpassungen von PST-Winkeln in einem OPF-Prozess die Interaktionen innerhalb der folgenden drei PST-Gruppen zu berücksichtigen:

- PST1, PST2 und PST3
- PST4 und PST5
- PST6 und PST7

Neben PST-Anpassungen bewirken weiterhin Arbeitspunktänderungen an den HGÜ-VSCs eine Veränderung der AC-Wirkleistungsflüsse auf den Interkonnektoren. Tab. 4.3 zeigt diesbezüglich die berechneten betragsmäßigen PTDFs für die drei HGÜ-Verbindungen und deren Einfluss auf die Interkonnektoren. Die PTDFs beschreiben für die genannten AC-Interkonnektoren den prozentuellen Anteil, den sie von einer HGÜ-VSC-Wirkleistungsanpassung zusätzlich oder vermindert übertragen müssen. So bewirkt beispielsweise eine Anpassung der HGÜ1-Übertragungsleistung von 1 p.u., dass sich die Belastung auf dem Interkonnektor4 um 0,34 p.u. ändert, begründet durch die direkte Nähe von PST4 und HGÜ-VSC1. Weiterhin sind hohe Einflüsse von HGÜ-VSC-Arbeitspunktänderungen der HGÜ1 auf den Interkonnektor6 (PST6), der HGÜ2 auf den Interkonnektor4 (PST4) und der HGÜ3 auf den Interkonnektor3 (PST3) angegeben. Hier betragen die Veränderungen der AC-Wirkleistungsflüsse 12,3 %, 14,4 % bzw. 20,6 % der HGÜ-VSC-Arbeitspunktanpassung. Auf alle anderen Interkonnektoren wirken sich die HGÜ-VSC-Sollwertanpassungen nur mit weniger als 10 % auf die AC-Wirkleistungsflüsse aus.

Tab. 4.3: Betragsmäßige PTDFs der HGÜ-VSC-Verbindungen im Testnetz

	|PTDF| in %						
	Interkonnektor1 mit PST1 (RZ 1 - RZ 3)	Interkonnektor2 mit PST2 (RZ 1 - RZ 3)	Interkonnektor3 mit PST3 (RZ 2 - RZ 3)	Interkonnektor4 mit PST4 (RZ 3 - RZ 5)	Interkonnektor5 mit PST5 (RZ 3 - RZ 5)	Interkonnektor6 mit PST6 (RZ 4 - RZ 5)	Interkonnektor7 mit PST7 (RZ 4 - RZ 5)
Stellglied	Leitung 61	Leitung 78	Leitung 79	Leitung 122	Leitung 123	Leitung 143	Leitung 145
HGÜ1	3,4	0	5,4	34,4	0,2	12,3	8
HGÜ2	6,4	0,4	9,1	14,4	5,4	8,2	7,1
HGÜ3	9,2	3	20,6	4,2	3,8	3,8	3,9

Somit ergeben sich bei alleiniger Betrachtung der Einflüsse von PSTs und HGÜ-VSCs auf die Wirkleistungsflüsse der PST-Interkonnektoren mehrere Überschneidungen, was eine alleinige dezentrale Betriebsführung der PFCDs ausschließt. Werden nun alle berechneten Einflussbereiche der PFCDs wie in Abb. 4.9 übereinandergelegt, zeigt sich, dass sich die Überschneidungen der einzelnen PFCD-Einflussbereiche bei der Einbeziehung weiterer Leitungen weiter erhöhen. Dementsprechend wird an dem gewählten Ansatz einer zentraleren Optimierung aller PFCDs in der Übertragungsnetzebene festgehalten.

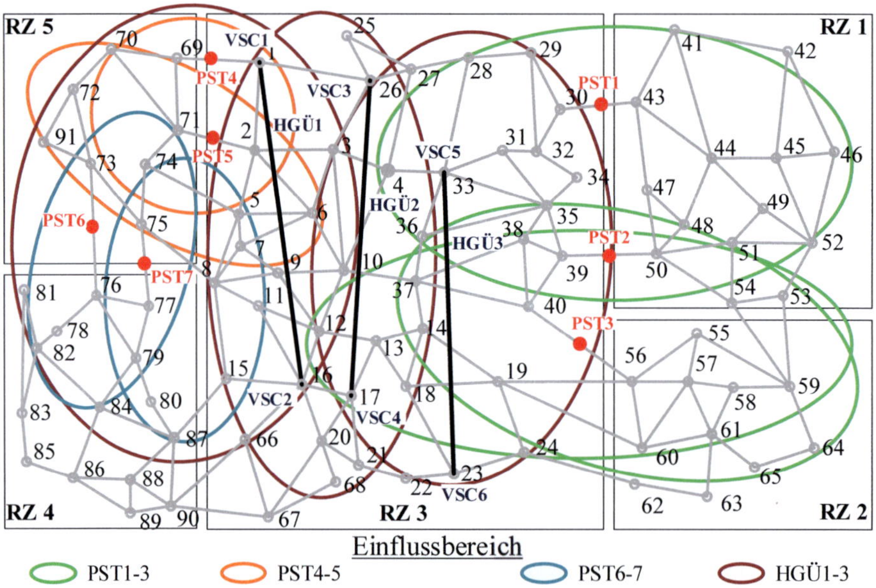

Abb. 4.9: Einflussbereich der PFCDs bezüglich Wirkleistungsflussänderungen

Zwischenfazit

Mithilfe von PSDFs und PTDFs wird aufgezeigt, inwieweit jeder PST und HGÜ-VSC des Testnetzes Einfluss auf die Wirkleistungsflüsse in den angrenzenden Leitungen ausübt und inwieweit sich die Einflussbereiche überschneiden. Daraus kann abgeleitet werden, dass sich einzelne PSTs sowie die HGÜ-VSCs gegenseitig beeinflussen und es somit zu negativen Wechselwirkungen hinsichtlich der Wirkleistungsbeeinflussung kommen kann. Entsprechend ist ein zentraler Ansatz zur Koordinierung von PSTs und HGÜ-VSCs notwendig.

4.2.2 Validierung der Methode zur Day-Ahead- und Intraday-Optimierung von PSTs und HGÜ-VSCs

Zur Validierung der in Abschnitt 3.3 entworfenen Methode wird das in Abschnitt 4.1.3 definierte Basisszenario S-0-0 verwendet. Dieses Basisszenario S-0-0 beschreibt ein Verbundnetz, in dem keine PSTs und HGÜ-VSC-Verbindungen integriert bzw. in Betrieb sind, und dient dem Vergleich der Leitungsbelastungen vor und nach der Optimierung der PFCD-Arbeitspunkte. Dazu werden anschließend im Szenario S-1-1 PSTs in das Verbundnetz integriert, deren Sollwerte optimiert und die Leitungsbelastungen zum Szenario S-0-0 verglichen. Ebenso erfolgen die Optimierung von Sollwerten und der Vergleich der Leitungsbelastungen im Szenario S-1-2, wobei in diesem Szenario das Basisszenario S-0-0 um HGÜ-VSC-Verbindungen ergänzt wird. Das Szenario S-1-3 spiegelt ein Verbundnetz wider, in dem PSTs und HGÜ-VSCs integriert werden und deren Sollwerte zu optimieren sind. Somit ergeben sich insgesamt die folgenden vier Optimierungsfälle:

- Basisszenario mit PST-Winkel $\alpha = 0°$ und HGÜ-VSC-Wirkleistung $p_{VSC} = 0$ p.u. (Szenario S-0-0)
- alleinige PST-Winkel-Optimierung mit HGÜ-VSC-Wirkleistung $p_{VSC} = 0$ p.u. (Szenario S-1-1)
- alleinige HGÜ-VSC-Wirkleistungsoptimierung mit PST-Winkel $\alpha = 0°$ (Szenario S-1-2)
- koordinierte Optimierung der PST-Winkel und HGÜ-VSC-Wirkleistung (Szenario S-1-3)

Im ersten Szenario S-0-0 sind die PSTs und HGÜ-VSCs nicht in Betrieb und die Nord-Süd-Trassen sehr stark ausgelastet. Dies gilt insbesondere für den mittleren Bereich des Testnetzes, wie in Abb. 4.10 gekennzeichnet.

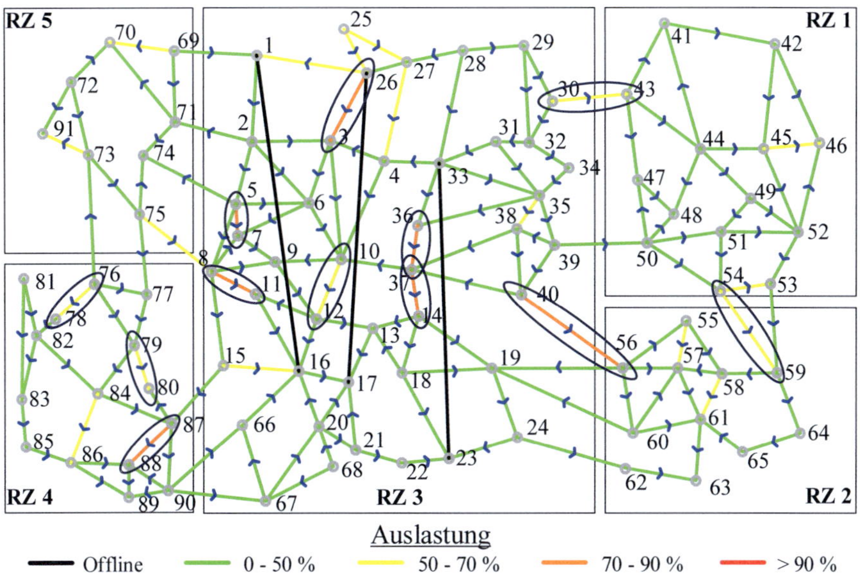

Abb. 4.10: Übersicht der betrachteten AC-Leitungen mit Leitungsbelastungen im Basisszenario S-0-0

Zur Verdeutlichung der Wirkung von optimierten PSTs und HGÜ-VSCs auf die Leitungsbelastungen werden aus Übersichtsgründen die in Abb. 4.10 markierten stark belasteten Leitungen repräsentativ ausgewählt und deren Belastungssituationen bei verschiedenen PFCD-Arbeitspunkten gegenübergestellt. Die Wahl fiel auf Leitungen, die mit mehr als 70 % belastet oder überlastungsgefährdete AC-Leitungen sind. Dies ermöglicht den Vergleich von Leitungen mit Leitungsbelastungen im zu optimierenden Bereich um die 70 %.

Die berechneten Leitungsbelastungen für die gewählten Leitungen sind für die vier Optimierungsfälle in Tab. 4.4 angegeben. Dabei erfolgt, bezogen jeweils auf die Belastungen im Basisszenario S-0-0, eine Anzeige der absoluten Veränderung der Leitungsbelastung Δ_{belast}, die sich durch die Optimierung der PFCDs ergibt. Verringerungen in der Leitungsbelastung sind grün und Erhöhungen rot eingefärbt. Leitungsbelastungen, die vor oder nach der Optimierung die Grenze von 70 % überschreiten, sind darüber hinaus ebenfalls rot hervorgehoben.

Tab. 4.4: Gegenüberstellung der Leitungsbelastungen vor und nach den Optimierungen in S-0-0 und S-1-1 bis S-1-3

	Leitungsbelastung in %						
Leitung	Basisszenario (S-0-0)	PST-Optimierung (S-1-1)		HGÜ-VSC-Optimierung (S-1-2)		PST- & HGÜ-VSC-Optimierung (S-1-3)	
3-26	87,0 %	79,8 %	↓ -7,2 %	66,2 %	↓ -20,8 %	66,6 %	↓ -20,4 %
5-7	81,1 %	77,7 %	↓ -3,4 %	70,0 %	↓ -11,1 %	70,0 %	↓ -11,1 %
8-11	85,5 %	76,2 %	↓ -9,3 %	67,1 %	↓ -18,4 %	70,0 %	↓ -15,5 %
10-12	63,6 %	62,5 %	↓ -1,1 %	39,1 %	↓ -24,5 %	38,4 %	↓ -25,2 %
14-37	73,9 %	67,4 %	↓ -6,6 %	43,4 %	↓ -30,5 %	41,4 %	↓ -32,5 %
30-43	67,3 %	69,5 %	↑ +2,2 %	56,9 %	↓ -11,4 %	70,0 %	↑ +2,7 %
36-37	74,5 %	72,1 %	↓ -2,4 %	48,1 %	↓ -26,4 %	49,9 %	↓ -24,6 %
40-56	71,7 %	68,8 %	↓ -2,9 %	51,7 %	↓ -20,0 %	67,1 %	↓ -4,6 %
54-59	62,0 %	69,7 %	↑ +7,7 %	55,1 %	↓ -6,9 %	55,3 %	↓ -6,7 %
76-78	59,0 %	70,0 %	↑ +11,0 %	52,8 %	↓ -6,2 %	70,0 %	↑ +11,0 %
79-80	61,2 %	70,0 %	↑ +8,8 %	53,0 %	↓ -8,2 %	70,0 %	↑ +8,8 %
87-88	72,9 %	71,6 %	↓ -1,3 %	68,7 %	↓ -4,2 %	69,7 %	↓ -3,2 %

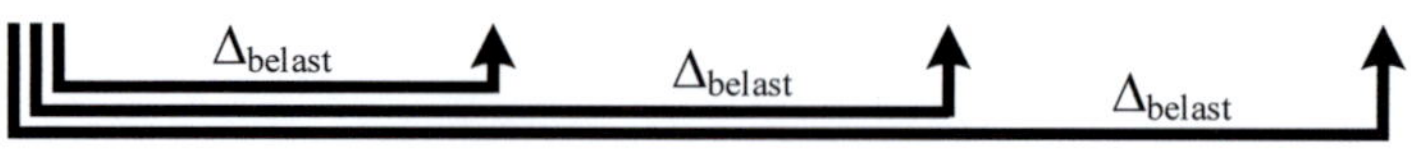

In Tab. 4.4 ist dargestellt, dass im Basisszenario S-0-0 mit PSTs in Neutralstellung und ausgeschalteten HGÜ-Verbindungen insgesamt sieben AC-Leitungen über 70 % (bis zu 87 %) ausgelastet sind. Die durchschnittliche Überlastung liegt bei 8,1 %. Die Position der stark belasteten und beobachteten AC-Leitungen ist in Abb. 4.10 orange eingefärbt.

Eine alleinige Optimierung der PST-Arbeitspunkte in S-1-1 führt gegenüber dem Basisszenario S-0-0 zu einer Entlastung der überlasteten Leitungen, so dass in diesem Fall nach der Optimierung nur noch fünf AC-Leitungen mit mehr als 70 % belastet sind. Weiterhin sinkt neben der Anzahl der überlasteten Leitungen auch die durchschnittliche Mehrbelastung von 8,1 % auf 3,9 %. Diese

Verringerung wird erreicht, indem weniger stark belastete Leitungen, wie zum Beispiel 54-59, 76-78 und 79-80, stärker beansprucht werden. Somit zeigt sich in diesem Szenario S-1-1, dass die PSTs zu einer Entlastung bestimmter AC-Leitungen beitragen, wobei dies gleichzeitig nur durch eine Belastungserhöhung auf anderen AC-Leitungen möglich ist.

Im Vergleich zu den PSTs erfolgt in S-1-2 mithilfe der HGÜ-VSC-Verbindungen die Schaffung neuer Transportkapazitäten, was sich auch in den Ergebnissen nach der alleinigen HGÜ-VSC-Optimierung widerspiegelt. Tab. 4.4 zeigt, dass die HGÜ-VSC-Verbindungen in S-1-2 zu deutlichen Reduzierungen der AC-Leitungsbelastungen führen, die insbesondere an den zu den HGÜ-VSC-Verbindungen parallel verlaufenden AC-Leitungen (14-37, 10-12, 36-37) bis zu 30 % betragen. Dementsprechend sind nach der alleinigen HGÜ-VSC-Optimierung mit durchschnittlichen HGÜ-VSC-Anpassungen von 4,08 p.u. keine AC-Leitungen mehr über 70 % belastet.

Dieses Ziel wird bei einer kombinierten Optimierung von PSTs und HGÜ-VSCs in S-1-3 ebenfalls erreicht, wie in Tab. 4.4 gezeigt ist. Dabei kommt es sowohl zu Verringerungen als auch zu Erhöhungen der AC-Leitungsbelastungen, was wiederum durch die Einbindung der PSTs und deren Verschiebung der Wirkleistungsflüsse auf weniger belastete AC-Leitungen zu erklären ist. Die entsprechenden Leitungsbelastungen nach der koordinierten PST- und HGÜ-VSC-Optimierung sind in Abb. 4.11 visualisiert.

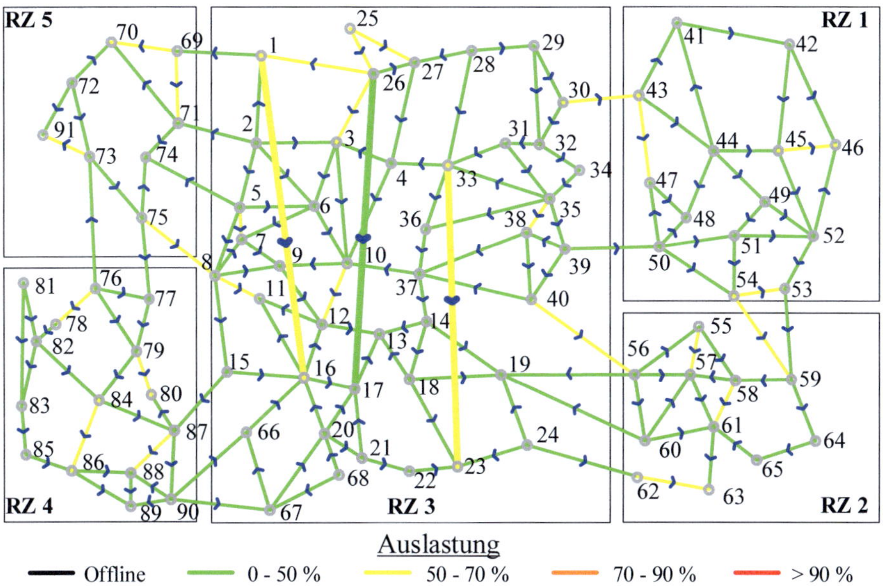

Abb. 4.11: Leitungsbelastung nach koordinierter PST- und HGÜ-VSC-Optimierung (S-1-3)

Die Ergebnisse in Tab. 4.4 zeigen, dass bei der koordinierten PST- und HGÜ-VSC-Optimierung in S-1-3 die Leitungsbelastung auf einigen betrachteten AC-Leitungen exakt auf 70 % verringert wird. Dies war bei den alleinigen PST- oder HGÜ-VSC-Optimierungen aufgrund der geringeren Anzahl an Stellgrößen nicht möglich. Dementsprechend verringert sich bei einer koordinierten Optimierung aller PFCDs auch die Höhe der durchschnittlichen Arbeitspunktänderungen $\Delta\alpha_{PST}$ und Δp_{VSC} von 4,1° auf 3,4° bei den PSTs sowie von 4,08 p.u. auf 2,66 p.u. bei den HGÜ-VSCs (siehe Tab. 4.5).

Tab. 4.5: Durchschnittliche PFCD-Sollwerte

Sollwert	Basis-szenario (S-0-0)	PST-Optimierung (S-1-3)	HGÜ-VSC-Optimierung (S-1-2)	PST- & HGÜ-VSC-Optimierung (S-1-3)
Ø ΔPST-Sollwert	0°	4,1°	0°	3,4°
Ø ΔHGÜ-VSC-Sollwert	0 p.u.	0 p.u.	4,08 p.u.	2,66 p.u.

OPF-Berechnung für einen Tagesverlauf

Neben der gezeigten PFCD-Optimierung für einen einzelnen Zeitpunkt bzw. ein Optimierungsintervall erfolgt weiterhin in den Szenarien S-2-1 bis S-2-24 die koordinierte PST- und HGÜ-VSC-Optimierung für 24-Stundenintervalle, wie es im Rahmen des DACF-Prozesses möglich ist. Die sich über einen Tag verändernde Last und Einspeisung wird im Testnetz an einem typischen Lastszenario vorgenommen, wie es beispielhaft auch in Deutschland auftreten könnte. Der in Abb. 4.12 dargestellte viertelstündliche Lastverlauf [145] wird dazu ausgehend von der mittleren Last aus jeweils vier aufeinanderfolgenden Viertelstundenintervallen zu 24 Lastwerten zusammengefasst.

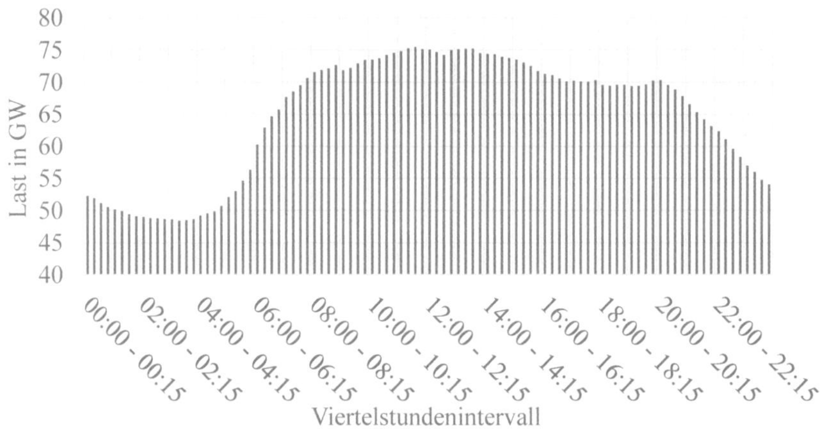

Abb. 4.12: Betrachteter Lastverlauf nach [145]

Um die Last- und Einspeisesituation des einzelnen Basisszenarios S-0-0 auf 24 Szenarien (S-2-1 bis S-2-24) auszuweiten, werden die Last- und Einspeisewerte entsprechend dem dargestellten Lastverlauf angepasst. Abhängig von der Wahl des Bezugszeitpunktes im dargestellten Lastverlauf (entspricht dem Normierungswert 1) ergeben sich die Normierungsfaktoren für die entsprechende Anpassung. Beispielhaft ist dies für die Bezugszeitpunkte 5 Uhr, 7 Uhr und 12 Uhr in Abb. 4.13 dargestellt. Da das Basisszenario S-0-0 eine Schwachlastsituation darstellt, sind entsprechend Lastverläufe zwischen 21 Uhr und 7 Uhr als Normierungsgrundlage heranzuziehen, wobei festgelegt wird, dass das Basisszenario S-0-0 der Last um 7 Uhr entspricht. Dies gewährleistet, dass die Normierungsfaktoren mit Werten zwischen 0,77 und 1,19 (siehe Abb. 4.13) die bereits im Basisszenario S-0-0 auftretenden AC-Leitungsüberlastungen nur begrenzt erhöhen, was bei der Wahl von 5 Uhr als Normierungsgrundlage mit Faktoren zwischen 0,97 und 1,51 stärker der Fall ist.

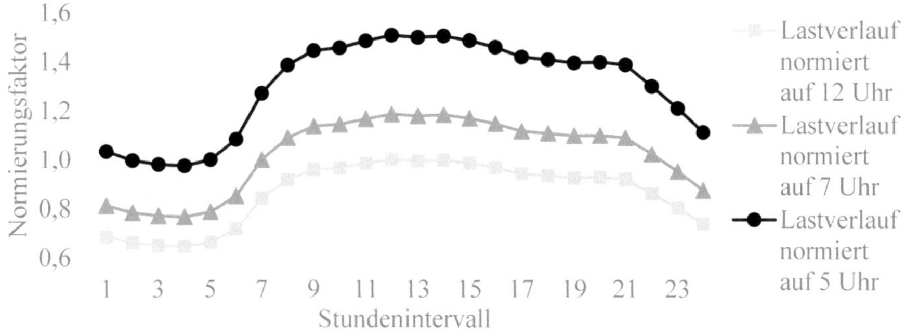

Abb. 4.13: Normierte Lastverläufe in Abhängigkeit zum gewählten Bezugszeitpunkt

Mithilfe dieser Normierungsfaktoren zwischen 0,77 und 1,19 werden die Lasten und Einspeiseleistungen des Basisszenarios S-0-0 für die jeweiligen 24-Stundenintervalle (S-2-1 bis S-2-24) multipliziert. Dabei wird vereinfachend davon ausgegangen, dass sich die Einspeisung und Last in jedem Knoten des Testnetzes in gleicher Weise ändern.

Die nachfolgende Abb. 4.14 zeigt für die 24 erstellten Szenarien (S-2-1 bis S-2-24) die aufsummierte Leitungsüberlastung $\sum S_l > 70\%$ aller AC-Leitungen, die mehr als 70 % belastet sind. Diese aufsummierte Leitungsüberlastung $\sum S_l > 70\%$ errechnet sich gemäß Gleichung (4.6).

$$\sum S_l > 70\% = \begin{cases} \sum_{l=1}^{n} \left(\frac{\left(S_l - 0,7 \cdot S_{l,\max}\right)}{S_{l,\max}} \right) \cdot 100\% & \text{,wenn } S_l > 0,7 \cdot S_{l,\max} \\ 0 & \text{,sonst} \end{cases} \tag{4.6}$$

Die aufsummierte Leitungsüberlastung $\sum S_l > 70\%$ in Abb. 4.14 wird für jedes Stundenintervall einmal bei der Lastsituation mit PFCD-Optimierung und einmal ohne PFCD-Optimierung (PSTs in Neutralstellung und die HGÜ-VSC-Verbindungen sind ausgeschaltet) dargestellt.

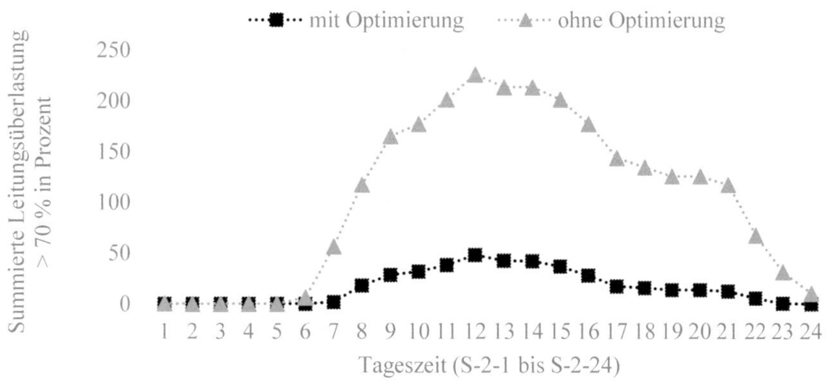

Abb. 4.14: Aufsummierte AC-Leitungsbelastung oberhalb von 70 % bei PSTs in Neutralstellung und ausgeschalteten HGÜ-VSC-Verbindungen (S-2-1 bis S-2-24)

Entsprechend der Tageslastkurve ist abgebildet, dass mit steigender Last und ohne PFCD-Anpassung (graue Linie) im Laufe des Vormittags die Anzahl an überlasteten AC-Leitungen und somit die aufsummierte Leitungsüberlastung $\sum S_l > 70\%$ ansteigen. Zum Abend hin nehmen die Anzahl und die aufsummierte Leitungsüberlastung aufgrund der Lastabnahme ab.

Mithilfe einer koordinierten Optimierung der sieben PSTs und der sechs HGÜ-VSCs im Testnetz ist es möglich, die auftretenden Leitungsüberlastungen im Tagesverlauf deutlich zu reduzieren. In Abb. 4.14 ist abgebildet, wie der OPF-Prozess mithilfe der in Abschnitt 3.3.2 vorgestellten Zielfunktion zu jeder Zeit die AC-Leitungsüberlastungen verringert (schwarze Linie). Gleichzeitig ist eine vollständige Beseitigung aller AC-Leitungsüberlastungen durch die Optimierung nicht möglich, da teilweise Leitungen überlastet sind, auf die die PFCDs keinen Einfluss haben. In diesen Fällen sind von den ÜNBs weitere von den in Abschnitt 2.1.5 genannten Maßnahmen vorzunehmen, um die AC-Leitungsüberlastungen zu beseitigen.

Erreicht wird die deutliche Reduzierung der Überlastsituationen in S-2-6 bis S-2-24 durch die in Abb. 4.15 dargestellten PST- und HGÜ-VSC-Sollwerte. In den frühen Morgenstunden tretten aufgrund einer geringen Netzlast keine Überlastsituationen auf (Abb. 4.14) und dementsprechend sind die PFCD-Sollwerte nicht anzupassen (siehe Abb. 4.15). Erst gegen 6 Uhr (S-2-6) führt der Anstieg der Netzlast zu einer Anpassung der PFCD-Arbeitspunkte, die sich bis zur maximalen Netzlast um ca. 13 Uhr (S-2-13) fortsetzen. Entsprechend der Minimierung der Arbeitspunktveränderungen verbleiben die PFCDs dann annähernd in ihren Arbeitspunkten, da dies die beste Kombination mit der Minimierung der AC-Überlastsituationen darstellt. Bei einer Anwendung mit realen Netzdaten ist davon auszugehen, dass die PFCD-Sollwerte sich auch am Nachmittag und Abend verändern können, da in der Realität lokal unterschiedliche Änderungen der Einspeise- und Lastsituationen auftreten.

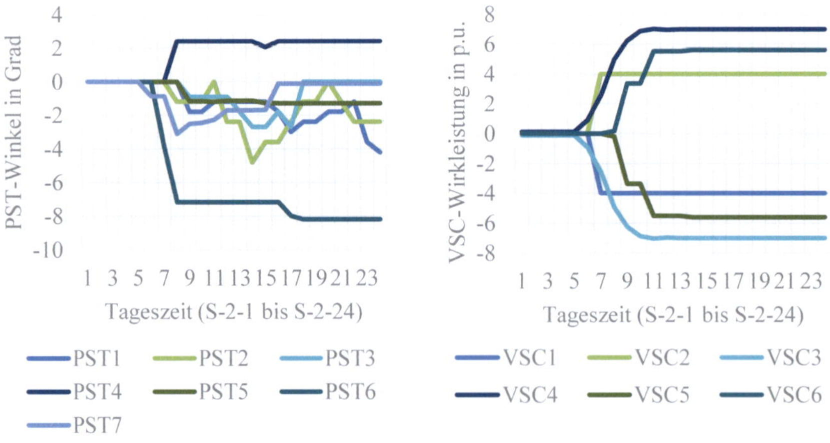

Abb. 4.15: Verlauf der optimierten PST- und HGÜ-VSC-Sollwerte über 24 Stundenintervalle (S-2-1 bis S-2-24)

Unvollständige Umsetzung der Handlungsempfehlung

Die im Rahmen des OPF-Prozesses von der zentralen Instanz vorausberechneten PST-Winkel und HGÜ-VSC-Wirkleistungen stellen eine Handlungsempfehlung für die beteiligten ÜNBs dar. Nachfolgend wird exemplarisch am optimierten Basisszenario S-1-3 aus diesem Abschnitt 4.2.2 gezeigt, welchen Einfluss es auf die Wirkleistungsflüsse hat, wenn ein Teil der Handlungsempfehlungen nicht umgesetzt wird. Dies kann beispielsweise vorkommen, wenn es einem ÜNB bei technischen Problemen nicht möglich ist, die Empfehlung umzusetzen. Dazu werden in Tab. 4.6 zwei Szenarien betrachtet, wobei im ersten Szenario S-3-1 die PSTs 6 und 7 in der Neutralposition verbleiben und im zweiten Szenario S-3-2 die VSCs 5 und 6 ausgeschaltet sind. Bei allen anderen PFCDs werden dagegen die empfohlenen Arbeitspunkte eingestellt.

Tab. 4.6 zeigt, dass eine gesamtheitliche Anpassung der PFCD-Arbeitspunkte (S-1-3) zu einer Beseitigung der Leitungsüberlastungen führt, wohingegen die Beibehaltung der PSTs 6 und 7 in Neutralposition (S-3-1) zu einer Überlastung von vier AC-Leitungen (5-7, 8-11, 30-43, 87-88) führt. Diese Überlastungen treten vor allem auf zuvor bereits stark belasteten AC-Leitungen auf, da die fehlende Umsetzung der Sollwert-Empfehlung an den PSTs 6 und 7 die Wirkleistungsflüsse nicht auf weniger stark belastete AC-Leitungen umleitet (Leitungen 76-78 und 79-80).

Tab. 4.6: Vergleich der Leitungsbelastungen für ausgewählte AC-Leitungen bei teilweiser Umsetzung der Handlungsempfehlung

	Leitungsbelastung						
Leitung	Basisszenario (S-0-0)	Vollständige Umsetzung der Handlungsempfehlung (S-1-3)		Keine Umsetzung der Handlungsempfehlung an PST6 und PST7 (S-3-1)		Keine Umsetzung der Handlungsempfehlung an VSC5 und VSC6 (S-3-2)	
3-26	87,0 %	66,6 %	↓ -20,4 %	67,4 %	↑ +0,8 %	68,5 %	↑ +1,9 %
5-7	81,1 %	70,0 %	↓ -11,1 %	74,1 %	↑ +4,1 %	71,5 %	↑ +1,5 %
8-11	85,5 %	70,0 %	↓ -15,5 %	75,3 %	↑ +5,3%	73,4 %	↑ +3,4 %
10-12	63,6 %	38,4 %	↓ -25,2 %	42,3 %	↑ +3,9 %	45,4 %	↑ +7,0 %
14-37	73,9 %	41,4 %	↓ -32,5 %	44,2 %	↑ +2,8 %	55,8 %	↑ +14,4 %
30-43	67,3 %	70,0 %	↑ +2,7 %	70,8 %	↑ +0,8 %	74,8 %	↑ +4,8 %
36-37	74,5 %	49,9 %	↓ -24,6 %	51,1 %	↑ +1,2 %	64,7 %	↑ +14,8 %
40-56	71,7 %	67,1 %	↓ -4,6 %	68,5 %	↑ +1,4 %	77,8 %	↑ +10,7 %
54-59	62,0 %	55,3 %	↓ -6,7 %	55,8 %	↑ +0,5 %	58,9 %	↑ +3,5 %
76-78	59,0 %	70,0 %	↑ +11,0 %	22,7 %	↓ -47,3 %	71,2 %	↑ +1,2 %
79-80	61,2 %	70,0 %	↑ +8,8 %	58,7 %	↓ -11,3 %	71,5 %	↑ +1,5 %
87-88	72,9 %	69,7 %	↓ -3,2 %	70,3 %	↑ +0,6 %	70,9 %	↑ +1,2 %

Die Nichtumsetzung an den zwei HGÜ-VSCs 5 und 6 (S-3-2) führt zu einer noch stärken Abweichung vom optimierten Zustand, da in diesem Fall die gesamte Transportkapazität der HGÜ-Verbindung zur Entlastung des AC-Netzes nicht genutzt wird. Insgesamt sind in diesem Szenario S-3-2 neun AC-Leitungen in Nord-Süd-Richtung mit mehr als 70 % belastet, was eine erhöhte Anwendung von Maßnahmen zur Wahrung der Netzsicherheit erfordert.

Diese Ergebnisse implizieren, dass eine Nicht-Umsetzung eines oder mehrerer Sollwerte zu einem resultierenden Netzzustand führt, der nicht dem errechneten Optimum entspricht. Dieser Netzzustand kann sowohl geringfügig, als auch im größeren Maßstab vom Optimum abweichen. Somit stellt jedes Abweichen vom koordiniert vorausberechneten PFCD-Sollwert ein nicht abschätzbares Risiko dar. Dementsprechend sollte die Verlässlichkeit auf die anderen ÜNBs stets gegeben sein, was im Umkehrschluss bedeutet, dass jeder ÜNB selbst nur in sehr seltenen Extremfällen von den empfohlenen Sollwerten abweichen sollte. Kann dies nicht gewährleistet werden, ist es notwendig, entsprechend optimierte PST- und HGÜ-VSC-Sollwerte für jeden erdenklichen Fall der Nichtumsetzung zu berechnen und den anderen ÜNBs bereitzustellen.

Zwischenfazit

Die Methode zur Day-Ahead- und Intraday-Optimierung von PSTs und HGÜ-VSCs mit koordinierter Optimierung beider PFCDs ermöglicht eine Minimierung der Leitungsüberlastungen sowie der Anzahl an (n-1)-Sicherheitsverletzungen. Dies wird vor allem beim Zusammenspiel von PSTs und HGÜ-VSCs unter minimaler Arbeitspunktänderung erreicht. Wichtig ist, dass die Sollwerte von allen beteiligten ÜNBs einheitlich eingestellt werden. Ansonsten ist das vorausberechnete Optimum nicht erreichbar.

Auch die Optimierung der Sollwerte in der gezeigten Zeitreihensimulation führt zu geringeren Leitungsüberlastungen als im Falle gleichbleibender PST- und HGÜ-VSC-Sollwerte. Eine Beseitigung alle Leitungsüberlastungen ist in bestimmten Stundenintervallen aufgrund der begrenzten Freiheitsgrade der PFCDs nicht möglich. In diesem Falle sind weitere Maßnahmen von den ÜNBs einzuleiten.

4.2.3 Validierung der Methode zur korrektiven Anpassung von PST und HGÜ-VSC bei klar identifizierbaren Leistungsflussänderungen

Ausgehend vom optimierten Basisszenario S-0-0 werden für die Validierung der in Abschnitt 3.4.3 entworfenen Methode die korrektiven PFCD-Arbeitspunkte für jeden möglichen AC-Leitungsausfall vorausberechnet und ein Vergleich der Leitungsbelastungen mit und ohne Arbeitspunktanpassungen vorgenommen. Dies führt bei dem Testnetz mit 168 AC-Leitungen zur Bestimmung von 168 korrektiven PFCD-Arbeitspunkten (S-4-1 bis S-4-168).

Ein möglicher Leitungsausfall hat, je nach Belastung der AC-Leitungen, verschieden große Einflüsse auf die Belastung der benachbarten AC-Leitungen, so dass es dadurch teilweise zu Überlastungen vereinzelter Leitungen kommen kann. Zur Beseitigung möglicher Leitungsüberlastungen bei einem Leitungsausfall wird mithilfe des entworfenen SCOPFs für die betrachteten AC-Leitungsausfälle die bestmögliche Kombination an PST- und HGÜ-VSC-Arbeitspunkten zur Erfüllung der Zielfunktion bestimmt, die gleich der OPF-Zielfunktion ist.

Die Ergebnisse dieser Optimierung sind in Abb. 4.16 visualisiert. Dabei erfolgt für jeden Leitungsausfall ein Vergleich der resultierenden kumulierten Überlastungen $\sum S_l > 70\%$ für alle AC-Leitungen mit einer Belastung >70 %, sowohl bei unveränderten als auch bei angepassten PFCD-Arbeitspunkten. Abb. 4.16 zeigt, dass der einzelne Ausfall einer AC-Leitung bei unveränderten PFCD-Arbeitspunkten (grauer Kreis) zum einen in vielen Fällen zu keinen oder geringen Überlastungen und zum anderen zu aufsummierten Überlastungen $\sum S_l > 70\%$ von bis zu 80 % führen kann. Vergleichend dazu sind in Abb. 4.16 ebenfalls die Ergebnisse dargestellt, die sich durch die SCOPF-bestimmten Anpassungsmaßnahmen der PFCD-Sollwerte ergeben (schwarzes Kreuz). Die Ergebnisse zeigen, dass die nach einem AC-Leitungsausfall resultierenden Überlastsituationen durch die Einstellung der vorausberechneten korrektiven PFCD-Arbeitspunkte deutlich reduziert werden können. Gleichzeitig ist es nicht möglich, alle Überlastsituationen zu beseitigen, so dass in 21 Fällen noch Leitungsüberlastungen größer 70 % auftreten. Dies liegt im Speziellen an dem Aufbau des vereinfachten Testnetzes, wo zum Beispiel der Ausfall der AC-Leitung 25-26 (siehe im oberen Bereich des Testnetzes in Abb. 4.5) aufgrund der geringen Vermaschung automatisch zu einer Überlastung der AC-Leitung 26-27 führt. Diese beiden AC-Leitungen sind auch die einzigen, die im (n-1)-Fall mit mehr als 100 % belastet werden.

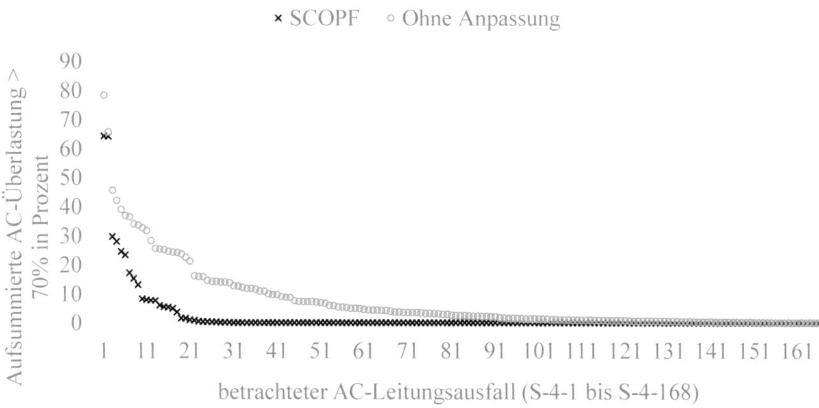

Abb. 4.16: Vergleich Netzüberlastung mit SCOPF und ohne Anpassung in S-4-1 bis S-4-168

Die Streuungen der 168 neu berechneten PST-Arbeitspunkte für die 168 möglichen AC-Leitungsausfälle (S-4-1 bis S-4-168) sind in Abb. 4.17 in einem Parallel-Coordinates-Plot abgebildet, wobei jede gestrichelte Linie eine PST-Kombination widerspiegelt. Es ist dargestellt, dass je nach (n-1)-Fall die berechneten PST-Winkel zwischen ± 12° schwanken, wobei dies stark vom jeweilig betrachteten PST abhängig ist. So sind die korrektiven PST-Winkel beim PST6 einheitlich im negativen Bereich vorzufinden, während bei den anderen PSTs sowohl negative als auch positive Stellbereiche angefahren werden. Weiterhin spiegelt die Abb. 4.17 wider, wie bei PST1 bis PST3 die vorgegebenen diskreten Stufungsschrittweiten beim SCOPF eingehalten werden.

Insgesamt ist festzustellen, dass sich die korrektiven Stellbereiche in S-4-1 bis S-4-168 meist von der OPF-berechneten PST-Kombination in S-1-3 (dunkelblaue Linie) unterscheiden. In Verbindung mit Abb. 4.16 zeigt sich die Notwendigkeit von Anpassungsmaßnahmen zur Verringerung der Überlastsituationen bei einer Störung.

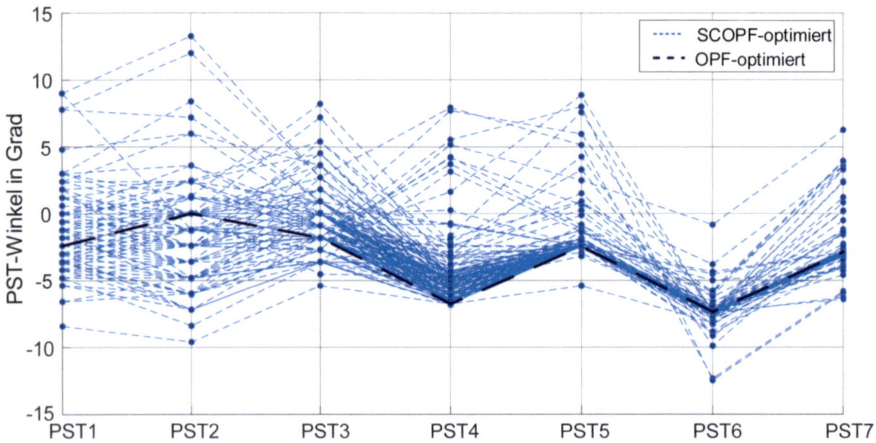

Abb. 4.17: Darstellung der SCOPF optimierten PST-Sollwerte in S-4-1 bis S-4-168

Diese Notwendigkeit von Anpassungsmaßnahmen bei AC-Leitungsausfällen zeigt sich ebenfalls in Abb. 4.18, in der die 168 korrektiven HGÜ-VSC-Arbeitspunkte für die 168 möglichen AC-Leitungsausfälle (S-4-1 bis S-4-168) dargestellt sind – analog zu Abb. 4.17. Dabei wird vereinfachend die zwischen den HGÜ-VSCs und somit auf den drei HGÜ-P2P-Verbindungen transportierte Wirkleistung abgebildet. Abb. 4.18 zeigt, dass sich die korrektiven HGÜ-VSC-Sollwerte wiederum von den im OPF-Prozess berechneten Arbeitspunkten (S-1-3) unterscheiden. Weiterhin sind die korrektiven HGÜ-VSC-Sollwerte (S-4-1 bis S-4-168) gegenüber den OPF-Sollwerten (S-1-3) mehrheitlich in einem größeren Wirkleistungsbereich angesiedelt. Dies führt bei einem AC-Leitungsausfall und der Einstellung der entsprechenden korrektiven Sollwerte zu dem gewünschten Resultat, das wiederum eine größere Wirkleistungsübertragung über die HGÜ-P2P-Verbindungen und somit eine Entlastung des AC-Netzes stattfindet (siehe Abb. 4.16).

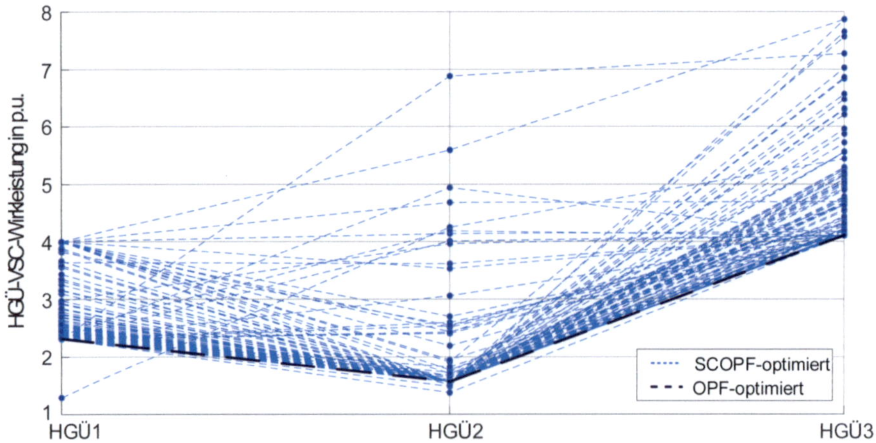

Abb. 4.18: Darstellung der SCOPF-optimierten HGÜ-Wirkleistungen in S-4-1 bis S-4-168

Zur Einstellung der korrektiven Arbeitspunkte ist zuvor die eindeutige Identifikation des AC-Leitungsausfalls notwendig. In den Untersuchungen hat sich gezeigt, dass die verwendete Methode zur Identifikation von AC-Leitungsausfällen bei Anwendung auf das Testnetz mit der in Abschnitt 3.4.2 gezeigten PMU-Platzierung zu einer richtigen Identifikation von 134 von 168 AC-Leitungsausfällen führt. Es werden vor allem Leitungsausfälle falsch identifiziert, d. h. anderen Leitungen zugeordnet, die vorwiegend am Rand des Testnetzes liegen. Weiterhin erfolgt bei fehlerhaften Detektionen oft eine Ausgabe der zur tatsächlichen ausgefallen AC-Leitung benachbarten AC-Leitung. In diesen Fällen lag die eigentlich zu detektierende AC-Leitung aufgrund nahezu gleicher NAD oft an zweiter oder dritter Stelle.

Eine Erhöhung der Zuordnungsgenauigkeit von AC-Leitungsausfällen kann mithilfe einer optimierten PMU-Platzierung, wie in [87], [88], [89], [90], [91] entworfen, erhöht werden. Diese Optimierung ist kein Bestandteil dieser Arbeit, da die verwendete Methode die kritischen AC-Leitungsausfälle korrekt identifizieren kann. Die unkorrekte Zuordnung tritt in dem Testnetz bei unkritischen AC-Leitungen auf, deren Ausfall keine korrektiven PFCD-Anpassungen erfordert. Eine einfache zufällige Platzierung von weiteren PMUs, vor allem am Rand des Testnetzes, resultiert in einer Verbesserung der Anzahl an richtig zugeordneten AC-Leitungsausfällen auf 162 von 168 möglichen. Eine vollständige korrekte Zuordnung kann wiederum aufgrund ähnlicher Knotenspannungswinkeländerungen beim Ausfall mehrerer Leitungen nicht vorgenommen werden.

Zwischenfazit

Mithilfe vorausberechneter korrektiver Arbeitspunktanpassungen für PSTs und HGÜ-VSCs kann adäquat auf AC-Leitungsausfälle reagiert werden. Stimmen die prognostizierten Wirkleistungsflüsse mit den physikalischen Wirkleistungsflüssen überein und tritt dann ein ungeplanter Leitungsausfall ein, führt die Einstellung der für diese Störung vorbereiteten Arbeitspunkte zu einer Verringerung möglicher Leitungsüberlastungen. Dabei unterscheiden sich die Arbeitspunkte vor und nach der Anpassung teilweise um bis zu 12° bei den PSTs und bis zu 5 p.u. bei den HGÜ-VSCs. Einzig die beschränkten Stellmöglichkeiten der PFCDs sowie deren eingegrenzter Einflussbereich auf die Wirkleistungsflüsse verhindern, dass alle Leitungsüberlastungen vermieden werden können. Weitere Schwächen zeigen sich bei dem verwendeten Verfahren zur Identifikation von Leitungsausfällen. Hier war es nicht möglich, alle Leitungsausfälle korrekt den entsprechenden Leitungen zuzuordnen. Diesbezüglich empfiehlt sich die Verwendungen weiterer Datenquellen, um einen Leitungsausfall korrekt zuordnen zu können. Diese Informationsquellen können zum Beispiel Statusinformationen von Schutz- und Messeinrichtungen sein.

4.2.4 Validierung der Methode zur lokalen Anpassung von PSTs im Onlinebetrieb

Nachfolgend werden am vorgestellten Testnetz, ausgehend vom optimierten Basisszenario S-0-0 aus Abschnitt 4.2.2, zwei Störungen integriert. Diese Störungen verursachen im Onlinebetrieb Abweichungen von den geplanten Wirkleistungsflüssen, deren Ursache nicht durch einen Leitungsausfall ausgelöst wird. Somit erfolgt in diesem Abschnitt die Validierung der Methoden zur Optimierung der PFCDs im Onlinebetrieb – im Speziellen der PSTs, nach Auftreten nicht-identifizierbarer Wirkleistungsflussänderungen.

Die erste Störung (S-5-1) spiegelt eine fehlerhafte Prognose der zu erwartenden Einspeisesituation wider, wobei im Norden der RZ 3 gegenüber der Prognose weniger Wirkleistung eingespeist wird, da zum Beispiel weniger Windenergieerzeugung erfolgt. Im Süden der RZ 3 wird dagegen mehr Leistung, zum Beispiel durch mehr Solareinstrahlung, erzeugt. Dieses Szenario S-5-1 wird durch eine gegenläufige Veränderung der Einspeiseleistungen an den Kraftwerksknoten 28 und 22 vorgenommen. Dabei werden am Knoten 28 insgesamt 8 p.u. weniger und am Knoten 22 entsprechend 8 p.u. mehr eingespeist.

Die zweite Störung (S-5-2) beschreibt eine Abweichung zwischen prognostizierten und physikalischen Wirkleistungsflüssen hauptsächlich in West-Ost-Richtung. Ursache hierfür kann beispielsweise eine geringere Windeinspeisung im Westen der RZ 3 sowie eine höhere Einspeisung der Kraftwerke im Osten der RZ 3 sein. Dementsprechend wird im Testnetz die Einspeiseleistung am Knoten 5 (-8 p.u.) und Knoten 35 (+8 p.u.) gegenläufig angepasst. Zur Übersicht sind in Abb. 4.19 die untersuchten Störungen visualisiert.

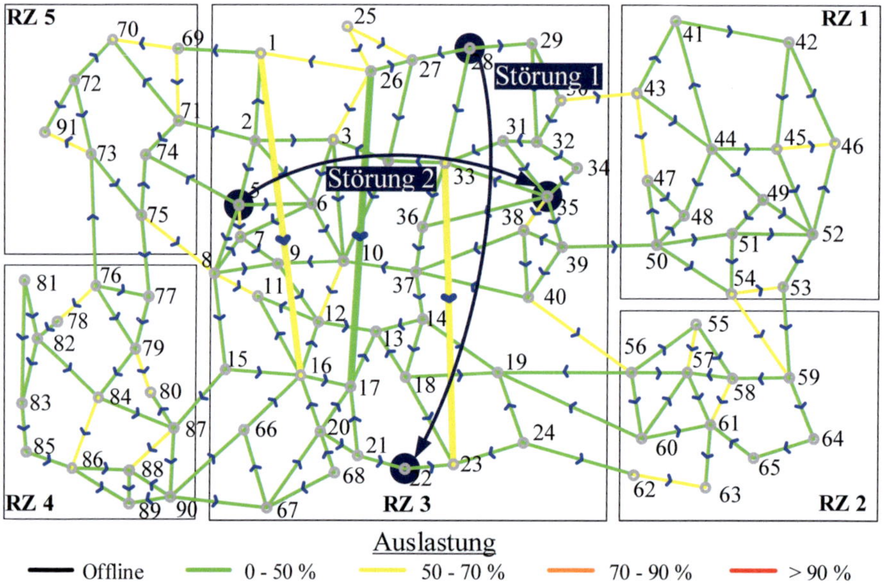

Abb. 4.19: Darstellung der zwei untersuchten Störungen für PST-Anpassung im Onlinebetrieb (S-5-1 und S-5-2) mit Leitungsbelastungen aus S-1-3

Die Ergebnisse der Simulationen zur koordinierten PST-Anpassung bei Abweichungen im Onlinebetrieb werden nachfolgend exemplarisch anhand der Anpassungsmaßnahmen auf den drei Interkonnektoren zwischen RZ 1 und RZ 3 bzw. zwischen RZ 2 und RZ 3 (PST1 bis PST3) beschrieben. Alle weiteren PSTs 4 bis 7 müssen aufgrund des gezeigten geringen Einflusses auf die Interkonnektoren 1 bis 3 bei diesen Anpassungsmaßnahmen nicht berücksichtigt werden.

Ziel der verwendeten PSDF-Methode ist die Herstellung der im DACF- bzw. im IDCF-Prozess geplanten Austauschwirkleistungen auf den Interkonnektoren (S-1-3, siehe Abschnitt 3.4.4). Eine lokale Anpassung der PST-Sollwerte erfolgt, wenn die Abweichung der physikalischen Interkonnektoren-Wirkleistungsflüsse den in Abb. 3.19 gezeigten Toleranzbereich überschreiten. Die Höhe des Toleranzbereiches wird mit ±0,57° in Anlehnung an [113], [115] gewählt, was einem

Wert von ±0,57·PSDF entspricht. Bei den Untersuchungen hat sich herausgestellt, dass eine PST-Anpassung unterhalb dieser Marke zu keinen signifikanten Verbesserungen führt bzw. die grobe Einteilung der diskreten PST-Laststufen keine Verringerung der Abweichung ermöglicht. Aufgrund der unterschiedlichen Einflüsse eines jeden einzelnen PSTs auf den Wirkleistungsfluss auf den jeweiligen Interkonnektor ergeben sich für jeden Interkonnektor unterschiedliche PSDFs, die mit 0,57 zu multiplizieren sind, und dementsprechend verschiedene Toleranzbereiche.

Störung 1: Änderung der Einspeisungen an Knoten 22 und 28

Für die Störung 1 sind in Abb. 4.20 die sich einstellenden Abweichungen der Wirkleistungsflüsse auf den Interkonnektoren (S-5-1) gegenüber den in S-1-3 geplanten dargestellt. Es ist abgebildet, wie sich der Wirkleistungstransport über die Interkonnektoren nach RZ 1 und RZ 2 durch die Reduzierung der Einspeisung im Norden von RZ 3 vermindert und die definierten Toleranzbereiche überschritten werden (Bereich „Störung"), wobei die oberen und unteren Toleranzgrenzen für jeden PST durch die horizontalen Linien dargestellt sind. Mithilfe der in Abschnitt 3.4.4 vorgestellten Methode erfolgt in S-5-1.1 die Berechnung korrigierter PST-Sollwerte, so dass nach deren Einstellung die Abweichungen der Interkonnektoren-Wirkleistungsflüsse wieder innerhalb des Toleranzbereiches liegen (Bereich „PSDF"). Dabei kommt es aufgrund der diskreten Stufungsintervalle der PSTs 1 bis 3 zu keiner vollständigen Beseitigung der Abweichung (siehe Abb. 4.20 (links)).

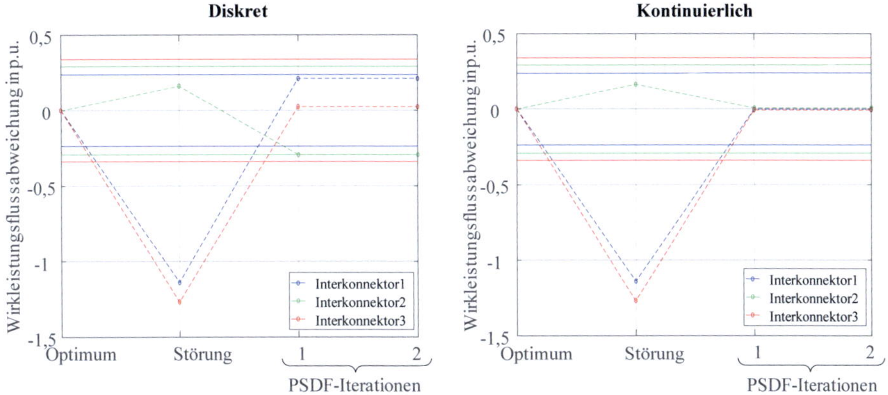

Abb. 4.20: Ergebnis Störung 1: Gegenüberstellung der diskreten und kontinuierlichen PST-Anpassung (links S-5-1.1, rechts S-5-1.2)

Eine Minimierung der Austauschwirkleistungs-Abweichung nahe Null wäre mit kontinuierlich stufbaren PSTs denkbar (S-5-1.2). Eine vollständige Minimierung auf null ist dabei ebenso nicht möglich, da die in der Methode verwendeten PSDFs den vereinfachten Einfluss einer PST-Winkeländerung auf den Wirkleistungsfluss bestimmen (DC-Leistungsflussberechnung). Dementsprechend kommt es gegenüber den physikalischen Wirkleistungsflüssen zu geringen Abweichungen von bis zu 5 %. Beispielhaft ist diese geringe bestehenbleibende Abweichung in Abb. 4.20 (rechts) für kontinuierlich stufbare PSTs abgebildet.

Die PST-Winkel zwischen diskreter (S-5-1.1) und kontinuierlicher (S-5-1.2) PST-Stufung unterscheiden sich dann gemäß der in Tab. 4.7 gemachten Angaben nur geringfügig. Dementsprechend wäre es in diesem Fall möglich, eine kontinuierliche Optimierung durchzuführen und anschließend auf die nächstmögliche diskrete PST-Stufe zu runden. Allerdings konnte in den Untersuchungen festgestellt werden, dass dies nicht immer machbar ist. Je nach Gestaltung des Lösungsraumes kann eine diskrete Lösung mit besserem Fitnesswert auch mehr als eine PST-Stufe vom kontinuierlichen Optimum entfernt liegen

Tab. 4.7: Störung 1: Gegenüberstellung der PST-Winkel bei lokaler PST-Anpassung

PST	ohne Anpassung (S-5-1)	diskrete, koordinierte Anpassung (S-5-1.1)	kontinuierliche, koordinierte Anpassung (S-5-1.2)	diskrete, unkoordinierte Anpassung (S-5-1.3)
PST1-Winkel	-2,4°	-8,4°	-8,27°	-7,8°
PST2-Winkel	0,0°	-3,6°	-4,13°	-3,6°
PST3-Winkel	-1,8°	-5,4°	-5,48°	-5,4°

Im Falle eines Kommunikationsausfalls zwischen den PMUs und dem WAMS, bzw. zwischen SCADA und den PSTs, wird in Abschnitt 3.4.4 eine lokale und unkoordinierte PST-Sollwertanpassung jedes einzelnen PSTs entworfen (S-5-1.3). Die Resultate dieser Anpassungsmethode sind in Abb. 4.21 visualisiert. Dabei unterscheiden sich die unkoordinierten korrigierten PST-Winkel geringfügig von denen der koordinierten Anpassungsmethode (siehe Tab. 4.7). Weiterhin sind in S-5-1.3 mit 18 einzelnen Arbeitspunktänderungen deutlich mehr PST-Anpassungen als bei einem koordinierten Verfahren notwendig. Es ist weiterhin dargestellt, dass der zugrunde gelegte zeitliche Versatz bei den Anpassungsmaßnahmen einen iterativen Änderungsprozess bewirkt, der am Ende zu einer Lösung führt, wobei die Austauschleistungen auf allen drei betrachteten Interkonnektoren wieder innerhalb der Toleranzbereiche liegen.

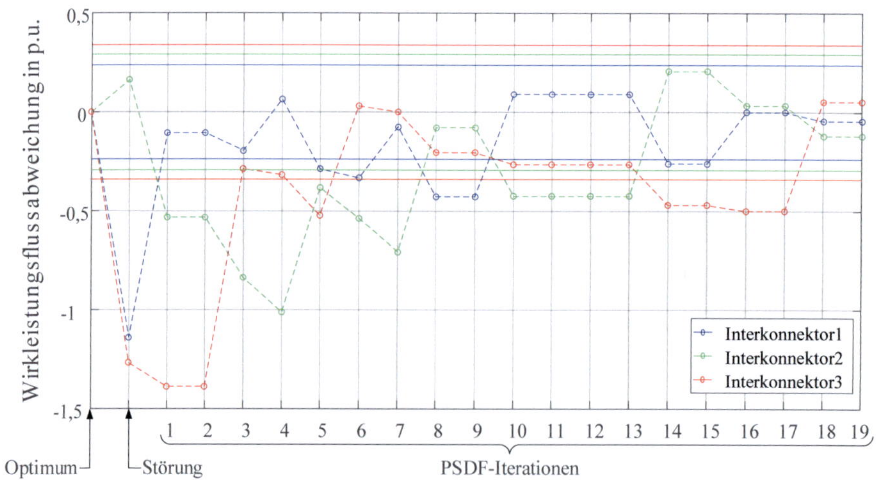

Abb. 4.21: Ergebnis Störung 1: unkoordinierte und diskrete PST-Anpassung (S-5-1.3)

Störung 2: Änderung der Einspeisungen an Knoten 5 und 35

Analog zur Störung 1 erfolgt auch bei Störung 2 eine lokale Anpassung der PST-Winkel mithilfe der in Abschnitt 3.4.4 vorgestellten Methode, um die geplanten Austauschleistungen auf den Interkonnektoren wiederherzustellen. In diesem Fall sind die Auswirkungen auf die Interkonnektoren etwas geringer als im vorherigen untersuchten Fall. Dementsprechend gelingt es mithilfe der Methode, die Abweichung der Interkonnektoren-Wirkleistungsflüsse ebenfalls mit einer Arbeitspunktänderung je PST innerhalb des erlaubten Toleranzbereiches zurückzuführen. Dies gilt, wie in Abb. 4.22 abgebildet, bei der koordinierten Bestimmung der korrigierten PST-Winkel sowohl für diskrete (S-5-2.1) als auch für kontinuierliche PST-Stufungen (S-5-2.2).

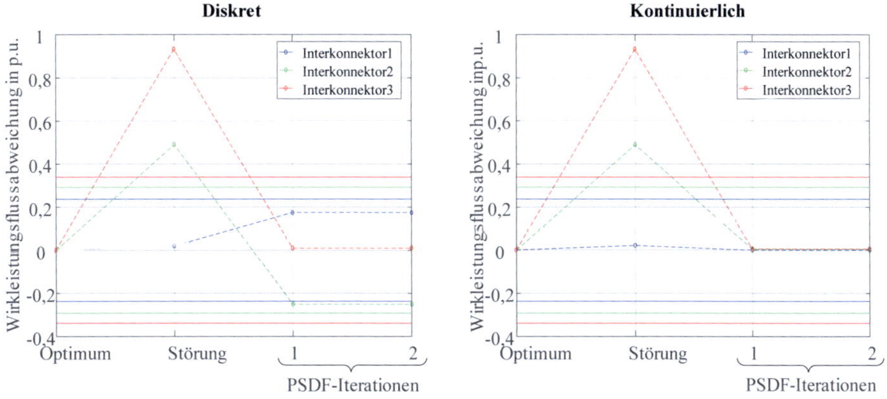

Abb. 4.22: Ergebnis Störung 2: Gegenüberstellung der diskreten und kontinuierlichen PST-Anpassung (links S-5-2.1, rechts S-5-2.2)

Auffallend ist, dass die Abweichungen wiederum nach den Anpassungen bei diskreten PST-Winkeländerungen (S-5-2.1) größer ausfallen als bei kontinuierlichen PST-Stufungsmöglichkeiten (S-5-2.2), da beim zweiten die Anpassungen detaillierter durchführbar sind. Dies führt dementsprechend zu den verschiedenen korrigierten PST-Winkeln in Tab. 4.8.

Tab. 4.8: Störung 2: Gegenüberstellung der PST-Winkel bei lokaler PST-Anpassung

PST	ohne Anpassung (S-5-2)	diskrete, koordinierte Anpassung (S-5-2.1)	kontinuierliche, koordinierte Anpassung (S-5-2.2)	diskrete, unkoordinierte Anpassung (S-5-2.3)
PST1-Winkel	-2,4°	0,0°	0.06°	-0,6°
PST2-Winkel	0,0°	3,6°	3,11°	2,4°
PST3-Winkel	-1,8°	0,9°	0,78°	0,9°

Zum Vergleich sind in Abb. 4.23 und ebenso in Tab. 4.8 die Ergebnisse der unkoordinierten PST-Anpassungen (S-5-1.3) nach dem Auftreten ungeplanter und nicht-identifizierbarer Wirkleistungsflüsse dargestellt. Dabei gelingt es wiederum die Abweichungen innerhalb des Toleranzbandes zurückzuführen. Gleichzeitig sind in S-5-1.3 mehrere einzelne PST-Anpassungsmaßnahmen notwendig. Im Vergleich dazu ist bei der koordinierten Methode nur eine Anpassungsmaßnahme pro PST erforderlich.

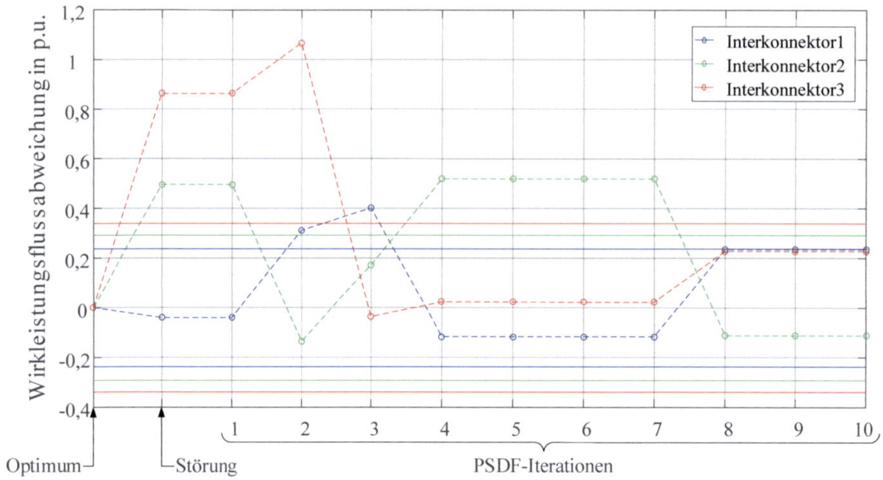

Abb. 4.23: Ergebnis Störung 2: unkoordinierte und diskrete PST-Anpassung (S-5-2.3)

Zur erweiterten Verifizierung des PSDF-Ansatzes wird die vereinfachte gegenseitige Veränderung der Einspeisesituation an allen möglichen Kombinationen, bestehend aus zwei PU-Knoten, getestet. Somit werden aus dem optimierten Szenario S-1-3 bei Berücksichtigung von 49 im Testnetz befindlichen PU-Knoten ca. 2.350 Szenarien (S-6-x.1 bis S-6-x.2350) mit ungeplanten Wirkleistungsflussänderungen untersucht. Darüber hinaus wird die Höhe der Einspeiseänderung in fünf Stufen zwischen 1 p.u. und 20 p.u. variiert, um das Spektrum von geringen bis großen Wirkleistungsflussänderungen abbilden zu können. Der Fokus liegt bei diesen Berechnungen auf Anpassungen der PSTs 1 bis 3. Auf die Darstellung der Resultate von Anpassungsmaßnahmen an den anderen PSTs wird verzichtet, da diese den nachfolgend gezeigten Ergebnissen sehr ähneln.

Die Ergebnisse der Untersuchungen sind zusammenfassend in Tab. 4.9 dargestellt. Dabei sind die betragsmäßige Soll-Ist-Abweichung der Interkonnektoren-Wirkleistungsflüsse aller drei PST-Interkonnektoren kumuliert und anschließend über alle 2.350 Szenarien gemittelt, so dass die Reduzierungen der Abweichung über alle fünf Stufen erstens ohne, zweitens mit diskreter und drittens mit kontinuierlicher PST-Anpassung vergleichbar sind.

In Tab. 4.9 zeigen die Ergebnisse, dass sich mit steigender Einspeiseänderung an den PU-Knoten (von 1 p.u. auf 20 p.u.) die durchschnittliche Abweichung der Sollaustauschleistung ebenfalls erhöht. Diese steigt bei Betrachtung der Situation ohne PST-Anpassung aufgrund der entsprechenden Steigerung der unvorhergesehenen Wirkleistungsflussänderungen von durchschnittlich 0,42 p.u. auf 8,41 p.u. Mithilfe der Anpassungen an diskret- bzw. kontinuierlich-stufbaren PSTs gelingt es mit der entworfenen Methode, die Abweichungen im Mittel für alle Szenarien zu senken.

Auffallend ist, dass sich insbesondere bei geringen Wirkleistungsflussänderungen (Einspeiseänderung 1 p.u.) die kumulierten Abweichungen vor und nach der PST-Anpassung nur geringfügig unterscheiden. Dies liegt zum einen an dem definierten Toleranzbereich, der eine Anpassung bei geringen Abweichungen verhindert, und zum anderen an den diskreten PST-Stufen. So kann eine Änderung der PST-Stufung bei solch geringen Abweichungen zu einem Überkompensieren der

Abweichung führen. Aufgrund dessen wird in dem Verfahren die bestimmte Lösung immer auf die nächstgelegenere, niedrigere diskrete PST-Stufung abgerundet.

Mit steigender kumulierter Abweichung von der Sollaustauschleistung steigt auch das Änderungspotenzial der PSTs, wodurch sie ihren direkten Einfluss auf den Wirkleistungsfluss der Interkonnektoren besser zur Minimierung der Abweichungen nutzen können. Dabei können die Abweichungen in den Szenarien (Einspeiseänderung 3 p.u. und 5 p.u.) im Mittel auf unter 0,4 p.u. gemindert werden, wobei dieser Wert bei kontinuierlich stufbaren PSTs unter 0,08 p.u. sinkt. Damit liegt dieser Wert niedriger als bei den Szenarien mit 1 p.u. Einspeiseänderung, da nun in einer gehäuften Form die Abweichungen außerhalb des Toleranzbereiches liegen und somit in den Szenarien die Abweichung minimiert werden kann.

In den Szenarien (Einspeiseänderung 10 p.u. und 20 p.u.) mit großen ungeplanten Wirkleistungsflüssen kommt es teilweise zu sehr großen Abweichungen auf den Interkonnektoren, so dass die erlaubten Stufungsmöglichkeiten aller oder einzelner PSTs überschritten sind. In diesem Fall greift die genannte Vorschrift, dass keine Anpassungen zur Vermeidung möglicher größerer Abweichungen vorzunehmen sind. Dementsprechend können in den beiden letzten Szenarien die hohen kumulierten Abweichungen durch eine PST-Anpassung nicht ausreichend verringert werden. Dabei stellen diese großen Veränderungen in den Wirkleistungsflüssen sowieso Extremsituationen dar, bei denen statt einzelner PST-Anpassungen vielmehr ein Bündel an Maßnahmen zur Erhaltung der Netzsicherheit nötig sind.

Tab. 4.9: Vergleich der durchschnittlichen, kumulierten und betragsmäßigen Abweichung der Interkonnektoren-Wirkleistungsflüsse

Höhe der ungeplanten Leistungsflussänderungen	Szenario	Durchschnitt der kumulierten, betragsmäßigen Abweichung der Sollaustauschleistung…		
		…ohne PST-Anpassung	… mit diskreter PST-Anpassung	… mit kontinuierlicher PST-Anpassung
gering	1 p.u.	0,42 p.u.	0,25 p.u.	0,12 p.u.
	3 p.u.	1,26 p.u.	0,33 p.u.	0,07 p.u.
	5 p.u.	2,10 p.u.	0,37 p.u.	0,07 p.u.
	10 p.u.	4,20 p.u.	2,20 p.u.	1,95 p.u.
groß	20 p.u.	8,41 p.u.	6,14 p.u.	6,02 p.u.

Zwischenfazit

Die durchgeführten Simulationen zeigen, dass der lokale PSDF-Ansatz zur Anpassung der PSTs im Onlinebetrieb und somit zur Wiederherstellung der Sollaustauschwirkleistung an den PST-Interkonnektoren geeignet ist. Beschränkt wird dies durch die diskreten PST-Stufen, wodurch keine exakte Minimierung der Abweichung möglich ist, sowie durch die Beschränkung der maximalen Anzahl an PST-Stufen. Weiterhin führt die Verwendung der vereinfachten DC-Leistungsflussberechnung zu geringfügigen Abweichungen gegenüber den physikalischen Wirkleistungsflüssen.

4.2.5 Validierung der Methode zur lokalen Anpassung von HGÜ-VSCs im Onlinebetrieb

Zur Untersuchung der in Abschnitt 3.4.5 vorgestellten Methode zur lokalen Anpassung der HGÜ-VSC-Arbeitspunkte nach ungeplanten Wirkleistungsflüssen im Onlinebetrieb werden exemplarisch die in Abschnitt 4.2.4 vorgestellten Störungen (S-5-1 und S-5-2) verwendet. Dies war zum einen eine Verschiebung der Einspeisung von 8 p.u. in Nord-Süd-Richtung und zum anderen von 8 p.u. in West-Ost-Richtung (siehe Abb. 4.19). Ausgangsszenario vor den Störungen ist wiederum die OPF-optimierte Situation S-1-3 aus Abschnitt 4.2.2.

Störung 1: Änderung der Einspeisungen an Knoten 22 und 28

Durch die Verschiebung von 8 p.u. Einspeiseleistung vom nördlichen Bereich des Testnetzes in den südlichen Bereich verringert sich der stark ausgeprägte Wirkleistungstransport von Nord nach Süd. Dementsprechend sinken, wie in Tab. 4.10 für S-5-1 angegeben, nach der Störung die Leitungsbelastungen auf den zuvor stark belasteten AC-Leitungen deutlich um bis zu absolut 22 % im Vergleich zur geplanten Situation (S-1-3). Die im System integrierten HGÜ-VSC-Verbindungen behalten zunächst ihre zugewiesenen Sollwerte bei und beteiligen sich nicht an der geänderten Leistungsflusssituation.

Mithilfe des im Abschnitt 3.4.5 vorgestellten Winkelgradientenverfahrens wird die Reduzierung des Wirkleistungstransportes an den HGÜ-VSC-Knoten erfasst und eine korrigierte Anpassung der HGÜ-VSCs ermittelt. Ausgehend von einem hohen Wirkleistungstransport über die HGÜ-P2P-Verbindungen von Nord nach Süd vor der Störung erfolgt nun eine iterative und schrittweise Anpassung der HGÜ-VSC-Sollwerte (S-5-1.4).

Tab. 4.10: Störung 1: Gegenüberstellung der Leitungsbelastungen vor und nach der korrigierten HGÜ-VSC-Anpassung

	Leitungsbelastung				
Leitung	OPF optimiert (S-1-3)	Störung 1 (S-5-1)		korrigierte HGÜ-VSC-Anpassung (S-5-1.4)	
3-26	66,6 %	53,2 %	↓ -13,4 %	60,7 %	↓ -5,9 %
5-7	70,0 %	65,8 %	↓ -4,2 %	68,7 %	↓ -1,3 %
8-11	70,0 %	61,8 %	↓ -8,2 %	66,8 %	↓ -3,2%
10-12	38,4 %	24,0 %	↓ -14,4 %	31,1 %	↓ -7,3 %
14-37	41,4 %	18,7 %	↓ -22,7 %	28,8 %	↓ -12,6 %
30-43	70,0 %	55,7 %	↓ -14,3 %	59,2 %	↓ -10,8 %
36-37	49,9 %	31,1 %	↓ -18,8 %	40,0 %	↓ -9,9 %
40-56	67,1 %	51,2 %	↓ -15,9 %	57,9 %	↓ -9,2 %
54-59	55,3 %	48,6 %	↓ -6,7 %	50,9 %	↓ -4,4 %
76-78	70,0 %	66,8 %	↓ -3,2 %	68,6 %	↓ -1,4 %
79-80	70,0 %	65,8 %	↓ -4,2 %	68,2 %	↓ -1,8 %
87-88	69,7 %	66,5 %	↓ -4,2 %	67,9 %	↓ -1,8 %

In Abb. 4.24 ist visualisiert, wie sich die HGÜ-VSCs in S-5-1.4 an dem reduzierten Wirkleistungstransport beteiligen und entsprechend einem definierten Verteilungsfaktor ihre Übertragungsleistung reduzieren. Beispielhaft ist dies in diesem Fall mit einem Verteilungsfaktor von k = 0,5 dargestellt, um den detektierten reduzierten AC-Wirkleistungsfluss zu 50 % auf die AC- und zu 50 % auf die DC-Verbindungen zu verteilen. Dementsprechend reduzieren die HGÜ-VSCs ihre Wirkleistungssollwerte. Am Ende des iterativen Anpassungsprozesses sind die in Tab. 4.10 aufgelisteten Leitungen zwar höher belastet als nach der Störung, gleichzeitig liegt die Belastung noch immer unterhalb der ursprünglich geplanten.

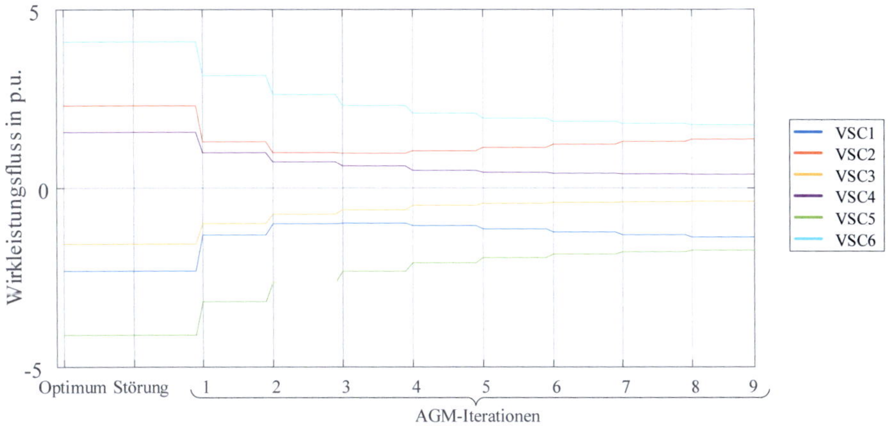

Abb. 4.24: Anpassung der Wirkleistung der HGÜ-VSCs bei Störung 1 im Rahmen des Winkelgradientenverfahrens (S-5-1.4)

Störung 2: Änderung der Einspeisungen an Knoten 5 und 35

Die Abweichung in der Einspeisesituation, genauer die Verschiebung von Erzeugung von West nach Ost im Testnetz, führt gegenüber der prognostizierten Situation zu einer AC-Leitungsentlastung vor allem im Bereich der Einspeiseverringerung im Westen der RZ 3 (Leitung 5-7 und 8-11). In der Nähe der Einspeisevergrößerung im östlichen Bereich von RZ 3 kommt es dagegen verstärkt zu Belastungserhöhungen (Leitung 14-37, 36-37 und 40-56), um die mehreingespeiste Wirkleistung abtransportieren zu können (S-5-2). Demensprechend führt die Störung, wie in Tab. 4.11 zu sehen, zu einer Überlastung einzelner AC-Leitungen.

Tab. 4.11: Störung 2: Gegenüberstellung der Leitungsbelastungen vor und nach der korrigierten HGÜ-VSC-Anpassung

	Leitungsbelastung				
Leitung	OPF (S-1-3)	Störung 2 (S-5-2)		korrigierte HGÜ-VSC-Anpassung (S-5-2.4)	
3-26	66,6 %	72,2 %	↑ +5,6 %	72,3 %	↑ +0,1 %
5-7	70,0 %	42,0 %	↓ -28,0 %	42,8 %	↑ +0,8 %
8-11	70,0 %	58,6 %	↓ -11,4 %	59,3 %	↑ +0,7 %
10-12	38,4 %	42,9 %	↑ +4,5 %	42,2 %	↓ -0,7 %
14-37	41,4 %	52,6 %	↑ +11,2 %	48,6 %	↓ -4,0 %
30-43	70,0 %	70,3 %	↑ +0,3 %	68,9 %	↓ -1,4 %
36-37	49,9 %	65,3 %	↑ +15,4 %	60,7 %	↓ -4,6 %
40-56	67,1 %	78,7 %	↑ +11,6 %	75,5 %	↓ -3,2 %
54-59	55,3 %	59,1 %	↑ +3,8 %	58,0 %	↓ -1,1 %
76-78	70,0 %	68,2 %	↓ -1,8 %	68,5 %	↑ +0,3 %
79-80	70,0 %	67,4 %	↓ -2,6 %	67,6 %	↑ +0,2 %
87-88	69,7 %	67,9 %	↓ -1,8 %	67,8 %	↓ -0,1 %

Mithilfe der im Winkelgradientenverfahren berechneten HGÜ-VSC-Anpassungen (siehe Abb. 4.25) ist es vor allem durch Anpassungen an den HGÜ-VSCs 5 und 6 der HGÜ-Verbindung 3 möglich, die Überlastsituationen zu verringern (siehe Tab. 4.11). Eine vollständige Beseitigung ist in S-5-2.4 gleichzeitig nicht möglich, da die Wirkleistungsverschiebungen vorwiegend in West-Ost-Richtung erfolgen, während die HGÜ-Verbindungen deutlich mehr Einfluss auf die Nord-Süd-Wirkleistungsflüsse ausüben können. Dies impliziert, dass die Wirkungsweise des Verfahrens bei solch einer Störung eingeschränkt ist und entsprechend weitere Maßnahmen, wie die Anpassung der PST-Winkel, umgesetzt werden sollten.

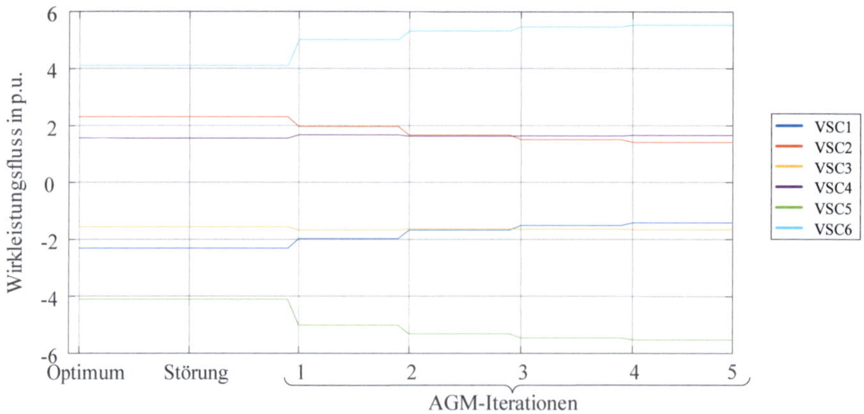

Abb. 4.25: Anpassung der Wirkleistung der HGÜ-VSCs bei Störung 2 im Rahmen des Winkelgradientenverfahrens (S-5-2.4)

Zwischenfazit

Die durchgeführten Untersuchungen zeigen, dass die vorgestellte Methode eine aktive Beteiligung der HGÜ-VSC-Verbindungen an auftretenden Wirkleistungsflussänderungen innerhalb des AC-Netzes ermöglicht. Dies kann je nach Richtung der Wirkleistungsflussänderungen sowohl zu einer Reduzierung als auch zu einer Erhöhung der AC-Leitungsbelastungen führen. Da gleichzeitig keine Koordinierung zwischen den einzelnen HGÜ-VSC-Verbindungen stattfindet, ist es möglich, dass nicht alle Überlastsituationen im AC-Netz beseitigt werden.

4.2.6 Untersuchung von Wechselwirkungen zwischen den lokalen Anpassungen von PST und HGÜ-VSC

Aufbauend auf den getrennten Untersuchungen zur Wirkungsweise von PST- und HGÜ-VSC-Arbeitspunktanpassungen im Onlinebetrieb in den vorherigen Abschnitten 4.2.4 und 4.2.5 erfolgt in diesem Abschnitt die parallele Anwendung beider Methoden. Ziel der Untersuchung ist die Analyse von eventuell auftretenden Wechselwirkungen zwischen dem PSDF-Verfahren und dem Winkelgradientenverfahren.

Dazu werden die beiden Methoden zeitlich gestaffelt. Im Falle einer Detektion von ungeplanten Wirkleistungsflussänderungen greift das Winkelgradientenverfahren, aufgrund der höheren Dynamik der HGÜ-VSCs gegenüber den PSTs, zuerst unterstützend ein. Entsprechend des Winkelgradientenverfahrens erfolgt die Aufteilung von Wirkleistungsflussänderungen auf das AC- und DC-Netz. Mit einer zeitlichen Verzögerung erfolgt anschließend, bei Detektion von Wirkleistungsflussabweichungen Δp_{inter} auf den Interkonnektoren, die Anpassung der PST-Sollwerte mithilfe berechneter PSDF-Faktoren.

Da eine PST-Anpassung neben dem weitreichenden Einfluss auf die Wirkleistungsflüsse ebenso Auswirkungen auf die Knotenspannungswinkel hat, kann es vorkommen, dass anschließend wiederum die HGÜ-VSCs Anpassungen vornehmen. Dieser iterative Prozess erfolgt solange, bis ein stabiler Arbeitspunkt innerhalb des festgelegte Toleranzbandes für die Wirkleistungsflüsse über die Interkonnektoren sowie für Knotenspannungswinkeländerungen an den HGÜ-VSC-Knoten erreicht ist. Schematisch ist dieser Vorgang in Abb. 4.26 visualisiert.

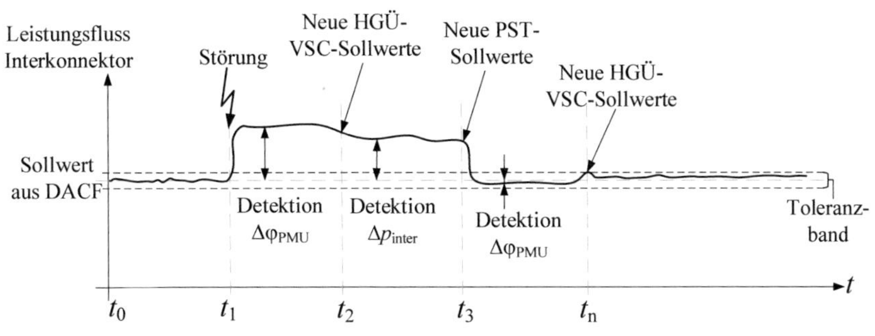

Abb. 4.26: Schema zur gleichzeitigen Ausführung von lokalen Anpassungsmaßnahmen für PST- und HGÜ-VSC-Sollwerte im Onlinebetrieb

Zum Testen der Wechselwirkung werden erneut die zwei Störungen S-5-1 und S-5-2 betrachtet, in denen an zwei PU-Knoten die Einspeisung entgegengesetzt verändert wird.

Störung 1: Änderung der Einspeisungen an Knoten 22 und 28

Die Verschiebung von 8 p.u. Einspeiseleistung vom nördlichen Bereich des Testnetzes in den südlichen Bereich vermindert den stark ausgeprägten Wirkleistungstransport von Nord nach Süd. Dieser verminderte Wirkleistungstransport führt bei Eintritt der Störung zu sinkenden Übertragungsleistungen auf den Interkonnektoren 1 und 3 (siehe Abb. 4.27) und somit zu einer Abweichung zwischen den prognostizierten Wirkleistungsflüssen und den tatsächlichen Werten. Weiterhin verändern sich die Knotenspannungswinkel, die gemäß der in Abschnitt 3.4.5 vorgestellten Methode detektiert werden. Entsprechend des Winkelgradientenverfahrens erfolgen anschließend eine Anpassung der HGÜ-Sollwerte sowie eine Verteilung der unvorhergesehenen Wirkleistungsflüsse auf das AC- und DC-Netz. Abb. 4.28 zeigt diesbezüglich die VSC-Wirkleistungsflüsse für die drei HGÜ-VSC-Verbindungen während der Anpassungsmaßnahme. Diese Anpassung führt wiederum zu einer Änderung der Wirkleistungsflüsse und der Knotenspannungswinkel. Dementsprechend wird das Winkelgradientenverfahren mehrmals ausgeführt, bis die festgelegte Toleranzgrenze für Knotenspannungsabweichungen erreicht ist.

Nach Abschluss der HGÜ-VSC-Anpassungsmaßnahmen existieren weiterhin Wirkleistungsflussabweichungen auf den Interkonnektoren. Mithilfe des PSDF-Ansatzes werden korrigierte PST-Sollwerte berechnet und integriert. Dies führt zu einer Minimierung der Abweichung zwischen Soll- und Ist-Wirkleistungsflüssen auf den Interkonnektoren (siehe Abb. 4.27). Die durchgeführte PST-Anpassung führt erneut zu einer Änderung der Knotenspannungswinkel und die HGÜ-VSCs werden erneut mittels des Winkelgradientenverfahrens iterativ angepasst (siehe Abb. 4.28). Diese HGÜ-VSC-Anpassung führt in diesem Fall dazu, dass die tatsächlichen Wirkleistungsflüsse auf den Interkonnektoren noch einmal mithilfe der PSDF-Methode anzupassen sind. Anschließend liegen die Wirkleistungsflüsse innerhalb des erlaubten Toleranzbandes

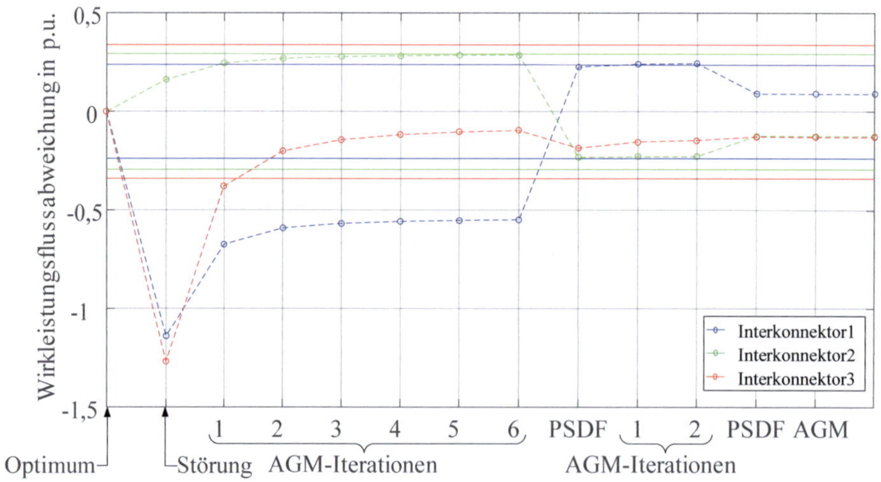

Abb. 4.27: Ergebnis Störung 1: Wirkleistungsflussabweichung auf den Interkonnektoren bei Wechselwirkung zwischen PSDF und AGM

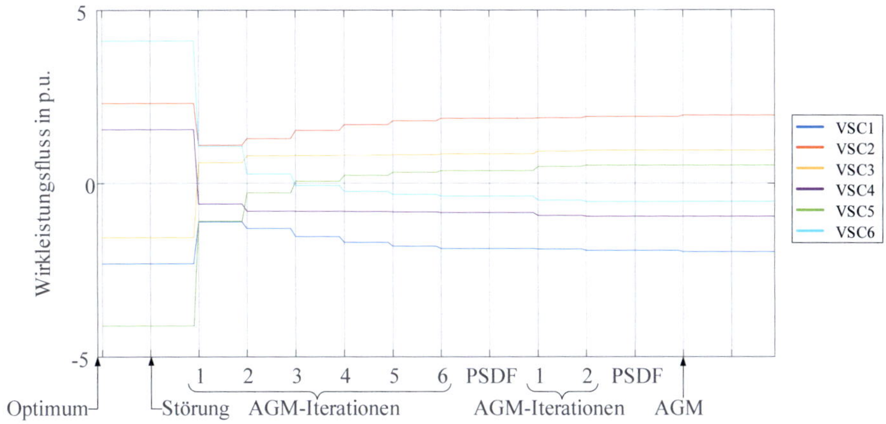

Abb. 4.28: Ergebnis Störung 1: Anpassung der Wirkleistung der HGÜ-VSCs bei Wechselwirkung zwischen PSDF und AGM

Störung 2: Änderung der Einspeisungen an Knoten 5 und 35

Analog zur Störung 1 erfolgt auch bei Störung 2 eine Untersuchung der Wechselwirkungen zwischen der lokalen Anpassung der PST-Winkel und der HGÜ-VSC-Sollwerte bei ungeplanten Wirkleistungsflussänderungen im Onlinebetrieb. Diesbezüglich zeigt Abb. 4.29, wie sich durch die Veränderung der Wirkleistungsflüsse in West-Ost-Richtung vor allem die Leistungsflüsse auf den Interkonnektoren 2 und 3 erhöhen.

Mithilfe der vorgeschlagenen Methode zur Detektion von ungeplanten Wirkleistungsflüssen erfolgt zuerst eine iterative Änderung der HGÜ-VSC-Sollwerte gemäß dem Winkelgradientenverfahren aus Abschnitt 3.4.5. Wie in Abb. 4.30 visualisiert, ist dieser Anpassungsprozess nach vier Iterationen abgeschlossen. Gleichzeitig sind die Wirkleistungsflüsse auf den Interkonnektoren 2 und 3 weiterhin außerhalb der erlaubten Toleranzbereiche (siehe Abb. 4.29). Dementsprechend werden mithilfe des lokalen PSDF-Ansatzes korrigierte PST-Sollwerte berechnet und integriert, so dass die Wirkleistungsflüsse wieder innerhalb der vorgegebenen Toleranzbereiche liegen. Die daraus resultierenden Wirkleistungsfluss- und Knotenspannungswinkeländerungen werden wiederum an den HGÜ-VSC-Knoten detektiert, so dass die HGÜ-VSCs noch zweimal angepasst werden. Anschließend ist der iterative Prozess abgeschlossen.

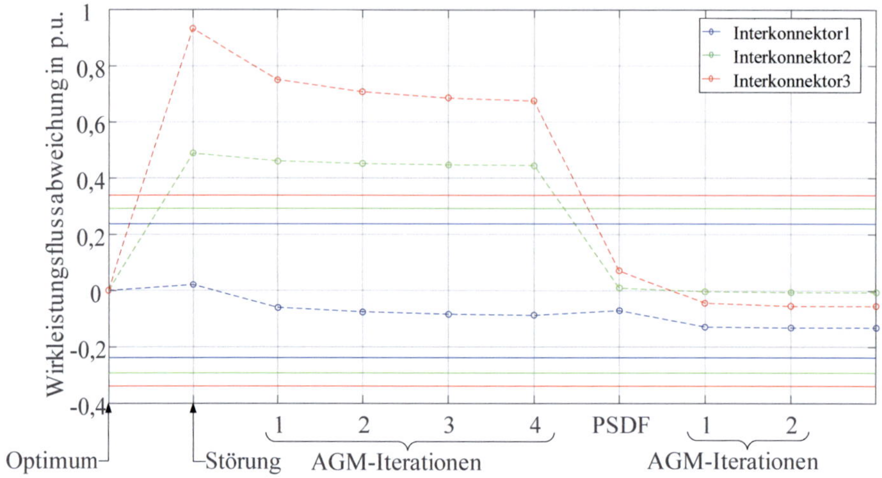

Abb. 4.29: Ergebnis Störung 2: Wirkleistungsflussabweichung auf den Interkonnektoren bei Wechselwirkung zwischen PSDF und AGM

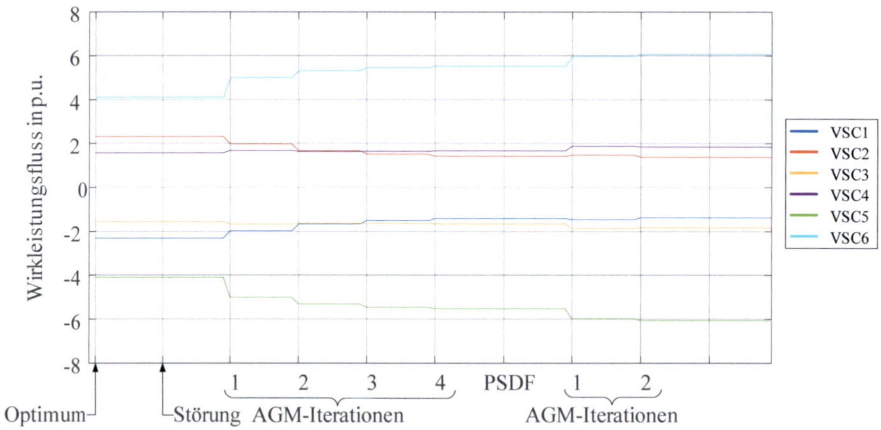

Abb. 4.30: Ergebnis Störung 2: Anpassung der Wirkleistung der HGÜ-VSCs bei Wechselwirkung zwischen PSDF und AGM

Zwischenfazit

Es konnte gezeigt werden, dass sich beide Methoden bei paralleler Ausführung gegenseitig beeinflussen. Dabei treten nur geringe Wechselwirkungen auf, die zu einem schnell endenden iterativen Ablauf führen. Somit sind das PSDF-Verfahren und das Winkelgradientenverfahren zur Wiederherstellung der Sollaustauschwirkleistung an den PST-Interkonnektoren sowie zur aktiven Verteilung von ungeplanten Wirkleistungsflussänderungen über die HGÜ-VSC-Verbindungen in paralleler Anwendung geeignet.

4.3 Analyse zum Erfüllungsgrad der Anforderungen

In der nachfolgenden Tab. 4.12 sind die in Abschnitt 3.1 erarbeiteten Anforderungen an die zu entwerfenden Methoden tabellarisch aufgelistet. Ausgehend von den in Abschnitt 3.2 bis Abschnitt 3.5 entworfenen Methoden erfolgt eine Beurteilung des Erfüllungsgrades der an das Netzbetriebsverfahren gestellten Anforderungen. Dabei erfolgt die Beurteilung anhand einer zweifarbigen Skala mit den Ausprägungen grün (erfüllt) und rot (nicht erfüllt) – bezogen auf die vorgestellten Methoden und durchgeführten Validierungen.

Tab. 4.12: Erfüllungsgrad der gestellten Anforderungen an das Netzbetriebsverfahren

Gliederung	Anforderungen	Bewertung
Allgemein	Sicherstellung der Systemsicherheit	
	Nutzung der Stellmöglichkeiten	✓
	Sollwertbereitstellung für PST und HGÜ-VSC für die Zeitbereiche Day-Ahead, Intraday und Online	✓
	Sollwertbereitstellung für PST und HGÜ-VSC nach einer Störung	✓
	Bestimmung der Sollwerte innerhalb festgelegter Zeitintervalle	✓
	modulare Ergänzung zu bestehenden HEOs	✓
	zuverlässige Funktionsweise bei Ausfall der Netzleittechnik	
	Überführung des Netzes in einen zulässigen Betriebszustand mithilfe der Arbeitspunktanpassungen	✓
Zeitbereich	Bestimmung vorausberechneter PST- und VSC-Sollwerte mit regelzonenübergreifenden und mehrdimensionalen Zielfunktionen	✓
	Berechnung korrigierter PST- und HGÜ-VSC-Sollwerte mit lokalen Zielfunktionen in nahezu Echtzeit	✓
	Wahrung der Netzsicherheit mithilfe der berechneten und durchgeführten Anpassungsmaßnahmen	✓
	Vermeidung von Zielkonflikten	✓
Optimierung	Berücksichtigung mehrdimensionaler Zielfunktionen	✓
	zielgerichtete Gewichtung der Teilziele	
	Berücksichtigung nichtlinearer Nebenbedingungen	✓
	Bestimmung eines globalen Optimums	✓
	gutes Konvergenzverhalten bei beliebigen Startwerten	✓
	Optimierung diskreter und kontinuierlicher Stellvariablen	✓
Koordinierung	zentrale und gesamtheitliche Optimierung der Arbeitspunkte	✓
	Weitergabe aller notwendigen Daten von den ÜNBs an die zentrale Instanz	✓
	Weitergabe der Arbeitspunkte als Empfehlung an die ÜNBs	✓
	Hoheit über die Steuerung der PFCDs bei den ÜNBs	✓
	bei Störung Wechsel auf lokale Anpassungsmethoden	✓
Netzleittechnik	Erfassung der Amplituden und Phasenlagen von Strom und Spannung	✓
	bei Ausfall der Netzleittechnik Wechsel auf dezentrale Methoden, die die Netzsicherheit wahren	✓
Testnetz	Konvergenz der Leistungsflussberechnung	✓
	Darstellung von verschiedenen Netzsituationen	✓
	Konvergenz bei Variation der PFCD-Stellgrößen	✓
	Konvergenz bei Nichtverfügbarkeit einzelner Netzelemente	✓

Es ist in Tab. 4.12 dargestellt, dass das entworfene Netzbetriebsverfahren die gestellten Anforderungen aus den Abschnitten 3.1 und 4.1.1 überwiegend erfüllt. Dies wird insbesondere durch die Gliederung des Verfahrens in verschiedene Methoden, die die zeitspezifischen Charakteristiken des Netzbetriebs berücksichtigen, ermöglicht. Einzig einzelne Anforderungen konnten nur teilweise erfüllt werden. Dazu zählt zum Beispiel die Sicherstellung der Systemsicherheit, da die Untersuchungen zeigen, dass die Stellmöglichkeiten von PSTs und HGÜ-VSCs in manchen Netzsituationen aufgrund von fehlenden Transportkapazitäten nicht ausreichen, um die Systemsicherheit wiederherzustellen. Dementsprechend sind von den ÜNBs im Onlinebetrieb weitere Maßnahmen zur Wahrung der Netzsicherheit aus Abschnitt 2.1.5 zu ergreifen bzw. mittelfristig weitere Transportkapazitäten zu schaffen.

Weiterhin kann die Funktionsweise insbesondere der OPF- und SCOPF-Verfahren bei einem Ausfall der Netzleittechnik nicht gewährleistet werden, da die zentrale Instanz zur Vorausberechnung der PFCD-Sollwerte auf externe Daten der Netzbetreiber angewiesen ist und auch die Handlungsempfehlungen an die Netzbetreiber zurückzusenden sind. Eine gewisse Zeit zur Behebung eines Netzleittechnikausfalls wird durch die zyklische Vorausberechnung der Sollwerte und deren rechtzeitige Hinterlegung bei den ÜNBs erreicht. Somit können die ÜNBs für ein paar Stunden die bereits hinterlegten Handlungsempfehlungen umsetzen. Auch eine redundante Netzleittechnik kann die Zuverlässigkeit einer sicheren Weitergabe von Messwerten und Befehlen erhöhen.

4.4 Zusammenfassung

Die Validierung der entworfenen Methoden:

- Day-Ahead- und Intraday-Optimierung von PSTs und HGÜ-VSCs (OPF mit DE),
- korrektive Anpassung von PST und HGÜ-VSC bei klar identifizierbaren Leistungsflussänderungen (SCOPF mit DE),
- lokale Anpassung von PSTs im Onlinebetrieb (PSDF) und
- lokale Anpassung von HGÜ-VSCs (Winkelgradientenverfahren) im Onlinebetrieb

erfolgt in der Simulationsumgebung MATLAB. Das dort integrierte Testnetz weist im Ausgangszustand S-0-0 eine Netzsituation auf, die durch starke Nord-Süd-Wirkleistungsflüsse geprägt ist.

Ausgehend von dem Fall, dass diese Situation eine im Rahmen des DACF- oder IDCF-Prozesses prognostizierte Netzsituation ist, wird zuerst das entworfene zentrale OPF-Verfahren verwendet, um optimale Sollwerte für die betrachteten PSTs und HGÜ-VSCs vorauszuberechnen. Basierend auf einem DE-Algorithmus ist es möglich, die prognostizierten AC-Leitungsüberlastungen vollständig zu beseitigen. Dies gelingt vor allem durch die koordinierte Optimierung von PST und HGÜ-VSCs in S-1-3, wobei vor allem durch die HGÜ-Verbindungen neue Transportkapazitäten geschaffen werden. Eine alleinige Optimierung der PSTs in S-1-1 führt dagegen zu einer Verschiebung von Wirkleistungsflüssen von stärker belasteten auf weniger belastete AC-Leitungen, die wiederum nach der PST-Sollwertanpassung überlastet sein können. Weiterhin verdeutlichen die Ergebnisse in S-3-1 und S-3-2, dass die von der zentralen Instanz optimierten Sollwerte zum Zeitpunkt der Umsetzung von allen beteiligten ÜNBs koordiniert und einheitlich umzusetzen sind. Eine Abweichung von der Sollwertempfehlung von einem einzigen ÜNB kann bereits dazu führen, dass das vorausberechnete Optimum nicht zu erreichen ist.

Bei den anschließenden Untersuchungen der entworfenen Verfahren bezüglich der Reaktion bei auftretenden Abweichungen zwischen den geplanten und den physikalischen Wirkleistungsflüssen wird zuerst der SCOPF-Ansatz analysiert. Dafür werden ausgehend vom OPF-optimierten Ausgangsszenario S-1-3 für alle möglichen 168 AC-Leitungsausfälle korrektive PFCD-Sollwerte berechnet. Diese können bei Eintreten einer berücksichtigten Störung entsprechend eingestellt werden. Die angestellten Vergleiche zu den auftretenden Leitungsüberlastungen bei einer Störung ohne PFCD-Anpassung und mit PFCD-Anpassung zeigen, dass durch die korrektiven Anpassungsmaßnahmen die Leitungsüberlastungen in allen Szenarien S-4-1 bis S-4-168 reduziert werden können. Dementsprechend ist die korrektive Vorausberechnung von PFCD-Sollwerten notwendig, um bei einer Störung das Netz zentral koordiniert wieder in einen stabilen Bereich zurückzuführen. Dabei ist der Erfolg der Anpassungsmaßnahme wiederum von der einheitlichen Umsetzung der Handlungsempfehlung abhängig. Einen weiteren wichtigen Punkt bei der Anwendung der Methode zur Identifizierung der AC-Leitungsausfälle bildet die Platzierung der PMUs im Netz. Die Untersuchungen zeigen, dass es bei der Identifizierung von Leitungsausfällen zu Verwechslungen von benachbarten Leitungen, vor allem im Randbereich des Testnetzes, kommt. Mithilfe einer optimierten PMU-Platzierung gemäß den Verfahren [87], [88], [89], [90], [91] ist es möglich, diese fehlerhaften Zuordnungen zu verringern.

Die Validierungen der zwei entworfenen Methoden zur lokalen Anpassung von PSTs und HGÜ-VSCs nach ungeplanten Wirkleistungsflussänderungen mit nicht zuzuordnender Ursache erfolgen an dem OPF-optimierten Basisszenario S-1-3 mit veränderten Einspeisesituationen. Dabei führt die gegensinnige Veränderung der Einspeisung an jeweils zwei im Testnetz befindlichen PU-Knoten zu einer Veränderung der geplanten Wirkleistungsflüsse (siehe S-5-1 und S-5-2). Die Validierung der lokalen PST-Anpassungsmethode, basierend auf der Einbeziehung der PSDFs, zeigt, dass die berechneten korrigierten PST-Winkel eine Minimierung der Wirkleistungsflussabweichungen auf den PST-Interkonnektoren ermöglichen. Insbesondere bei einer feingliedrigen Einteilung der PST-Stufungsintervalle, bzw. bei Einsatz kontinuierlich-stufbarer PSTs, liegt die Abweichung bei annähernd Null. Geringe Abweichungen von bis zu 5 % treten auf, da die PSDF-Methode die vereinfachte Leistungsflussberechnung verwendet. Diese Abweichungen von geplanten Wirkleistungsflüssen auf den Interkonnektoren ist nach der Anpassung der PSTs mit diskret-stufbaren PSTs aufgrund der diskreten Stufungsschritte noch etwas größer. Sie liegt gleichzeitig aber wieder innerhalb des definierten Toleranzbereiches, so dass die entworfene Methode an Interkonnektoren mit PSTs sinnvoll eingesetzt werden kann. Dies gelingt sogar bei einem Wegfall der koordinierten PST-Anpassung bei einem Netzleittechnikausfall. In diesem Fall kann durch unabhängige iterative PST-Anpassungen ebenfalls die Abweichung der Wirkleistungsflüsse verringert werden. Einzig bei großen Abweichungen sind die Stellmöglichkeiten irgendwann überschritten, so dass in diesen Fällen weitere Maßnahmen zur Wahrung der Netzsicherheit zu ergreifen sind.

Eine dieser Maßnahmen ist das verwendete Winkelgradientenverfahren zur lokalen Anpassung der HGÜ-VSC-Sollwerte. Die Untersuchungen zeigen, dass die an den HGÜ-VSC-Stationen installierten PMUs das Auftreten ungeplanter Wirkleistungsflussänderungen im AC-Netz registrieren und darauffolgend geeignete HGÜ-VSC-Anpassungsmaßnahmen vorgenommen werden. Dies führt zu einer Aufteilung der ungeplanten Wirkleistungsflüsse auf das AC-Netz und die HGÜ-P2P-Verbindungen, die abhängig vom Aufteilungsfaktor ist. So führt ein Anstieg der

Wirkleistungsflüsse im AC-Netz zu einem Anstieg der über die HGÜ-VSC-Verbindungen transportieren Wirkleistung, um die parallel-verlaufenden AC-Leitungen entsprechend zu entlasten. Tritt das Gegenteil ein und kommt es zu einer Reduzierung der Wirkleistungsflüsse im AC-Netz, reduziert sich auch entsprechend die Wirkleistung an den HGÜ-VSCs. Diese automatische Anpassung der HGÜ-VSC-Sollwerte funktioniert vor allem für Veränderungen der AC-Wirkleistungsflüsse, die parallel zu den HGÜ-Verbindungen entstehen. Bei Veränderungen der AC-Wirkleistungsflüsse quer zu den HGÜ-Verbindungen sind die Einflussmöglichkeiten der HGÜ-VSCs dagegen beschränkt.

Insgesamt kann in den Untersuchungen gezeigt werden, dass die vorgestellten Methoden ein geeignetes Netzbetriebsverfahren für den optimalen Einsatz von PSTs und HGÜ-VSCs darstellen. Dieses Ergebnis spiegelt sich auch in einem Vergleich der gestellten Anforderungen mit dem erreichten Erfüllungsgrad wider. Dabei können mithilfe des entworfenen Netzbetriebsverfahrens annähernd alle Anforderungen erfüllt werden. Die Stärken der vorgestellten Methoden sind unter anderem:

- Bestimmung von koordinierten Arbeitspunkten für PSTs und HGÜ-VSCs
- Berücksichtigung mehrerer Zeitbereiche von der Day-Ahead-Planung bis zum Onlinebetrieb
- Verwendung von zu den Zeitbereichen und Störungen abgestimmten Zielfunktionen
- Verwendung der AC-Leistungsflussberechnung (Newton-Raphson) zur exakten Darstellung der Netzparameter
- Berücksichtigung diskreter und kontinuierlicher Optimierungsparameter

Einschränkungen ergeben sich vor allem bei Störungen, in denen die PFCD-Anpassungsmöglichkeiten nicht ausreichen und entsprechende weitere Maßnahmen einzuleiten sind. Weitere Schwächen der vorgestellten Methoden sind:

- Methoden setzen die Zusammenarbeit der ÜNBs und den Austausch von Netzinformationen voraus
- zentral koordinierte Arbeitspunkte sind von allen beteiligten ÜNBs einheitlich umzusetzen, da sonst das berechnete Optimum nicht erreicht werden kann
- Freiheitsgrade und Einflussbereiche von PSTs und HGÜ-VSCs sind beschränkt, so dass nicht alle Leitungsüberlastungen beseitigt werden können
- Gewichtung der Teilziele bei mehrdimensionalen Zielfunktionen hat Einfluss auf die Zielerreichung
- bei der Identifizierung von Leitungsausfällen kann es zu Fehlinterpretationen kommen

5 Zusammenfassung und Ausblick

5.1 Zusammenfassung

Ausgehend von stattfindenden Veränderungen in der elektrischen Energieversorgung (Integration erneuerbarer Energiequellen, verstärkter Wirkleistungstransportbedarf usw.), ergeben sich zu lösende Herausforderungen in der elektrischen Energieübertragung [3]. Dazu zählt unter anderem der Entwurf passender Lösungen für vermehrt auftretende Überlastungen einzelner AC-Leitungen. Neben einem AC-Netzausbau reagieren ÜNBs mit der Integration von PFCDs, wie PSTs und HGÜ-VSC-Verbindungen, die eine definierte Beeinflussung der AC-Wirkleistungsflüsse ermöglichen [6], [7], [8]. Gleichzeitig verändert der Einsatz der PFCDs auch die Wirkleistungsflüsse regelzonenübergreifend auf weiter entfernten AC-Leitungen [48]. Zur Vermeidung von negativen Wechselwirkungen zwischen der steigenden Anzahl an PFCDs wird in der Arbeit folgende Forschungsfrage beantwortet:

„Wie lassen sich geeignete Arbeitspunkte von PSTs und HGÜ-VSCs zur Wahrung der Netzsicherheit bestimmen?"

Dazu wird ein einheitliches Netzbetriebsverfahren vorgestellt, das die optimale Nutzung der Stellmöglichkeiten von PSTs und HGÜ-VSCs ermöglicht. Dieses Verfahren berücksichtigt ausgehend von den erarbeiteten Anforderungen unterschiedliche Methoden zur Koordinierung der PFCDs, die auf die verschiedenen Möglichkeiten während der Netzbetriebsplanung und -führung eingehen. Somit ist das Verfahren in die folgenden zwei Komponenten gegliedert:

1. die vorausschauende Planung von PST- und HGÜ-VSC-Netzbetrieb im Day-Ahead- und Intraday-Zeitbereich
2. Methoden zur Anpassung der PST- und HGÜ-VSC-Sollwerte bei unplanmäßigen Wirkleistungsflussänderungen im Onlinebetrieb

Dabei dient die vorausschauende Betriebsplanung unter Verwendung von Prognosedaten der frühzeitigen Erkennung von Überlastsituationen und der Bestimmung optimaler Arbeitspunkte von PSTs und HGÜ-VSCs zum koordinierten Beseitigen von eventuellen Engpässen im gesamten Verbundnetz. Zum vorbestimmten Zeitpunkt werden diese vorausberechneten Arbeitspunkte anschließend von den beteiligten ÜNBs koordiniert an den Betriebsmitteln umgesetzt.

Beim Auftreten von Abweichungen zwischen den geplanten und den physikalischen Wirkleistungsflüssen im Onlinebetrieb kommt der zweite Bestandteil des Netzbetriebsverfahrens zum Tragen. Hierbei werden Abweichungen zuallererst durch einen Vergleich von geplanten und mit PMU-gemessenen Wirkleistungsflüssen erfasst. Entsprechend der Höhe und der Art der Störung erfolgt anschließend eine geeignete Anpassung der PFCD-Arbeitspunkte. Sind ungeplante Abweichungen zwischen den geplanten und den physikalischen Wirkleistungsflüssen beispielsweise einer Ursache, wie einem AC-Leitungsausfall, klar zuzuordnen, können zentral vorausberechnete korrektive Arbeitspunkte abgerufen und eingestellt werden. Ist dagegen die Ursache für die Abweichung nicht eindeutig identifizierbar, erfolgt ein Wechsel auf Anpassungsmethoden, getrennt für PSTs und HGÜ-VSCs, die nur auf lokal an den Betriebsmitteln verfügbare Daten zugreifen. Dies ist notwendig, da eine zentral koordinierte Optimierung im Rahmen der geforderten schnellen Reaktionszeit nicht möglich ist. Die dezentrale PST-Anpassung sorgt in diesen Fällen für eine

Wiederherstellung der geplanten Austauschleistung auf den Interkonnektoren, während das dezentrale Winkelgradientenverfahren Änderungen von Wirkleistungsflüssen auf die DC- und AC-Verbindungen aufteilt. Das Zusammenspiel der verschiedenen Methoden ist in Abb. 5.1 im Gesamtkontext visualisiert. Dabei ist auch bezugnehmend auf die Forschungsfrage

„Welche Verfahren sind für die verschiedenen Zeitbereiche der Netzbetriebsführung zur Bestimmung der optimalen Arbeitspunkte von PSTs und HGÜ-VSCs geeignet?“

dargestellt, inwiefern die entworfenen Verfahren (in Abb. 5.1 durch die weißen Blöcke dargestellt) für die Optimierung der PST- und HGÜ-VSC-Sollwerte für die verschiedenen Zeitbereiche einzusetzen sind.

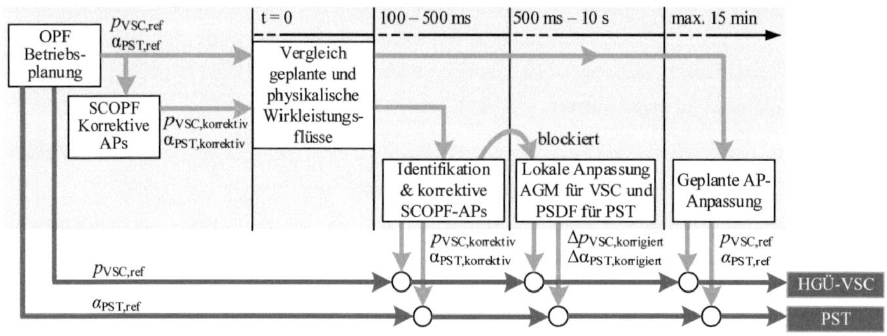

Abb. 5.1: Gesamtheitliches Netzbetriebsverfahren

Aufgrund des weitreichenden Einflusses der PFCDs auf die Wirkleistungsflüsse wird bei dem entworfenen Netzbetriebsverfahren die Berechnung der optimalen Arbeitspunkte im DACF- und IDCF-Prozess von einer zentralen Instanz übernommen. Diese Instanz kann zum Beispiel eine der in Europa bereits existierenden RSCIs sein. Zu deren Aufgaben gehört neben der Aufbereitung der Prognosedaten und der Zusammenführung der Netztopologien aus allen Regelzonen auch die Vorausberechnung korrektiver PFCD-Sollwerte. Im Onlinebetrieb wird dagegen bei ungeplanten Wirkleistungsflussänderungen mit unbekannter Ursache auf dezentrale Anpassungsmethoden zurückgegriffen, da eine koordinierte gesamtheitliche OPF-Berechnung im Rahmen der geforderten Reaktionszeit nicht zielführend ist. Stattdessen agieren die PFCDs in diesen Fällen zum Teil eigenständig und zum Teil auf der ÜNB-Ebene teilkoordiniert mit einer geringen Anzahl an PFCDs. Die anfangs gestellte Frage

„Welche Eigenschaften sollte eine Instanz zur Koordinierung der PFCDs aus technischer Sicht besitzen?“

kann dementsprechend nicht allgemein beantwortet werden. Vielmehr hängt die Beantwortung von den anvisierten Zielen des Einsatzes von PFCDs ab. Die Arbeit hat dazu für die verschiedenen Zeitbereiche in der Netzbetriebsplanung und Netzbetriebsführung jeweils geeignete Methoden entworfen und diesen entsprechenden Instanzen zugeordnet. So sollte aus Netzsicht im DACF- und IDCF-Prozess die koordinierte Berechnung optimaler Sollwerte für PSTs und HGÜ-VSCs einer RSCI übertragen werden. Dies ermöglicht die Zusammenführung von prognostizierten Einspeise- und Lastdaten sowie Netztopologien aus verschiedenen Regelzonen zu einem gemeinsamen Netzmodell und somit die Berücksichtigung von wechselseitigen Einflüssen der PFCDs in der Optimierung der PFCD-Arbeitspunkte. Die von der RSCI bestimmten PFCD-Sollwerte sind anschließend von den ÜNBs mit PSTs und HGÜ-VSCs in ihren Regelzonen umzusetzen, um das berechnete Optimum zu erreichen. Im Falle von Abweichungen im Onlinebetrieb zwischen den geplanten und physikalischen Wirkleistungsflüssen ist eine zentrale korrektive Arbeitspunktbestimmung für PSTs und HGÜ-VSCs aufgrund der geforderten schnellen Reaktion auf diese Störungen nicht möglich. Dementsprechend erfolgt die Anpassung der PST- und HGÜ-VSC-Arbeitspunkte bei ungeplanten Wirkleistungsflussänderungen in Verantwortung der betroffenen ÜNBs.

Alle diese Methoden wurden an einem Testnetz in der Simulationsumgebung MATLAB getestet und validiert. Die Untersuchungen zeigen, dass die entworfenen Methoden zu einer Beseitigung von Netzengpässen bzw. zu einer geringeren Verletzung von netztechnischen Nebenbedingungen führen. Gleichzeitig wird gezeigt, dass die PFCDs nicht in der Lage sind, alle Netzengpässe vollständig zu beseitigen. Dies spiegelt die Tatsache wider, dass die untersuchten PFCDs irgendwann an die Grenzen ihres Einflusses auf die Wirkleistungsflüsse kommen und vor allem bei sehr großen Abweichungen der Wirkleistungsflüsse weitere netztechnische Maßnahmen von den ÜNBs zu ergreifen sind. Gleichzeitig wird dargestellt, dass ein unkoordinierter Einsatz der PFCDs zu negativen Wechselwirkungen zwischen den PFCDs führen kann. Dies zeigt sich unter anderem in einer steigenden oder gleichbleibenden Anzahl an überlasteten Leitungen nach der Sollwertanpassung. Dementsprechend kann die Forschungsfrage

„Führt der koordinierte Einsatz von HGÜ-VSCs und PSTs zu einer verbesserten Wahrung der Netzsicherheit?“

eindeutig bejaht werden.

Somit wurden zur Beantwortung der Forschungsfragen folgende neue wissenschaftliche Beiträge und Erkenntnisse gewonnen:

- Erarbeitung zu erfüllender Anforderungen an ein Netzbetriebsverfahren zur Koordinierung von PSTs und HGÜ-VSCs
- Entwurf einer zentral koordinierten Methode (OPF) zur Bestimmung von PST- und HGÜ-VSC-Arbeitspunkten hinsichtlich der Größen PST-Winkel α und HGÜ-VSC-Wirkleistung p mithilfe prognostizierter Einspeise- und Lastdaten im Day-Ahead- und Intraday-Zeitbereich
- Entwurf einer zentral koordinierten Methode (SCOPF) zur Vorausberechnung von korrektiven PST- und HGÜ-VSC-Arbeitspunkten hinsichtlich der Größen α und p, um im Onlinebetrieb auf Wirkleistungsflussänderungen mit klar identifizierbaren Ursachen reagieren zu können
- Entwurf einer lokalen Anpassungsmethode von PST-Arbeitspunkten bei ungeplanten Wirkleistungsflussänderungen im Onlinebetrieb zur Wiederherstellung der geplanten Austauschleistung auf Interkonnektoren und Verwendung des Winkelgradientenverfahrens zur lokalen Anpassung von HGÜ-VSC-Sollwerten bei ungeplanten Wirkleistungsflussänderungen.
- Zusammenführung der entworfenen Methoden zu einem einheitlichen Netzbetriebsverfahren zum koordinierten Einsatz von PSTs und HGÜ-VSCs über mehrere Zeitbereiche, von der Day-Ahead-Planung über die Intraday-Planung bis hin zum Onlinebetrieb
- Erarbeitung eines Referenznetzes zur Validierung der entworfenen Methoden
- Validierung der erarbeiteten Methoden zur Koordinierung von PSTs und HGÜ-VSCs anhand statischer leistungsflussbasierter Szenarien

5.2 Ausblick

Die in dieser Arbeit entworfenen Methoden stellen eine Möglichkeit zur verbesserten Integration von PSTs und HGÜ-VSCs in den zukünftigen Netzbetrieb dar. Für die Integration der Methoden in die Leitstellensysteme der ÜNBs als HEO wird unter anderem eine Optimierung der Algorithmen hinsichtlich der Parallelisierung der Iterationsschritte sowie der Berechnungsgeschwindigkeit empfohlen. Zur Unterstützung der Operatoren bei der Netzbetriebsplanung und -führung sind die Methoden zur Einbindung in die Leitstellensysteme ebenso an die Schnittstellen der bestehenden SCADA-Systeme und HEOs anzupassen. Weiterhin steigt mit der weiteren Installation von PFCDs der Koordinierungsaufwand, der beispielhaft von Netzsicherheitskooperationen übernommen werden kann. Notwendigen Datenformate und Schnittstellen zum Datenaustausch zwischen der zentralen Instanz und den ÜNBs sind noch zu standardisieren.

Darüber hinaus beziehen sich die durchgeführten Untersuchungen auf statische leistungsflussbasierte Szenarien. Gleichzeitig ist es auch denkbar, PSTs zur Stabilisierung des Netzes während auftretender Fehler und Ausgleichvorgänge einzusetzen, wenn die Stufenschaltung hinreichend schnell erfolgen kann. Der Einsatz von schnellen halbleiterbasierten Regelsystemen an PSTs sowie die Auswirkungen dieser dynamischen PSTs auf das Netz sollten in weiteren Forschungsaktivitäten analysiert werden. Dies beinhaltet ebenso die Untersuchung von dynamischen Netzberechnungen beim Einsatz von FACTS, HGÜ-VSCs sowie bei HGÜ-Netzen.

Die vorgestellten Methoden zielen allein auf die Optimierung der Wirkleistungsflüsse im Übertragungsnetz ab und berücksichtigen darüber hinaus die Blindleistungen bei den Leistungsflussberechnungen. Dies ermöglicht es, die Leistungsflüsse auf den Leitungen und somit die Leitungsbelastungen realitätsgetreu abbilden zu können. Der nächste logische Schritt ist, die Blindleistung ebenfalls in die Optimierung miteinzubeziehen, wobei insbesondere die HGÜ-VSCs eine unabhängige Blindleistungsbereitstellung an den HGÜ-VSC-Netzknoten ermöglichen. Da die PSTs eher einen geringen Einfluss auf die Blindleistung ausüben, ist es zum Beispiel weiterhin denkbar, die Transformatoren in den Umspannwerken zwischen Höchstspannungs- und Hochspannungsnetzebene (Netzebene 2) mit in die Blindleistungsoptimierung einzubeziehen. Die in diesen Umspannwerken installierten Transformatoren sind meist mit Laststufenschaltern ausgestattet und ermöglichen durch eine Längsregelung eine Anpassung der Spannungen und dadurch eine Beeinflussung der Blindleistung.

Eine starke Auslastung des Übertragungsnetzes führt auch zu Wirkleistungstransiten und somit zu einer stärkeren Leitungsbelastung im unterlagerten Verteilernetz, wenn dieses mit mehr als einer Übergabestelle mit dem Übertragungsnetz verbunden ist. Da die Transformatoren mit Längsregelung in der Netzebene 2 keinen Einfluss auf die Wirkleistungsflüsse nehmen können, stehen die VNBs Wirkleistungstransiten ohne effektive Maßnahmen zur Wirkleistungsbegrenzung gegenüber. Verringern bzw. vermeiden können die VNBs die Wirkleistungstransite nur, indem sie ihr Netze entmaschen oder Teilnetze bilden. Dies hat gleichzeitig zur Folge, dass Verletzungen der (n-1)-Sicherheit im Verteilernetz entstehen können und zusätzliche Betriebsmittelinvestitionen notwendig werden. Denkbar ist, PSTs an den Übergabestellen zwischen ÜNBs und VNBs bzw. auf von Wirkleistungstransiten betroffenen VNB-Leitungen einzusetzen, um die Wirkleistungstransite durch die Verteilernetze zu verringern. Inwiefern diese Maßnahmen zur Koordinierung des Wirkleistungsaustausches hilfreich sind, sollte Gegenstand weiterer Forschungsaktivitäten sein.

Mit der Liberalisierung des Energiemarktes treten neben der Optimierung technischer Zielsetzungen auch vermehrt wirtschaftliche Aspekte bei der Betriebsmittelplanung in den Fokus. In weiteren Forschungsaktivitäten sollten dementsprechend Marktmodelle entwickelt und in die Optimierung miteinbezogen werden. Dies ermöglicht die Berücksichtigung der vorhandenen Freiheitsgrade von PSTs und HGÜ-VSCs nach volks- oder betriebswirtschaftlichen Gesichtspunkten. Mithilfe angepasster Sollwerte ist zum Beispiel die Reduzierung von Redispatch-Maßnahmen oder die Minimierung von Preisunterschieden in verschiedenen Regelzonen denkbar.

6 Literaturverzeichnis

[1] "Gesetz zur Neuregelung des Energiewirtschaftsrechts vom 24. April 1998" in *Bundesgesetzblatt Jahrgang 1998 Teil I Nr. 23*, Bonn, 1998, S. 730–736.

[2] N. Ridder, *Öffentliche Energieversorgungsunternehmen im Wandel: Wettbewerbsstrategien im liberalisierten deutschen Strommarkt*. Marburg: Tectum Verlag, ISBN 978-3828885271, 2003.

[3] Bundesnetzagentur für Elektrizität, Gas, Telekommunikation, Post und Eisenbahnen, "Informationen zum Netzausbau: Wissen, wo es lang geht!", Aug. 2014. Online verfügbar unter: https://www.netzausbau.de/SharedDocs/Downloads/DE/Publikationen/BroschuereInformationen.pdf?__blob=publicationFile. Zuletzt geprüft am: 03.04.2018.

[4] C. Hoeft, S. Messinger-Zimmer, and J. Zilles, Eds., *Bürgerproteste in Zeiten der Energiewende: Lokale Konflikte um Windkraft, Stromtrassen und Fracking,* 1. Aufl. Bielefeld: transcript, ISBN 978-38376381548, 2017.

[5] Bundesministerium für Wirtschaft und Energie (BMWi), "Die Energie der Zukunft: Fünfter Monitoring-Bericht zur Energiewende - Berichtsjahr 2015", Dez. 2016. Online verfügbar unter: https://www.bmwi.de/Redaktion/DE/Publikationen/Energie/fuenfter-monitoring-bericht-energie-der-zukunft.pdf?__blob=publicationFile&v=34. Zuletzt geprüft am: 03.04.2018.

[6] 50Hertz Transmission GmbH, "Phasenschiebertransformatoren steuern Stromflüssen zwischen den Übertragungsnetzen von 50Hertz und CEPS", Warschau, Berlin, Jan. 2017. Online verfügbar unter: http://www.50hertz.com/de/News/Detail/id/3244/phasenschiebertransformatoren-steuern-stromfluesse-zwischen-den-uebertragungsnetzen-von-50hertz-und-%c4%8deps. Zuletzt geprüft am: 03.04.2018.

[7] ENTSO-E, "Ten-Year Network Development Plan 2016: Executive Report", 2016. Online verfügbar unter: http://tyndp.entsoe.eu/projects/2016-12-20-1600-exec-report.pdf. Zuletzt geprüft am: 03.04.2018.

[8] 50Hertz Transmission GmbH, Amprion GmbH, TenneT TSO GmbH und TransnetBW GmbH, "Netzentwicklungsplan Strom 2025, Version 2015, 2. Entwurf: Übersichtskarten des zweiten Entwurfs NEP 2025 - Startnetz sowie B1 2025, B1 2025 GI und B2 2025", Feb. 2016. Online verfügbar unter: https://www.netzentwicklungsplan.de/sites/default/files/paragraphs-files/NEP_2025_2_Entwurf_Uebersichtskarten.pdf. Zuletzt geprüft am: 03.04.2018.

[9] W. L. Kling *et al.*, "Phase shifting transformers installed in the Netherland in order to increase available international transmission capacity" in *Cigre Session 2004: Paris, France, 2004*: Cigre, 2004.

[10] J. Verboomen *et al.*, "Coordination of Phase Shifters by Means of Multi-Objective Optimisation" in *Proceedings of the 41st International Universities Power Engineering Conference: Newcastle-upon-Tyne, United Kingdom, 6. - 8. September 2006*: IEEE, 2006, S. 432–436.

[11] U. Häger, J. Schwippe und K. Görner, "REALISEGRID: D1.2.2 Improving network controllability by coordinated control of HVDC and FACTS devices", Apr. 2010. Online verfügbar unter: http://realisegrid.rse-web.it/content/files/File/Publications%20and%20results/Deliverable_REALISEGRID_1.2.2.pdf. Zuletzt geprüft am: 03.04.2018.

[12] Bundesnetzagentur für Elektrizität, Gas, Telekommunikation, Post und Eisenbahnen, "Bedarfsermittlung 2017-2030: Bestätigung des Netzentwicklungsplans Strom für das Zieljahr 2030", Bonn, Dez. 2017. Online verfügbar unter: https://www.netzentwicklungsplan.de/sites/default/files/paragraphs-files/NEP_2030_2017_Bestaetigung.pdf. Zuletzt geprüft am: 03.04.2018.

[13] ENTSOE, "10-Year Network Development Plan 2014", 2014. Online verfügbar unter: https://www.entsoe.eu/major-projects/ten-year-network-development-plan/tyndp-2014/Documents/TYNDP%202014_FINAL.pdf. Zuletzt geprüft am: 03.04.2018.

[14] ENTSO-E, "TYNDP 2016 combined Project Sheets", 2017. Online verfügbar unter: https://www.entsoe.eu/Documents/TYNDP%20documents/TYNDP%202016/projects/TYNDP2016-project-sheets.pdf. Zuletzt geprüft am: 03.04.2018.

[15] P. Labra Francos *et al.*, "INELFE — Europe's first integrated onshore HVDC interconnection" in *IEEE Power and Energy Society General Meeting 2012: San Diego, CA, USA, 22. - 26. Juli 2012*, Piscataway, NJ: IEEE, 2012, S. 1–8.

[16] Bundesnetzagentur für Elektrizität, Gas, Telekommunikation, Post und Eisenbahnen, "BBPlG-Monitoring - Stand der Vorhaben aus dem Bundesbedarfsplangesetz (BBPlG) nach dem dritten Quartal 2017", Nov. 2017. Online verfügbar unter: https://www.netzausbau.de/SharedDocs/Downloads/DE/Vorhaben/BBPlG/BBPlG-Bericht.pdf?__blob=publicationFile. Zuletzt geprüft am: 03.04.2018.

[17] Amprion GmbH, "ALEGRO - Die erste Strombrücke nach Belgien", Dortmund, 2014. Online verfügbar unter: https://www.alegrodialog.de/sites/default/files/Brosch%C3%BCre%20Alegro%20Trasse%201_1.pdf. Zuletzt geprüft am: 03.04.2018.

[18] S. Schlegel, "Wahrung der Netzsicherheit durch Nutzung flexibler Lasten am Beispiel des gesteuerten Ladens von Elektrofahrzeugen" in Band 17, *Ilmenauer Beiträge zur elektrischen Energiesystem-, Geräte- und Anlagentechnik (IBEGA)*, D. Westermann und F. Berger, Hg., Ilmenau: Universitätsverlag Ilmenau, ISBN 978-3-86360-128-7, 2016.

[19] Verband der Netzbetreiber - VDN - e.V., "TransmissionCode 2007: Netz- und Systemregeln der deutschen Übertragungsnetzbetreiber", Aug. 2007. Online verfügbar unter: https://www.main-donau-netz.de/static-resources/content/resources/doc/070801TransmissionCode_2007.pdf. Zuletzt geprüft am: 03.04.2018.

[20] Swissgrid, "Glossar für die Regeln des Schweizer Strommarktes", 2010. Online verfügbar unter: https://www.strom.ch/fileadmin/user_upload/Dokumente_Bilder_neu/010_Downloads/Branchenempfehlung/Swissgrid_Glossar_2010_d.pdf. Zuletzt geprüft am: 03.04.2018.

[21] ENTSOE, "Network Code on Operational Planning and Scheduling", Sep. 2013. Online verfügbar unter: https://www.entsoe.eu/fileadmin/user_upload/_library/resources/OPS_NC/130924-AS_NC_OPS_2nd_Edition_final.pdf. Zuletzt geprüft am: 03.04.2018.

[22] ENTSOE, "Network Code on Operational Security", Sep. 2013. Online verfügbar unter: https://www.entsoe.eu/fileadmin/user_upload/_library/resources/OS_NC/130924-AS-NC_OS_2nd_Edition_final.pdf. Zuletzt geprüft am: 03.04.2018.

[23] "Richtlinie 2009/72/EG des Europäischen Parlaments und des Rates vom 13. Juli 2009 über gemeinsame Vorschriften für den Elektrizitätsbinnenmarkt und zur Aufhebung der Richtlinie 2003/54/EG" in *Amtsblatt der Europäischen Union*, 2009, S. 55–93.

[24] Verband der Netzbetreiber - VDN - e.V., "DistributionCode 2007: Regeln für den Zugang zu Verteilungsnetzen", Aug. 2007. Online verfügbar unter: https://www.main-donau-netz.de/static-resources/content/resources/doc/070801_DistributionCode_2007.pdf. Zuletzt geprüft am: 03.04.2018.

[25] ENTSO-E, "Continental Europe Operation Handbook P4 - Policy 4: Coordinated Operational Planning", Jun. 2016. Online verfügbar unter: https://www.entsoe.eu/Documents/Publications/SOC/Continental_Europe/oh/160302_TOP_6_Policy%204-Draft_V4_2.pdf. Zuletzt geprüft am: 03.04.2018.

[26] ENTSO-E, "ENTSOE-E Policy Paper Future TSO Coordination for Europe", Nov. 2014. Online verfügbar unter: https://www.entsoe.eu/Documents/Publications/Position%20papers%20and%20reports/141119_ENTSO-E_Policy_Paper_Future_TSO_Coordination_for_Europe.pdf. Zuletzt geprüft am: 03.04.2018.

[27] TSCNET Services GmbH, "MAVIR has been granted full membership of the TSO Security", Sep. 2014. Online verfügbar unter: https://www.tscnet.eu/wp-content/uploads/2014/09/201409_TSC_PressRelease_MAVIR_final.pdf. Zuletzt geprüft am: 03.04.2018.

[28] Coreso, "Annual Report 2016: Ensuring Operational Safety on the European interconnected Grid", Aug. 2017. Online verfügbar unter: https://www.coreso.eu/wp-content/uploads/Coreso-Annual-Report-2016-online-publication.pdf. Zuletzt geprüft am: 03.04.2018.

[29] D. Tubic, "Security Coordination Centre SCC - Present and future" in *Security of Supply Coordination Group, Sub-Group for Electricity: Wien, Österreich, 16. Dezember 2015*, 2015.

[30] FINGRID, "Nordic TSOs open joint office in Copenhagen", Mrz. 2016. Online verfügbar unter: https://www.fingrid.fi/en/pages/news/news/2016/nordic-tsos-open-joint-office-in-copenhagen/. Zuletzt geprüft am: 03.04.2018.

[31] ENTSO-E, "Annual Report 2013: TSO Cooperation and the internal Energy Market", 2013. Online verfügbar unter: https://www.entsoe.eu/Documents/Publications/ENTSO-E%20general%20publications/140415_ENTSO-E_Annual_Report_2013_Final.pdf. Zuletzt geprüft am: 03.04.2018.

[32] ENTSO-E, “Multilateral Agreement on Participation in Regional Security Coordination Initiatives”, Dez. 2015. Online verfügbar unter: https://www.entsoe.eu/Documents/SOC%20documents/151210_AS_TOP_07.b_D.2_RSCI%20MLA%20final.pdf. Zuletzt geprüft am: 03.04.2018.

[33] Europäische Kommission, “Vorschlag für eine Verordnung des Europäischen Parlaments und des Rates zur Gründung einer Agentur der Europäischen Union für die Zusammenarbeit der Energieregulierungsbehörden”, Nov. 2016. Online verfügbar unter: http://eur-lex.europa.eu/resource.html?uri=cellar:2f0ae213-b7b3-11e6-9e3c-01aa75ed71a1.0016.02/DOC_1&format=PDF. Zuletzt geprüft am: 03.04.2018.

[34] Europäische Kommission, “Options for future European Electricity System Operation”, 2015. Online verfügbar unter: https://ec.europa.eu/energy/sites/ener/files/documents/15-3071%20DNV%20GL%20report%20Options%20for%20future%20System%20Operation.pdf. Zuletzt geprüft am: 03.04.2018.

[35] TSCNET Services GmbH, *Our Services.* Online verfügbar unter: http://www.tscnet.eu/tscnet-services/. Zuletzt geprüft am: 03.04.2018.

[36] B. Lange *et al.*, “Prognosen der zeitlich-räumlichen Variabilität von Erneuerbaren” in *Transformationsforschung für ein nachhaltiges Energiesystem: Jahrestagung 2011, Berlin, Deutschland, 12. - 13. Oktober 2011*, Berlin: FVEE, 2011, S. 93–101.

[37] UCTE, “UCTE OH - Appendix 3: Operational Security - Final Version”, 2009. Online verfügbar unter: https://www.entsoe.eu/fileadmin/user_upload/_library/publications/entsoe/Operation_Handbook/Policy_3_Appendix_final.pdf. Zuletzt geprüft am: 03.04.2018.

[38] ENTSO-E, “Technical Report: Bidding Zones Review Process”, 2014. Online verfügbar unter: https://www.entsoe.eu/Documents/MC%20documents/140123_Technical_Report_-_Bidding_Zones_Review__Process.pdf. Zuletzt geprüft am: 03.04.2018.

[39] Coreso, “Services - Coordinated Capacity Calculation”, 2017. Online verfügbar unter: https://www.coreso.eu/services/coordinated-capacity-calculation/. Zuletzt geprüft am: 03.04.2018.

[40] Coreso, “Services - Coordinated Security Analysis”, 2017. Online verfügbar unter: https://www.coreso.eu/services/coordinated-security-analysis/. Zuletzt geprüft am: 03.04.2018.

[41] ENTSO-E, “Network Code on Load-Frequency Control and Reserves”, Jun. 2013. Online verfügbar unter: https://www.entsoe.eu/fileadmin/user_upload/_library/resources/LCFR/130628-NC_LFCR-Issue1.pdf. Zuletzt geprüft am: 03.04.2018.

[42] ENTSO-E, “ENTSO-E Network Code on Emergency and Restoration”, Mrz. 2015. Online verfügbar unter: https://www.entsoe.eu/Documents/Network%20codes%20documents/NC%20ER/150325_ENTSO-E_NC%20ER_final.pdf. Zuletzt geprüft am: 03.04.2018.

[43] *Energiewirtschaftsgesetz vom 7. Juli 2005 (BGBl. I S. 1970, 3621), das durch Artikel 6 des Gesetzes vom 13. Oktober 2016 (BGBl. I S. 2258) geändert worden ist*, 2016.

[44] J. Verboomen, "Optimisation of Transmission Systems by use of Phase Shifting Transformers" Dissertationsschrift, Technische Universiteit Delft, Delft, 2008.

[45] V. Crastan, *Elektrische Energieversorgung 1: Netzelemente, Modellierung, stationäres Verhalten, Bemessung, Schalt- und Schutztechnik,* 2. Aufl. Berlin, New York: Springer, ISBN 978-3-540-69439-7, 2007.

[46] *DIN EN 50160:2011-02 - Merkmale der Spannung in öffentlichen Elektrizitätsversorgungsnetzen*, 2011.

[47] J. Verboomen *et al.*, "Phase Shifting Transformers: Principles and Applications" in *International Conference on Future Power Systems 2005: Amsterdam, Niederlande, 18. November 2005*: IEEE, 2005.

[48] D. Van Hertem, "The Use of Power Flow Controlling Devices in the liberalized Market" Dissertationsschrift, Faculteit Ingenieurswetenschappen, Katholieke Universiteit Leuven, Leuven, 2009.

[49] V. Crastan, *Elektrische Energieversorgung 2: Energie- und Elektrizitätswirtschaft, Kraftwerkstechnik, alternative Stromerzeugung, Dynamik, Regelung und Stabilität, Betriebsplanung und -führung*. Berlin, Heidelberg: Springer-Verlag, ISBN 978-3-540-70877-3, 2008.

[50] P. Ashmole und P. Moore, "Flexible AC transmission systems. Part 1", *Power Engineering Journal*, Jg.9, Nr. 6, S. 282–286, 1995.

[51] P. Ashmole und P. Moore, "Flexible AC transmission systems. Part 2: Methods of transmission line compensation", *Power Engineering Journal*, Jg.10, Nr. 6, S. 273–278, 1996.

[52] P. Ashmole und P. Moore, "Flexible AC transmission systems. Part 3: Conventional FACTS controllers", *Power Engineering Journal*, Jg.11, Nr. 4, S. 177–183, 1997.

[53] P. Moore und P. Ashmole, "Flexible AC transmission systems. Part 4: Advanced FACTS controllers", *Power Engineering Journal*, Jg.12, Nr. 2, S. 95–100, 1998.

[54] C. Rehtanz und J.-J. Zhang, "New types of FACTS-devices for power system security and efficieny" in *IEEE Lausanne PowerTech 2007: Lausanne, Schweiz, 1. - 5. Juli 2007*, Piscataway, NJ: IEEE, 2007.

[55] T. Okon und K. Wilkosz, "Phase shifter models for steady state analysis" in *17th International Scientific Conference on Electric Power Engineering (EPE) 2016: Prag, Tschechien, 16. - 18. Mai 2016*: Czech Technical University in Prague, Faculty of Electrical Engineering, Department of Electrical Power Engineering, 2016, S. 1–6.

[56] A. Holst und T. Haase, "Auslegung eines Querregeltransformators zur Leistungssteuerung" in *12. Symposium Maritime Elektrotechnik, Elektronik und Informationstechnik: Rostock, Deutschland, 8. - 10. Oktober 2007*, Rostock, 2007.

[57] G. Hug-Glanzmann, "Coordinated Power Flow Control to Enhance Steady-State Security in Power Systems" Dissertationsschrift, Eidgenössische Technische Hochschule Zürich, Zürich, 2007.

[58] D. Dohnal, “On-Load Tap-Changers for Power Transformers”, 2013. Online verfügbar unter: www.reinhausen.com/XparoDownload.ashx?raid=58092. Zuletzt geprüft am: 03.04.2018.

[59] A. Krämer, *On-Load Tap-Changers for Power Transformers: Operation, principles, applications and selection,* 2. Aufl. Lappersdorf: Kerschensteiner, ISBN 978-3-931954-47-5, 2014.

[60] Maschinenfabrik Reinhausen GmbH, “TD - Allgemeiner Teil Technische Daten TD 61”, 2015. Online verfügbar unter: www.reinhausen.com/de/XparoDownload.ashx?raid=56477. Zuletzt geprüft am: 03.04.2018.

[61] *IEC 62032:2012 (IEEE Std C57.135:2011) Guide for the Application, Specification, and Testing of Phase-Shifting Transformers*, 2012.

[62] 50Hertz Transmission GmbH, Amprion GmbH, TenneT TSO GmbH und TransnetBW GmbH, “Netzentwicklungsplan Strom 2012: 2. Überarbeiteter Entwurf der Übertragungsnetzbetreiber”, Aug. 2012. Online verfügbar unter: https://www.netzentwicklungsplan.de/sites/default/files/paragraphs-files/nep_2012_2_entwurf_teil_1_kap_1_bis_8.pdf. Zuletzt geprüft am: 03.04.2018.

[63] V. Crastan und D. Westermann, *Elektrische Energieversorgung 3: Dynamik, Regelung und Stabilität, Versorgungsqualität, Netzplanung, Betriebsplanung und -führung, Leit- und Informationstechnik, FACTS, HGÜ.* Berlin Heidelberg: Springer-Verlag Berlin Heidelberg, ISBN 978-3-642-2010-04, 2012.

[64] K. Friedrich, “Modern HVDC PLUS application of VSC in Modular Multilevel Converter topology” in *IEEE International Symposium on Industrial Electronics (ISIE) 2010: Bari, Italien, 4. - 7. Juli 2010*, Piscataway, NJ: IEEE, 2010, S. 3807–3810.

[65] N. R. Chaudhuri, A. Yazdani, B. Chaudhuri und R. Majumder, *Multi-terminal direct-current grids: Modeling, analysis, and control.* Chichester: John Wiley & Sons, ISBN 978-1-118-72910-6, 2014.

[66] THEMA Consulting Group, “Loop Flows - Final Advice: Prepared for The European Commission”, Oslo, Okt. 2013. Online verfügbar unter: https://ec.europa.eu/energy/sites/ener/files/documents/201310_loop-flows_study.pdf. Zuletzt geprüft am: 03.04.2018.

[67] M. Wolfram, S. Schlegel und D. Westermann, “Closed loop flow detection in power systems based on Floyd-Warshall algorithm” in *IEEE Manchester PowerTech 2017: Manchester, United Kingdom, 18. - 22. Juni 2017*: IEEE, 2017, S. 1–6.

[68] ENTSO-E, “Controllable devices within RGCE grid: current practices and general guidelines on operational coordination”, 2013.

[69] INELFE SAS, *The President of the Spanish Government and the French Prime Minister inaugurate the electrical interconnection between Spain and France*, 2015.

[70] P. Kundur and N.J. Balu, Eds., *Power system stability and control.* New York, NY: McGraw-Hill, ISBN 978-0070359581, 1994.

[71] A. Marinakis, M. Glavic und T. van Cutsem, "Minimal Reduction of Unscheduled Flows for Security Restoration: Application to Phase Shifter Control", *IEEE Transactions on Power Systems*, Jg.25, Nr. 1, S. 506–515, 2010.

[72] Twenties - Transmitting Wind, "Final Report on NETFLEX Demo", Aug. 2013.

[73] P. Guha Thakurta, "Increasing Transmission System Operation Flexibility using Power Flow Controlling Devices: Deterministic and Risk-based Approaches" Dissertationsschrift, Katholieke Universiteit Leuven, Leuven, 2015.

[74] L. Castaing, M.-S. Debry, G. Bareux und O. Beck, "Optimal operation of HVDC links embedded in an AC network" in *IEEE Grenoble PowerTech 2013: Grenoble, Frankreich, 16. - 20. Juni 2013*: IEEE, 2013, S. 1–6.

[75] A.-K. Marten, "Integration der Betriebsführung eines HGÜ-Overlay-Netzes in die Leitungs-Frequenz-Regelung eines Drehstrom-Verbundnetzes" in Band 3, *Ilmenauer Beiträge zur elektrischen Energiesystem-, Geräte- und Anlagentechnik (IBEGA)*, D. Westermann und F. Berger, Hg., Ilmenau: Universitätsverlag Ilmenau, ISBN 978-3-86360-038-9, 2012.

[76] A.-K. Marten, "Operation of meshed high voltage direct current (HVDC) overlay grids: From operational planning to real time operation" in Band 12, *Ilmenauer Beiträge zur elektrischen Energiesystem-, Geräte- und Anlagentechnik (IBEGA)*, D. Westermann und F. Berger, Hg., Ilmenau: Universitätsverlag Ilmenau, ISBN 978-3-86360-112-6, 2015.

[77] R. Renner, "Interaction of HVDC Grids and AC Power Systems: Operation and Control" Dissertation, Katholieke Universiteit Leuven, Leuven, 2017.

[78] Bundesministerium für Wirtschaft und Energie (BMWi), "Die Energie der Zukunft: Vierter Monitoring-Bericht zur Energiewende", 2015. Online verfügbar unter: https://www.bmwi.de/Redaktion/DE/Publikationen/Energie/vierter-monitoring-bericht-energie-der-zukunft.pdf?__blob=publicationFile&v=24. Zuletzt geprüft am: 03.04.2018.

[79] EPEX SPOT, "EUPHEMIA Public Description: PCR Market Coupling Algorithm", 2016. Online verfügbar unter: https://www.nordpoolspot.com/globalassets/download-center/pcr/euphemia-public-documentation.pdf. Zuletzt geprüft am: 03.04.2018.

[80] Swissgrid, "Market Coupling", 2015. Online verfügbar unter: https://www.swissgrid.ch/dam/swissgrid/company/publications/de/market-coupling_de.pdf. Zuletzt geprüft am: 03.04.2018.

[81] K. Frey, "Automatisierte Betriebsführung von HGÜ-Verbindungen in einem synchronen Verbundsystem" Dissertation, Institut für Energieübertragung und Hochspannungstechnik, Internationaler Fachverlag für Wissenschaft & Praxis, Universität Stuttgart, 2017.

[82] O. Alsac und B. Stott, "Optimal Load Flow with Steady-State Security", *IEEE Trans. on Power Apparatus and Syst.*, Jg.PAS-93, Nr. 3, S. 745–751, 1974.

[83] A. J. Schwab, *Elektroenergiesysteme: Erzeugung, Transport, Übertragung und Verteilung elektrischer Energie,* 2. Aufl. Berlin: Springer Berlin, ISBN 978-3-540-92227-8, 2009.

[84] A. G. Phadke, “Synchronized phasor measurements in power systems”, *IEEE Comput. Appl. Power*, Jg.6, Nr. 2, S. 10–15, 1993.

[85] D. Westermann und H. Sauvain, “Experiences with Wide Area Coordinated Control of Facts Devices and HVDC in a Real Time Environment” in *IEEE Lausanne PowerTech 2007: Lausanne, Schweiz, 1. - 5. Juli 2007*, Piscataway, NJ: IEEE, 2007, S. 1688–1693.

[86] 50Hertz Transmission GmbH, Amprion GmbH, TenneT TSO GmbH und TransnetBW GmbH, “Netzentwicklungsplan Strom 2014: Zweiter Entwurf der Übertragungsnetzbetreiber”, Nov. 2014. Online verfügbar unter: https://www.netzentwicklungsplan.de/sites/default/files/paragraphs-files/20141103_nep_2014_2_entwurf_teil1.pdf. Zuletzt geprüft am: 03.04.2018.

[87] F.G.M. Lima, F. D. Galiana, I. Kockar und J. Munoz, “Phase shifter placement in large-scale systems via mixed integer linear programming”, *IEEE Trans. Power Syst.*, Jg.18, Nr. 3, S. 1029–1034, 2003.

[88] Z. E. Aygen und A. Abur, “Optimal placement of phase shifters considering contingencies” in *IEEE Power Engineering Society General Meeting 2004: Denver, Colorado, USA, 6. - 10. Juni, 2004*, Piscataway, NJ: IEEE, 2004, S. 292–295.

[89] M. Gitizadeh und H. Khalilnezhad, “Phase Shifter Transformers optimum allocation in power systems using a combinational method” in *IEEE International Conference on Power and Energy (PECon) 2010: Kuala Lumpur, Malaysia, 29.11 - 01.12.2010*, Piscataway, NJ: IEEE, 2010, S. 886–890.

[90] L. J. Cai, I. Erlich und G. Stamtsis, “Optimal choice and allocation of FACTS devices in deregulated electricity market using genetic algorithms” in *IEEE Power Systems Conference and Exposition (PSCE) 2004: New York, NY, USA, 10. - 13. Oktober 2004*: IEEE, 2004, S. 815–821.

[91] W. H. Wellßow und H. Pluntke, “Planning the optimal number and placement of embedded VSC-HVDC links in the German AC transmission grid” in *International ETG Congress 2015: Die Energiewende - Blueprints for the new energy age, Berlin, Deutschland, 17. -18. November 2015*, Berlin: VDE Verlag, 2015, S. 100–106.

[92] O. Alizadeh-Mousavi, C. Y. Evrenosoglu und M. Zima-Bockarjova, “Optimal location and sizing of HVDC converters for same-tower AC-DC overhead lines” in *IEEE Eindhoven PowerTech 2015: Eindhoven, Niederlande, 29.06. - 02.07.2015*: IEEE, 2015, S. 1–6.

[93] J. Carpentier, “Contribution a l'Etude du Dispatching Econmique”, *Bulletin de la Société Francaise des Electriciens*, Jg.3, S. 431–447, 1962.

[94] Z. Qiu, G. Deconinck und R. Belmans, “A Literature Survey of Optimal Power Flow Problems in the Electricity Market Context” in *Power Systems Conference and Exposition (PSCE) 2009: Seattle, WA, USA, 15. - 18. März 2009*: IEEE, 2009.

[95] K. S. Pandya und S. K. Joshi, “A Survey of Optimal Power Flow Methods”, *Journal of Theoretical and Applied Information Technology*, Jg.4, Nr. 5, S. 450–458, 2009.

[96] 50Hertz Transmission GmbH, Amprion GmbH, TenneT TSO GmbH und TransnetBW GmbH, “Grundsätze für die Planung des deutschen Übertragungsnetzes”, 2015. Online

verfügbar unter: https://www.transnetbw.de/downloads/uebertragungsnetz/netzentwicklung/planungsgrundsaetze_2015.pdf. Zuletzt geprüft am: 03.04.2018.

[97] Deutsche Energie-Agentur GmbH (dena), "dena-Netzstudie: Energiewirtschaftliche Planung für die Netzintegration von Windenergie in Deutschland an Land und Offshore bis zum Jahr 2020", Köln, Feb. 2005. Online verfügbar unter: https://shop.dena.de/fileadmin/denashop/media/Downloads_Dateien/esd/9113_dena-Netzstudie_I.pdf. Zuletzt geprüft am: 03.04.2018.

[98] VGB PowerTech e.V., *Ergebnisbericht - Verschleiß elektrischer Komponenten bei Blindleistungslieferung.* Online verfügbar unter: https://www.vgb.org/vgbmultimedia/376_Abschlussbericht_a-p-9760.pdf. Zuletzt geprüft am: 03.04.2018.

[99] J. Kennedy und R. Eberhart, "Particle Swarm Optimization" in *IEEE International Conference on Neural Networks 1995: Perth, Australien, 27.11. - 01.12.1995*: IEEE, 1995, S. 1942–1948.

[100] R. Storn und K. Price, "Differential Evolution - A Simple and Efficient Heuristic for Global Optimization over Continous Spaces" in *Journal of Global Optimization*, 1997, S. 341–359.

[101] J. H. Holland, *Adaptation in natural and artificial systems: An introductory analysis with applications to biology, control, and artificial intelligence,* 1. Aufl. Cambridge, Mass.: MIT Press, ISBN 978-0262275552, 1992.

[102] I. Erlich, G. K. Venayagamoorthy und N. Worawat, "A Mean-Variance Optimization Algorithm" in *IEEE World Congress on Computational Intelligence (WCCI) 2010: Barcelona, Spanien, 18. - 23. Juli 2010*: IEEE, 2010, S. 344–349.

[103] J. Vesterstrom und R. Thomsen, "A Comparative Study of Differential Evolution, Particle Swarm Optimization, and Evolutionary Algorithms on Numerical Benchmark Problems" in Band 2, *Congress on Evolutionary Computation CEC 2004*, 2004, S. 1980–1987.

[104] J. L. Rueda und I. Erlich, "Evaluation of the Mean-Variance Mapping Optimization for Solving Multimodal Problems" in *IEEE Symposium on Swarm Intelligence (SIS) 2013: Singapur, 16. -19. April 2013*: IEEE, 2013, S. 7–14.

[105] S. P. Lim und H. Haron, "Performance Comparison of Genetic Algorithm, Differential Evolution and Particle Swarm Optimization towards Benchmark Functions: Sarawak, Malaysia, 2-4 December 2013" in *IEEE Conference on Open Systems (ICOS) 2013: Kuching, Malaysia, 2. - 4. Dezember 2013*: IEEE, S. 41–46.

[106] G. Winter, J. Périaux, M. Galán und P. Cuesta, *Genetic Algorithms in Engineering and Computer Science*. Chichester: New York; Wiley, ISBN 978-0471958598, 1995.

[107] M. Wolfram, A.-K. Marten und D. Westermann, "A comparative study of evolutionary algorithms for phase shifting transformer setting optimization" in *IEEE International Energy Conference (ENERGYCON) 2016: Leuven, Belgien, 4. - 8. April 2016*, Piscataway, NJ: IEEE, 2016, S. 1–6.

[108] K. V. Price, R. M. Storn und J. A. Lampinen, *Differential evolution: A practical approach to global optimization*. Berlin, New York: Springer, ISBN 978-3-540-20950-8, 2005.

[109] H.-J. Haubrich und CONSENTEC Consulting für Energiewirtschaft und -technik GmbH, "Gutachten zur Höhe des Regelenergiebedarfs", Dez. 2008. Online verfügbar unter: http://www.consentec.de/wp-content/uploads/2011/12/Gutachten-zur-H%C3%B6he-des-Regelenergiebedarfes.pdf. Zuletzt geprüft am: 03.04.2018.

[110] CONSENTEC Consulting für Energiewirtschaft und -technik GmbH, "Analyse und Bewertung der Versorgungssicherheit in der Elektrizitätsversorgung", Aachen, Mai. 2008. Online verfügbar unter: http://www.consentec.de/wp-content/uploads/2011/12/analyse-und-bewertung-der-versorgungssicherheit-in-der-elektrizitaetsversorgung.pdf. Zuletzt geprüft am: 03.04.2018.

[111] *Stromnetzzugangsverordnung vom 25. Juli 2005 (BGBl. I S. 2243), die zuletzt durch Artikel 5 des Gesetzes vom 29. August 2016 (BGBl. I S. 2034) geändert worden ist*, 2016.

[112] K. Heuck, K.-D. Dettmann und D. Schulz, *Elektrische Energieversorgung: Erzeugung, Übertragung und Verteilung elektrischer Energie für Studium und Praxis*, 9. Aufl. Wiesbaden: Springer Fachmedien Wiesbaden; Imprint; Springer Vieweg, ISBN 978-3-8348-9761-9, 2013.

[113] Institute of Electrical and Electronics Engineers, *IEEE standard for synchrophasor measurements for power systems: IEEE Std C37.118.1™-2011*. New York: Institute of Electrical and Electronics Engineers, ISBN 978-0-7381-6811-1, 2011.

[114] J. E. Tate, "Event Detection and Visualization based on Phasor Measurement Units for improved Situational Awareness" Dissertation, University of Illinois, Urbana-Champaign, 2008.

[115] J. E. Tate und T. J. Overbye, "Line Outage Detection Using Phasor Angle Measurements", *IEEE Trans. Power Syst.*, Jg.23, Nr. 4, S. 1644–1652, 2008.

[116] F. Sass, "Diversitäre Redundanz gemischter AC-HGÜ-Netze durch schnelle korrektive Maßnahmen" in Band 14, *Ilmenauer Beiträge zur elektrischen Energiesystem-, Geräte- und Anlagentechnik (IBEGA)*, D. Westermann und F. Berger, Hg., Ilmenau: Universitätsverlag Ilmenau, ISBN 978-3-86360-113-3, 2015.

[117] Z. X. Han, "Phase Shifter and Power Flow Control", *IEEE Transactions on Power Apparatur and Systems*, Jg.101, Nr. 10, S. 3790–3795, 1982.

[118] N. Srinivasan, K. S. Prakasa Rao, C. S. Indulkar und S. S. Venkata, "On-Line Computation of Phase Shifter Distribution Factors and Lineload Alleviation", *IEEE Transactions on Power Apparatur and Systems*, Jg.104, Nr. 7, 1656-1662, 1985.

[119] A.-K. Marten und D. Westermann, "Power flow participation by an embedded HVDC grid in an interconnected power system" in *3rd IEEE PES International Conference and Exhibition on Innovative Smart Grid Technologies (ISGT Europe), 2012: Berlin, Deutschland, 14. - 17. Oktober 2012*, Piscataway, NJ: IEEE, 2012, S. 1–6.

[120] J. B. Ward, “Equivalent circuits for power-flow studies”, *Electr. Eng.*, Jg.68, Nr. 9, S. 794, 1949.

[121] F. Sass *et al.*, “Flexible Operation of VSC-HVDC and Phase Shifting Transformers for next generation of Transmission System Control Centres” in *Cigre Symposium 2017: Dublin, Irland, 29.05. - 02.06.2017*, Cigre, 2017.

[122] R. D. Zimmerman, C. E. Murillo-Sanchez und R. J. Thomas, “MATPOWER: Steady-State Operations, Planning, and Analysis Tools for Power Systems Research and Education”, *IEEE Trans. Power Syst.*, Jg.26, Nr. 1, S. 12–19, 2011.

[123] University of Washington, “Power Systems Test Case Archive”, 2016. Online verfügbar unter: http://www2.ee.washington.edu/research/pstca/. Zuletzt geprüft am: 03.04.2018.

[124] PEGASE, “Pan European Grid Advanced Simulation and State Estimation - Key Results 2008-2012”, 2012. Online verfügbar unter: http://www.fp7-pegase.com/pdf/Key-Results.pdf. Zuletzt geprüft am: 03.04.2018.

[125] C. Josz, S. Fliscounakis, J. Maeght und P. Panciatici, “AC Power Flow Data in MATPOWER and QCQP Format: iTesla, RTE Snapshots, and PEGASE” Online verfügbar unter: https://arxiv.org/pdf/1603.01533v3.pdf. Zuletzt geprüft am: 03.04.2018.

[126] CIGRE, *Benchmark Systems for Network Integration of Renewable and Distributed Energy Resources: Task Force C6.04.02*. Paris, ISBN 978-285-873-270-8, 2014.

[127] C. Coffrin, D. Gordon und P. Scott, “NESTA, The NICTA Energy System Test Case Archive”, Mai. 2015. Online verfügbar unter: https://arxiv.org/pdf/1411.0359.pdf. Zuletzt geprüft am: 03.04.2018.

[128] Maschinenfabrik Reinhausen GmbH, “Laststufenschalter OILTAP M - Technische Daten TD 050/03”, 2007. Online verfügbar unter: https://www.reinhausen.com/de/XparoDownload.ashx?raid=165. Zuletzt geprüft am: 03.04.2018.

[129] H. Brakelmann, “Netzverstärkungs-Trassen zur Übertragung von Windenergie: Freileitung oder Kabel?”, Rheinberg, Okt. 2004. Online verfügbar unter: http://www.ets.uni-duisburg-essen.de/download/public/Freileitung_Kabel.pdf. Zuletzt geprüft am: 03.04.2018.

[130] F. Kießling, U. Kaintzyk, R. Fischer und P. Nefzger, *Freileitungen: Planung, Berechnung, Ausführung; mit 163 Tabellen,* 5. Aufl. Berlin [u.a.]: Springer, ISBN 978-3-540-42255-6, 2001.

[131] Deutsches Institut für Normung, “DIN EN 50182 - Leiter für Freileitungen: Leiter aus konzentrisch verseilten runden Drähten”, 2001.

[132] ENTSO-E, “Phase Shift Transformers Modelling”, Mai. 2014. Online verfügbar unter: https://www.entsoe.eu/Documents/CIM_documents/Grid_Model_CIM/ENTSOE_CGMES_v2.4.14_28May2014_PSTmodelling.pdf. Zuletzt geprüft am: 03.04.2018.

[133] R. D. Zimmerman und C. E. Murillo-Sanchez, “MATPOWER 6.0: User's Manual”, 2016. Online verfügbar unter: http://www.pserc.cornell.edu/matpower/MATPOWER-manual.pdf. Zuletzt geprüft am: 03.04.2018.

[134] J. Beerten, *Modeling and Control of DC Grids*. Leuven: KU Leuven, ISBN 978-94-6018-669-1, 2013.

[135] R. Wiget und G. Andersson, “Optimal power flow for combined AC and multi-terminal HVDC grids based on VSC converters” in *IEEE Power and Energy Society General Meeting 2012: San Diego, CA, USA, 22. - 26. Juli 2012*, Piscataway, NJ: IEEE, 2012, S. 1–8.

[136] EnBW Transportnetze AG, RWE Transportnetz Strom GmbH, transpower Stromübertragungs GmbH und Vattenfall Europe transmission GmbH, “Regionenmodell "Stromtransport 2013": Übersicht über die voraussichtliche Entwicklung der installierten Kraftwerksleistung und der Leistungsflüsse in den Netzgebieten der deutschen Übertragungsnetzbetreiber”, 2009. Online verfügbar unter: https://www.tennettso.de/site/binaries/content/assets/transparency/publications/grid-connection/regionenmodell_stromtransport_2013.pdf. Zuletzt geprüft am: 03.04.2018.

[137] Austrian Power Grid (APG), *Load in the Austrian Power Grid.* Online verfügbar unter: https://www.apg.at/de/markt/Markttransparenz/last/Ist-Last. Zuletzt geprüft am: 03.04.2018.

[138] CEPS, a.s., *Load in the Czech Power System.* Online verfügbar unter: https://www.ceps.cz/en/all-data. Zuletzt geprüft am: 03.04.2018.

[139] PSE S.A., *Load of Polish Power System.* Online verfügbar unter: http://www.pse.pl/index.php?dzid=78. Zuletzt geprüft am: 03.04.2018.

[140] G. C. Ejebe, J. G. Waight, M. Santos-Nieto und W. F. Tinney, “Fast Calculation of Linear Available Transfer Capability” in *Proceedings of the 21st International Conference on Power Industry Computer Applications: Santa Clara, CA, USA, 21. -22. Mai 1999*, Piscataway New Jersey: IEEE, 1999, S. 255–260.

[141] C. L. Duthaler, “Power Transfer Distribution Factors: Analyse der Anwendung im UCTE-Netz” Masterarbeit, Power Systems Laboratory, Eidgenössische Technische Hochschule Zürich, Zürich, 2007.

[142] H. Seifi und M. S. Sepasian, *Electric Power System Planning: Issues, Algorithms and Solutions*: Springer Berlin Heidelberg, ISBN 978-3-642-17989-1, 2011.

[143] K. Purchala, L. Meeus, D. van Dommelen und R. Belmans, “Usefulness of DC power flow for active power flow analysis” in *IEEE Power Engineering Society General Meeting 2005: San Francisco, CA, USA, 12. - 16. Juni 2005*: IEEE, 2005, S. 2457–2462.

[144] R. Baldick, “Variation of Distribution Factors With Loading”, *IEEE Transactions on Power Systems*, Jg.18, Nr. 4, S. 1316–1323, 2003.

[145] ENTSO-E, *ENTSO-E Transparency Platform: Total Load - Day Ahead/Actual.* Online verfügbar unter: https://transparency.entsoe.eu/load-domain/r2/totalLoadR2/show. Zuletzt geprüft am: 03.04.2018.

A. Anhang

A.1 Netzdaten des Testnetzes

Knotendaten

Nr.	Knotentyp	Spannung in kV	Generator		Last	
			P in MW	Q in MVAr	P in MW	Q in MVAr
1	1	400	0	0	418	138
2	2	400	690	0	0	0
3	1	400	0	0	386	127
4	3	400	0	0	0	0
5	2	400	979,8	0	0	0
6	1	400	0	0	588	193
7	1	400	0	0	442	145
8	2	400	249,4	0	0	0
9	1	400	0	0	534	176
10	2	400	274	0	0	0
11	1	400	0	0	628	206
12	1	400	0	0	438	144
13	1	400	0	0	323	106
14	2	400	155,2	0	0	0
15	2	400	585,8	0	0	0
16	1	400	0	0	410	135
17	1	400	0	0	944	310
18	2	400	155,2	0	0	0
19	1	400	0	0	873	287
20	2	400	300,2	0	0	0
21	2	400	231,4	0	0	0
22	2	400	141,4	0	0	0
23	1	400	0	0	887	292
24	2	400	414	0	0	0
25	2	400	1073,8	0	0	0
26	2	400	761,4	0	0	0
27	1	400	0	0	335	110
28	2	400	452	0	0	0
29	2	400	452	0	0	0
30	2	400	322	0	0	0
31	2	400	322	0	0	0
32	1	400	0	0	139	46
33	1	400	0	0	139	46
34	2	400	322	0	0	0
35	2	400	304	0	0	0
36	2	400	274	0	0	0
37	1	400	0	0	123	41
38	1	400	0	0	440	145
39	2	400	303	0	0	0
40	2	400	303	0	0	0
41	1	400	0	0	300	99
42	2	400	400	0	0	0
43	2	400	450	0	0	0
44	2	400	300	0	0	0
45	2	400	150	0	0	0
46	1	400	0	0	1050	345
47	1	400	0	0	400	131
48	1	400	0	0	350	115

Nr.	Knotentyp	Spannung in kV	Generator		Last	
			P in MW	*Q* in MVAr	*P* in MW	*Q* in MVAr
49	2	400	200	0	0	0
50	2	400	200	0	0	0
51	1	400	0	0	350	115
52	2	400	400	0	0	0
53	1	400	0	0	700	230
54	2	400	800	0	0	0
55	2	400	550	0	0	0
56	2	400	350	0	0	0
57	1	400	0	0	800	263
58	2	400	250	0	0	0
59	1	400	0	0	300	99
60	2	400	450	0	0	0
61	1	400	0	0	604	198
62	2	400	150	0	0	0
63	1	400	0	0	700	230
64	2	400	100	0	0	0
65	1	400	0	0	200	66
66	1	400	0	0	300	99
67	1	400	0	0	200	0
68	2	400	500	0	0	164
69	2	400	800	0	0	0
70	1	400	0	0	700	230
71	1	400	0	0	300	99
72	2	400	400	0	0	0
73	2	400	400	0	0	0
74	1	400	0	0	400	131
75	2	400	800	0	0	0
76	2	400	900	0	0	0
77	1	400	0	0	300	99
78	1	400	0	0	400	131
79	2	400	600	0	0	0
80	1	400	0	0	500	164
81	2	400	600	0	0	0
82	1	400	0	0	250	82
83	1	400	0	0	300	99
84	2	400	300	0	0	0
85	2	400	200	0	0	0
86	1	400	0	0	600	197
87	2	400	200	0	0	0
88	1	400	0	0	550	181
89	1	400	0	0	300	99
90	2	400	500	0	0	0
91	1	400	0	0	700	230

AC-Leitungsdaten

Nr.	Anfangs-knoten	End-knoten	*r* in p.u.	*x* in p.u.	ω*C* in p.u. (links)	ω*C* in p.u. (rechts)	S_{max} in MVA
1	1	2	1,62	18,42	3,89E-07	3,89E-07	800
2	1	26	2,46	28,04	5,93E-07	5,93E-07	800
3	2	3	2,13	24,22	5,12E-07	5,12E-07	800
4	2	5	1,73	19,65	4,15E-07	4,15E-07	800
5	2	6	2,25	25,64	5,42E-07	5,42E-07	800
6	3	4	1,56	17,78	3,76E-07	3,76E-07	800

Nr.	Anfangs-knoten	End-knoten	r in p.u.	x in p.u.	ωC in p.u. (links)	ωC in p.u. (rechts)	S_{max} in MVA
7	1	6	1,76	20,04	4,23E-07	4,23E-07	800
8	1	10	3,24	36,85	7,79E-07	7,79E-07	800
9	2	26	2,05	23,31	4,93E-07	4,93E-07	800
10	2	10	2,75	31,3	6,61E-07	6,61E-07	800
11	2	27	2,7	30,76	6,50E-07	6,50E-07	800
12	3	33	1,51	17,13	3,62E-07	3,62E-07	800
13	3	6	1,98	22,54	4,76E-07	4,76E-07	800
14	3	7	0,83	9,48	2,00E-07	2,00E-07	800
15	3	8	1,91	21,7	4,59E-07	4,59E-07	800
16	4	7	2,12	24,09	5,09E-07	5,09E-07	800
17	4	10	1,95	22,17	4,69E-07	4,69E-07	800
18	4	8	1,19	13,57	2,87E-07	2,87E-07	800
19	5	9	1,23	13,97	2,95E-07	2,95E-07	800
20	5	9	1,74	19,8	4,18E-07	4,18E-07	800
21	5	11	1,33	15,14	3,20E-07	3,20E-07	800
22	6	15	2,52	28,69	6,06E-07	6,06E-07	800
23	6	10	2,15	24,51	5,18E-07	5,18E-07	800
24	7	12	1,9	21,57	4,56E-07	4,56E-07	800
25	7	12	1,88	21,41	4,52E-07	4,52E-07	800
26	8	37	1,69	19,17	4,05E-07	4,05E-07	800
27	8	12	1,79	20,35	4,30E-07	4,30E-07	800
28	8	16	2,37	26,96	5,70E-07	5,70E-07	800
29	9	13	1,54	17,53	3,70E-07	3,70E-07	800
30	9	16	1,47	16,69	3,53E-07	3,53E-07	800
31	10	14	1,3	14,75	3,12E-07	3,12E-07	800
32	10	17	1,58	17,94	3,79E-07	3,79E-07	800
33	11	18	1,43	16,23	3,43E-07	3,43E-07	800
34	11	18	1,58	17,97	3,80E-07	3,80E-07	800
35	12	19	1,54	17,53	3,71E-07	3,71E-07	800
36	12	37	1,62	18,46	3,90E-07	3,90E-07	800
37	13	16	2,05	23,33	4,93E-07	4,93E-07	800
38	13	17	1,37	15,63	3,30E-07	3,30E-07	800
39	13	20	1,56	17,8	3,76E-07	3,76E-07	800
40	14	20	1,42	16,14	3,41E-07	3,41E-07	800
41	14	21	1,81	20,62	4,36E-07	4,36E-07	800
42	14	19	1,67	19,01	4,02E-07	4,02E-07	800
43	15	23	2,62	29,77	6,29E-07	6,29E-07	800
44	16	24	2,25	25,56	5,40E-07	5,40E-07	800
45	16	56	2,05	23,31	4,93E-07	4,93E-07	800
46	17	60	2,96	33,72	7,13E-07	7,13E-07	800
47	17	21	1,17	13,32	2,81E-07	2,81E-07	800
48	18	22	1,3	14,84	3,14E-07	3,14E-07	800
49	18	23	1,3	14,77	3,12E-07	3,12E-07	800
50	19	24	1,82	20,7	4,37E-07	4,37E-07	800
51	19	62	1,49	17	3,59E-07	3,59E-07	800
52	19	26	1,72	19,56	4,13E-07	4,13E-07	800
53	20	27	2,01	22,88	4,84E-07	4,84E-07	800
54	21	27	1,13	12,83	2,71E-07	2,71E-07	800
55	22	28	1,56	17,77	3,76E-07	3,76E-07	800
56	23	29	1,66	18,85	3,98E-07	3,98E-07	800
57	24	33	3,06	34,82	7,36E-07	7,36E-07	800
58	25	30	1,67	18,98	4,01E-07	4,01E-07	800
59	25	32	2,58	29,36	6,20E-07	6,20E-07	800
60	26	32	1,26	14,38	3,04E-07	3,04E-07	800
61	27	43	1,01	11,51	2,43E-07	2,43E-07	800
62	28	32	0,9	10,26	2,17E-07	2,17E-07	800

Nr.	Anfangs-knoten	End-knoten	r in p.u.	x in p.u.	ωC in p.u. (links)	ωC in p.u. (rechts)	S_{max} in MVA
63	28	33	1,64	18,65	3,94E-07	3,94E-07	800
64	29	35	1,86	21,19	4,48E-07	4,48E-07	800
65	29	34	1,27	14,5	3,07E-07	3,07E-07	800
66	30	35	2,85	32,43	6,85E-07	6,85E-07	800
67	30	36	1,77	20,12	4,25E-07	4,25E-07	800
68	31	35	1,09	12,41	2,62E-07	2,62E-07	800
69	31	36	3,4	38,74	8,19E-07	8,19E-07	800
70	31	38	1,08	12,27	2,59E-07	2,59E-07	800
71	32	39	1,38	15,65	3,31E-07	3,31E-07	800
72	33	37	0,79	8,96	1,89E-07	1,89E-07	800
73	33	38	2,83	32,17	6,80E-07	6,80E-07	800
74	34	40	2,08	23,67	5,00E-07	5,00E-07	800
75	35	39	1,11	12,64	2,67E-07	2,67E-07	800
76	35	40	1,19	13,5	2,85E-07	2,85E-07	800
77	35	40	1,79	20,32	4,30E-07	4,30E-07	800
78	36	50	1,48	16,86	3,56E-07	3,56E-07	800
79	37	56	1,17	13,34	2,82E-07	2,82E-07	800
80	37	42	2,98	33,94	7,17E-07	7,17E-07	800
81	38	43	2,15	24,43	5,16E-07	5,16E-07	800
82	38	44	3,49	39,74	8,40E-07	8,40E-07	800
83	39	45	3,97	45,2	9,55E-07	9,55E-07	800
84	39	46	4,69	53,37	1,13E-06	1,13E-06	800
85	40	44	2,48	28,24	5,97E-07	5,97E-07	800
86	41	47	2,31	26,23	5,54E-07	5,54E-07	800
87	41	45	1,73	19,65	4,15E-07	4,15E-07	800
88	41	49	1,91	21,69	4,58E-07	4,58E-07	800
89	42	48	1,88	21,44	4,53E-07	4,53E-07	800
90	42	46	3,13	35,63	7,53E-07	7,53E-07	800
91	43	52	2,95	33,61	7,10E-07	7,10E-07	800
92	43	52	2,89	32,88	6,95E-07	6,95E-07	800
93	44	48	1,34	15,2	3,21E-07	3,21E-07	800
94	44	50	1,69	19,2	4,06E-07	4,06E-07	800
95	44	50	1,06	12,04	2,54E-07	2,54E-07	800
96	45	51	1,2	13,67	2,89E-07	2,89E-07	800
97	45	52	2,41	27,41	5,79E-07	5,79E-07	800
98	46	51	2,05	23,29	4,92E-07	4,92E-07	800
99	47	54	3,71	42,23	8,93E-07	8,93E-07	800
100	47	52	3,02	34,38	7,27E-07	7,27E-07	800
101	48	54	2,15	24,46	5,17E-07	5,17E-07	800
102	49	53	1,3	14,83	3,13E-07	3,13E-07	800
103	49	54	1,39	15,8	3,34E-07	3,34E-07	800
104	50	59	1,77	20,14	4,26E-07	4,26E-07	800
105	50	59	1,33	15,17	3,21E-07	3,21E-07	800
106	51	56	2,28	25,92	5,48E-07	5,48E-07	800
107	51	57	1,52	17,35	3,67E-07	3,67E-07	800
108	52	58	3,19	36,26	7,66E-07	7,66E-07	800
109	53	57	2,2	24,99	5,28E-07	5,28E-07	800
110	53	60	2,63	29,97	6,34E-07	6,34E-07	800
111	54	58	2,87	32,69	6,91E-07	6,91E-07	800
112	55	60	1,58	17,93	3,79E-07	3,79E-07	800
113	55	61	2,66	30,29	6,40E-07	6,40E-07	800
114	55	59	1,51	17,21	3,64E-07	3,64E-07	800
115	56	61	1,34	15,3	3,23E-07	3,23E-07	800
116	56	64	1,03	11,76	2,49E-07	2,49E-07	800
117	57	61	2,97	33,82	7,15E-07	7,15E-07	800
118	57	63	1,84	20,93	4,42E-07	4,42E-07	800

Nr.	Anfangs-knoten	End-knoten	r in p.u.	x in p.u.	ωC in p.u. (links)	ωC in p.u. (rechts)	S_{max} in MVA
119	57	65	1,44	16,35	3,46E-07	3,46E-07	800
120	58	63	2,31	26,23	5,54E-07	5,54E-07	800
121	58	65	2,02	22,99	4,86E-07	4,86E-07	800
122	59	69	1,03	11,76	2,48E-07	2,48E-07	800
123	60	71	0,79	8,94	1,89E-07	1,89E-07	800
124	61	75	1,27	14,43	3,05E-07	3,05E-07	800
125	61	74	1,76	20,07	4,24E-07	4,24E-07	800
126	62	87	0,97	11,04	2,33E-07	2,33E-07	800
127	64	66	2,69	30,64	6,48E-07	6,48E-07	800
128	1	90	0,85	9,7	2,05E-07	2,05E-07	800
129	2	67	1,13	12,84	2,71E-07	2,71E-07	800
130	8	90	1,55	17,65	3,73E-07	3,73E-07	800
131	5	68	2,05	23,28	4,92E-07	4,92E-07	800
132	15	20	2,46	28	5,92E-07	5,92E-07	800
133	16	20	1,14	12,95	2,74E-07	2,74E-07	800
134	66	70	1,65	18,79	3,97E-07	3,97E-07	800
135	66	71	1,71	19,45	4,11E-07	4,11E-07	800
136	67	71	1,33	15,11	3,19E-07	3,19E-07	800
137	67	72	1,08	12,31	2,60E-07	2,60E-07	800
138	67	74	1,44	16,42	3,47E-07	3,47E-07	800
139	68	73	1,25	14,22	3,01E-07	3,01E-07	800
140	69	91	1,17	13,27	2,81E-07	2,81E-07	800
141	69	91	0,66	7,49	1,58E-07	1,58E-07	800
142	70	75	1,69	19,23	4,06E-07	4,06E-07	800
143	70	76	1,01	11,49	2,43E-07	2,43E-07	800
144	71	75	1,54	17,48	3,69E-07	3,69E-07	800
145	72	77	0,67	7,62	1,61E-07	1,61E-07	800
146	72	77	1,68	19,16	4,05E-07	4,05E-07	800
147	73	78	1,42	16,11	3,40E-07	3,40E-07	800
148	73	79	1,97	22,42	4,74E-07	4,74E-07	800
149	73	79	0,81	9,19	1,94E-07	1,94E-07	800
150	74	82	0,69	7,84	1,66E-07	1,66E-07	800
151	75	80	1,98	22,55	4,77E-07	4,77E-07	800
152	76	84	1,62	18,47	3,90E-07	3,90E-07	800
153	76	87	0,93	10,63	2,25E-07	2,25E-07	800
154	76	82	1,46	16,57	3,50E-07	3,50E-07	800
155	77	83	1,57	17,81	3,76E-07	3,76E-07	800
156	78	83	0,44	4,96	1,05E-07	1,05E-07	800
157	79	84	2,29	26,02	5,50E-07	5,50E-07	800
158	79	85	1,45	16,44	3,48E-07	3,48E-07	800
159	80	86	1,98	22,52	4,76E-07	4,76E-07	800
160	81	87	2,46	28,03	5,92E-07	5,92E-07	800
161	81	86	2,38	27,03	5,71E-07	5,71E-07	800
162	82	88	2,49	28,36	5,99E-07	5,99E-07	800
163	82	89	2,56	29,11	6,15E-07	6,15E-07	800
164	83	88	0,7	7,94	1,68E-07	1,68E-07	800
165	84	90	2,5	28,43	6,01E-07	6,01E-07	800
166	84	89	0,65	7,43	1,57E-07	1,57E-07	800
167	85	90	2,05	23,36	4,94E-07	4,94E-07	800
168	86	90	1,61	18,33	3,87E-07	3,87E-07	800

Generatordaten

Nr.	Knoten-nummer	Q_{min} in MVAr	Q_{max} in MVAr	P_{min} in MW	P_{max} in MW	S_{min} in MVA	S_{max} in MVA
1	2	-3000	3000	0	5000	0	5500
2	5	-3000	3000	0	5000	0	5500
3	8	-3000	3000	0	5000	0	5500
4	10	-3000	3000	0	5000	0	5500
5	14	-3000	3000	0	5000	0	5500
6	15	-3000	3000	0	5000	0	5500
7	18	-3000	3000	0	5000	0	5500
8	20	-3000	3000	0	5000	0	5500
9	21	-3000	3000	0	5000	0	5500
10	22	-3000	3000	0	5000	0	5500
11	24	-3000	3000	0	5000	0	5500
12	25	-3000	3000	0	5000	0	5500
13	26	-3000	3000	0	5000	0	5500
14	28	-3000	3000	0	5000	0	5500
15	29	-3000	3000	0	5000	0	5500
16	30	-3000	3000	0	5000	0	5500
17	31	-3000	3000	0	5000	0	5500
18	34	-3000	3000	0	5000	0	5500
19	35	-3000	3000	0	5000	0	5500
20	36	-3000	3000	0	5000	0	5500
21	39	-3000	3000	0	5000	0	5500
22	40	-3000	3000	0	5000	0	5500
23	42	-3000	3000	0	5000	0	5500
24	43	-3000	3000	0	5000	0	5500
25	44	-3000	3000	0	5000	0	5500
26	45	-3000	3000	0	5000	0	5500
27	49	-3000	3000	0	5000	0	5500
28	50	-3000	3000	0	5000	0	5500
29	52	-3000	3000	0	5000	0	5500
30	54	-3000	3000	0	5000	0	5500
31	55	-3000	3000	0	5000	0	5500
32	56	-3000	3000	0	5000	0	5500
33	58	-3000	3000	0	5000	0	5500
34	60	-3000	3000	0	5000	0	5500
35	62	-3000	3000	0	5000	0	5500
36	64	-3000	3000	0	5000	0	5500
37	68	-3000	3000	0	5000	0	5500
38	69	-3000	3000	0	5000	0	5500
39	72	-3000	3000	0	5000	0	5500
40	73	-3000	3000	0	5000	0	5500
41	75	-3000	3000	0	5000	0	5500
42	76	-3000	3000	0	5000	0	5500
43	79	-3000	3000	0	5000	0	5500
44	81	-3000	3000	0	5000	0	5500
45	84	-3000	3000	0	5000	0	5500
46	85	-3000	3000	0	5000	0	5500
47	87	-3000	3000	0	5000	0	5500
48	90	-3000	3000	0	5000	0	5500
49	4	-3000	3000	0	5000	0	5500

DC-Leitungsdaten

Nr.	Anfangs-knoten	End-knoten	r in p.u.	x in p.u.	ωC in p.u. (links)	ωC in p.u. (rechts)	S_{max} in MVA
1	1	2	6,22	70,78	1,49E-06	1,49E-06	400
2	3	4	7,57	86,13	1,82E-06	1,82E-06	800
3	5	6	6,06	69,00	1,45E-06	1,45E-06	800

HGÜ-VSC-Umrichterdaten

Nr.	Knoten-nummer	Q_{min} in MVAr	Q_{max} in MVAr	P_{min} in MW	P_{max} in MW	S_{min} in MVA	S_{max} in MVA
1	66	-400	400	-400	400	-600	600
2	67	-400	400	-400	400	-600	600
3	68	-800	800	-800	800	-1200	1200
4	69	-800	800	-800	800	-1200	1200
5	70	-800	800	-800	800	-1200	1200
6	71	-800	800	-800	800	-1200	1200

A.2 Einflussbereich der PFCDs im Testnetz

Zur Vollständigkeit sind nachfolgend die Einflüsse der weiteren PSTs und HGÜ-VSCs auf die Wirkleistungsflüsse des Testnetzes dargestellt, die in Abschnitt 4.2.1 nicht abgebildet sind.

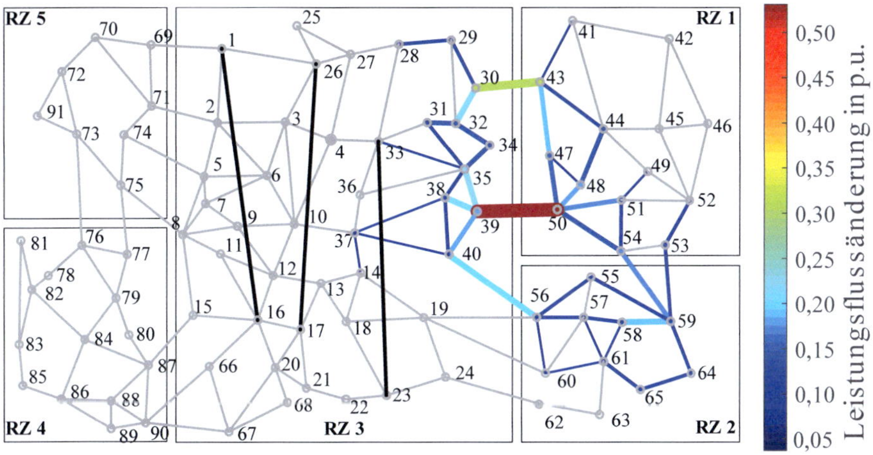

Abb. 6.1: Wirkleistungsflussänderungen bei PST-Winkeländerung um 1° bei PST2

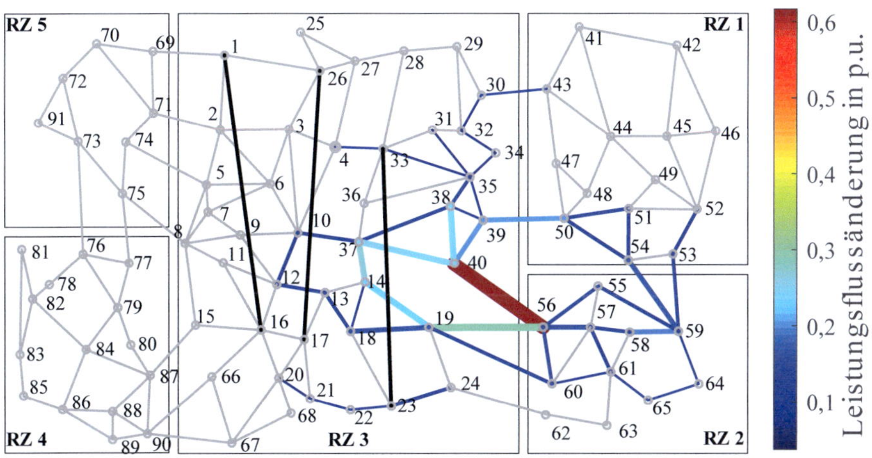

Abb. 6.2: Wirkleistungsflussänderungen bei PST-Winkeländerung um 1° bei PST3

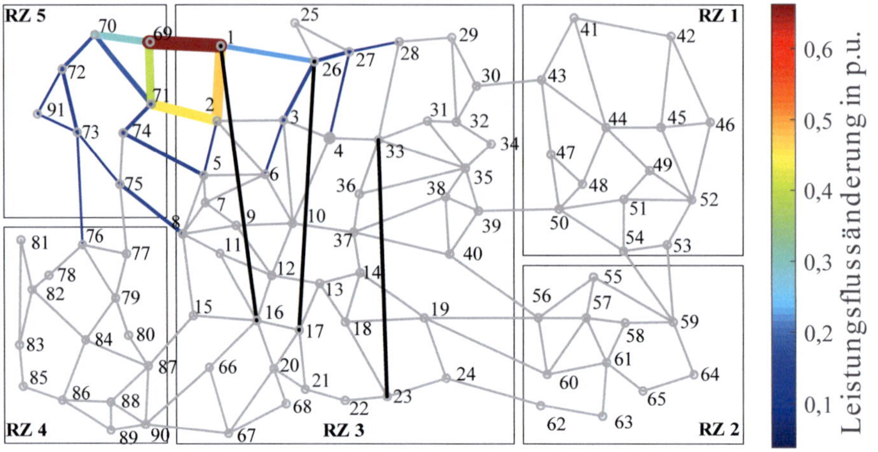

Abb. 6.3: Wirkleistungsflussänderungen bei PST-Winkeländerung um 1° bei PST4

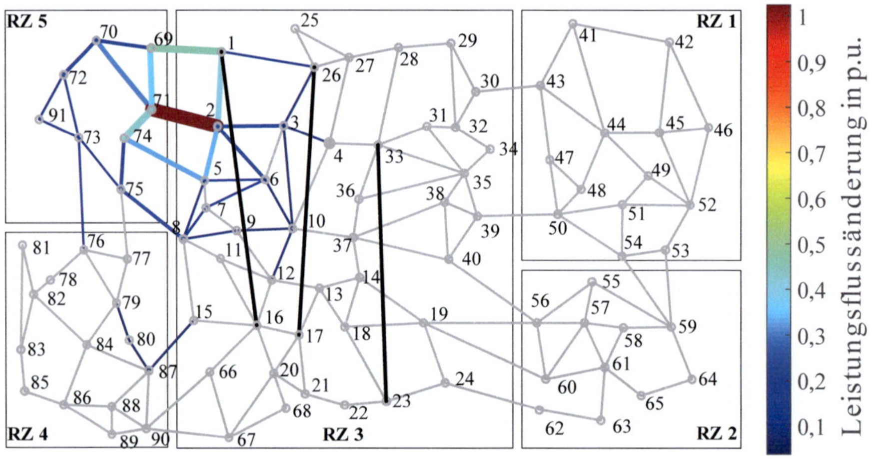

Abb. 6.4: Wirkleistungsflussänderungen bei PST-Winkeländerung um 1° bei PST5

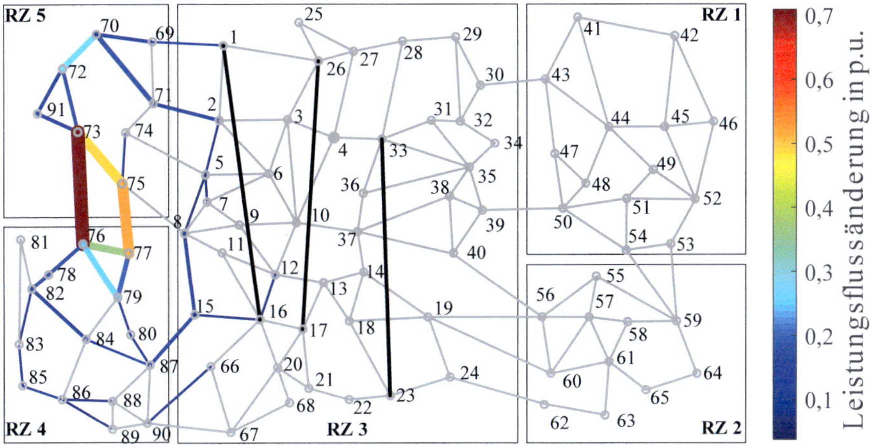

Abb. 6.5: Wirkleistungsflussänderungen bei PST-Winkeländerung um 1° bei PST6

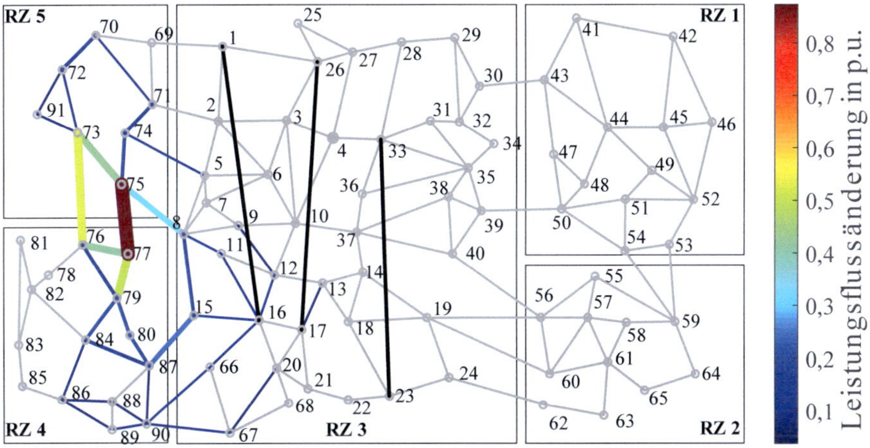

Abb. 6.6: Wirkleistungsflussänderungen bei PST-Winkeländerung um 1° bei PST7

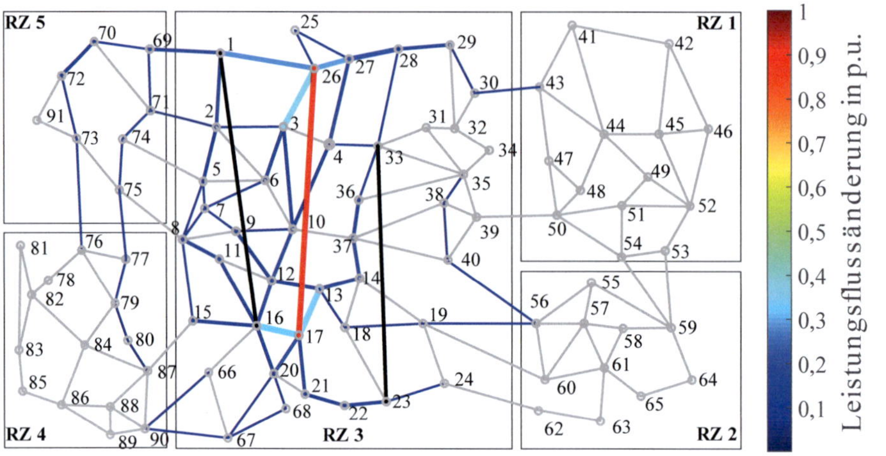

Abb. 6.7: Wirkleistungsflussänderungen bei HGÜ-VSC-Wirkleistungsänderung an VSC3 und VSC4 (HGÜ2)

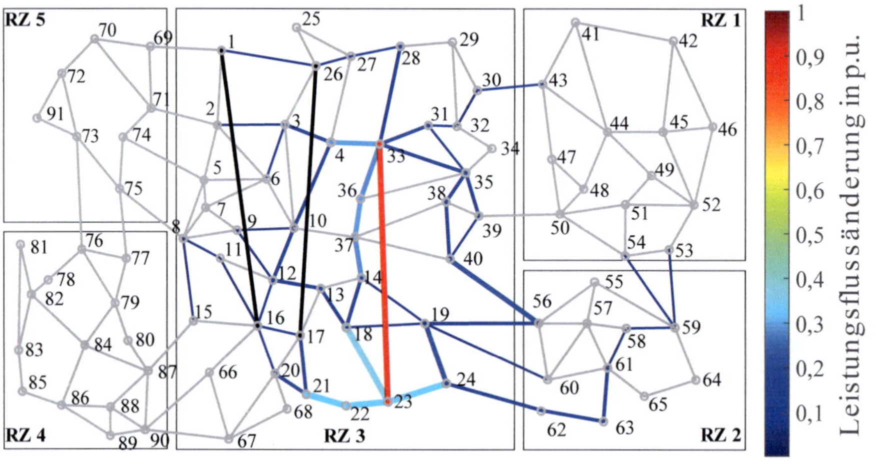

Abb. 6.8: Wirkleistungsflussänderungen bei HGÜ-VSC-Wirkleistungsänderung an VSC5 und VSC6 (HGÜ3)

B. Abkürzungsverzeichnis

AC	Alternating Current
AGM	Angle Gradient Method
AT	Österreich
BE	Belgien
CH	Schweiz
CIGRE	Conseil International des Grands Réseaux Électriques – Council on Large Electric Systems
Coreso	Coordination of Electricity System Operator
CTDS	Common Tool for Data Exchange and Security Assessments
CZ	Tschechien
D2CF	Two Day Ahead Congestion Forecast
DACF	Day Ahead Congestion Forecast
DC	Direct Current
DE	Deutschland
DE	Differential Evolution
DOPT	Daily Operational Planning Teleconference
ENTSO-E	European Network of Transmission System Operators for Electricity
EnWG	Energiewirtschaftsgesetz
ES	Spanien
F	Frankreich
FACTS	Flexible AC Transmission System
GA	Genetic Algorithm
GUI	Graphical User Interface
HEO	Höhere Entscheidungs- und Optimierungsfunktion
HGÜ	Hochspannungsgleichstromübertragung
HM	Heuristische Methoden
I	Italien
IDCF	Intraday Congestion Forecast
IEEE	Institute of Electrical and Electronics Engineers
IGBT	Insulated Gate Bipolar Transistor
IKT	Informations- und Kommunikationstechnik
INELFE	INterconexión ELéctrica Francia-España
IPM	Interior Point Methode

LCC	Line Commutated Converter
LP	Linear Programming
MLA	Multilateral Agreement
MMC	Modular Multilevel Converter
MVMO	Mean Variance Mapping Optimization
NAD	Nominated Angle Distance
NEP	Netzentwicklungsplan
NL	Niederlande
NLP	Non-Linear Programming
OLTC	On-Load-Tap-Changer
OPF	Optimal Power Flow
P2P	Point-to-Point
PEGASE	Pan European Grid Advanced Simulation and State Estimation
PFCD	Power Flow Controlling Device
PL	Polen
PMU	Phasor Measurement Unit
PSDF	Phase Shifter Distribution Factor
PSO	Partikelschwarmoptimierung
PST	Phasenschiebertransformator
PT	Portugal
PTDF	Power Transfer Distribution Factor
PWM	Pulsweitenmodulation
ROC	Regional Operational Center
RSC	Regional Security Coordinator
RSCI	Regional Security Coordination Initiative
RTE	Réseau de Transport d'Electricité
RZ	Regelzone
SCADA	Supervisory Control and Data Acquisition
SCC	Security Coordination Centre
SCOPF	Security Constrained Optimal Power Flow
SK	Slowakei
SL	Slowenien
SM	Submodul
SSSC	Static Synchronous Serien Compensator
STATCOM	Static Synchronous Compensator

StromNZV	Stromnetzzugangsverordnung
SVC	Static Var Compensator
TCPST	Thyristor Controlled Phase Shifting Transformer
TCR	Thyristor Controlled Reactor
TCSC	Thyristor Controlled Series Compensator
TSC	Transmission System Operator Security Cooperation
TSSC	Thyristor Switched Serien Compensator
TTC	Total Transfer Capacity
UFPC	Unified Power Flow Controller
ÜNB	Übertragungsnetzbetreiber
UW	Umspannwerk
VNB	Verteilernetzbetreiber
VSC	Voltage Source Converter
WAMS	Wide Area Monitoring System
WAPP	Weak Ahead Planning Process
WOPT	Weekly Operational Planning Teleconference

C. Formelverzeichnis

Notation

Die im Rahmen dieser Arbeit genutzte Notation wird im Folgenden exemplarisch am Buchstaben „a“ beschrieben. Die Darstellung aller Variablen erfolgt anhand kursiver Buchstaben mit Serife (a). Eine Matrix wird mit einem fett geschriebenen Großbuchstaben gekennzeichnet ($\boldsymbol{A}$). Vektoren sind mittels einem fettgeschriebenen Kleinbuchstaben dargestellt ($\boldsymbol{a}$). Die Abbildung von skalaren Variablen erfolgt in physikalischen Größen als Groß- (A) und in bezogenen Größen als Kleinbuchstabe (a). Handelt es sich um eine komplexe Größe wird deren Variable unterstrichen dargestellt ($\underline{a}$). Des Weiteren gelte in dieser Arbeit $\left[A\right]_{A_{\min}}^{A_{\max}}$ als alternative Schreibweise für $[A_{\min},\ldots,A_{\max}]$.

Formelzeichen

α	PST-Winkel
$\boldsymbol{B}$	Suszeptanzmatrix
$\boldsymbol{C}$	Inverse Suszeptanzmatrix
c	Kapazität
CR	Kreuzungsrate
δ	Spannungswinkel
F	Zielfunktion
$fitness$	Fitnesswert
g	Wirkleitwert
g	Gewichtungsfaktor
g	Ungleichheitsbedingungen
$\boldsymbol{H}$	Matrix der invertierten Leitungsreaktanzen
h	Gleichheitsbedingungen
I	Strom
i	Strom in p.u.
$\boldsymbol{K}$	Identifzierungsmatrix
K	Anzahl der PMU-Knoten
k	Aufteilungsfaktor
L	Induktivität
MF	Mutationsfaktor
N	Anzahl der Netzknoten
n	Anzahl
NP	Populationsgröße

NAD	Normalized Angle Distance
NBV	Nebenbedingungsverletzung
P	Wirkleistung
p	Wirkleistung in p.u.
$PSDF$	Phase Shifter Distribution Factor
$PTDF$	Power Transfer Distribution Factor
Q	Blindleistung
r	Wirkwiderstand
r	Zufallszahl
S	Scheinleistung
ST	Strafterm
t	Zeit
U	Spannung
$\underline{u}$	Komplexe Spannung
u	Spannung in p.u.
$\boldsymbol{u}$	zu optimierende Variablen
V	Verhältnis
$\boldsymbol{v}$	Mutationsvektor
$\boldsymbol{x}$	Systemzustände
x	Reaktanz

Einheiten

A	Ampere, $[I] = \mathrm{A}$
d	Tag, $[t] = \mathrm{d}$
GW	Gigawatt, $[P] = \mathrm{GW}$
h	Stunde, $[t] = \mathrm{h}$
Hz	Hertz, $[f] = \mathrm{Hz}$
km	Kilometer, $[l] = \mathrm{km}$
kV	Kilovolt, $[U] = \mathrm{kV}$
min	Minute, $[t] = \mathrm{min}$
ms	Millisekunde, $[t] = \mathrm{ms}$
MVA	Megavoltampere, $[S] = \mathrm{MVA}$
MVAr	Megavoltampere reaktiv, $[Q] = \mathrm{MVAr}$
MW	Megawatt, $[P] = \mathrm{MW}$
nF	Nano-Farad, $[C] = \mathrm{nF}$
Ω	Ohm, $[R] = \Omega$
p.u.	Per unit, Einheit für bezogene Größen
s	Sekunde, $[t] = \mathrm{s}$
V	Volt, $[U] = \mathrm{V}$

D. Abbildungs- und Tabellenverzeichnis

Abbildungsverzeichnis

Tabellenverzeichnis